최신 제강공학

목차

Chapter 1 용선의 예비처리

Chapter 2 전로 제강법

Chapter 3 전기로 제강법

Chapter 4 2차 정련법

Chapter 5 연속주조법

Chapter 6 조괴법

Chapter 7 스테인리스강 제강

머리말

우리나라의 조강생산 능력이 8천만 톤이 넘어서고 있다. 한국철강 협회는 국내 철강 업체 250여 개 사를 대상으로 조사한 결과 현대제철의 당진 1, 2, 3 고로의 가동에 따라 조강생산능력이 전년 대비 1천604만 톤이 늘어난 8천 21만 톤으로 예상된다고 밝혔다. 우리나라의 제철기술은 이처럼 계속 비약적인 발전을 하고 있다.

과거에는 개발도상국에서 철강제조업체가 생기는 것을 방지하기 위해서 세계 각국 업체에서 여러 가지 압력을 가해 오기도 했다. 이러한 어려운 점을 극복하고 포항제철이 출발하였으며, 2010년부터 현대제철이 고로를 가동하기 시작함으로써 중공업의 핵심적 역할을 담당하는 우리의 제철 기술은 양적으로나 기술적으로도 세계 제1의 수준에 달했다고 해도 과언이 아니다. 이와 같은 제철 산업 공업 중에서도 제강 공정에 필요한 이론과 실무를 겸비한 유능하고 숙련된 기술기능인이 필요하게 되었다.

이 책은 제강공학을 공부하고자 하는 공학도 및 현장 실무자들에게 길잡이가 될 수 있도록 하였으며, Part 1 용선의 예비처리, Part 2 전로 제강법, Part 3 전기로 제강법, Part 4 2차 정련법, Part 5 연속주조법, Part 6 조괴법, Part 7 스테인리스강 제강의 순서로 단원을 구성하여 내용을 전개 하였다.

이 책을 통하여 제강공학을 공부하는 공학도들과 현장실무자들이 활용하는데 많은 도움이 되고 또한 국가기술자격 검정시험을 대비하는 수험생들에게 수험대비용 참고도서로서의 지침서가 되기를 바란다.

아무쪼록 제선분야에서 최고의 기술인이 되었으면 하는 것이 저자로서의 바램이며, 원고 정리를 끝내고 보니 부족한 부분에 대해서 아쉬움이 많지만 신기술 부분과 부족한 것은 계속적으로 수정보완 할 것을 약속드리며, 여러분들의 많은 관심과 성원을 기대하는 바이다.

끝으로 이 책을 펴내기까지 많은 도움과 자료를 제공해 주신 선·후배 동료·여러분과 출판에 수고하여주신 도서출판 구민사 조규백 대표님과 직원 여러분께 감사를 드리는 바이다.

2014년

저자 씀

최신 제강공학

Chapter 01

용선의 예비 처리

제1절 | 혼선로와 용선차

1 개요

제강 주원료인 용선은 고로에서 곧바로 전로에 주입하여 제강 작업을 진행하지 않고 제강 공장으로 이동을 하여 전로 제강 공정 전에 보관을 하기 때문에 이 용선을 임시로 보관할 수 있는 혼선로(Mixer)나 용선차(Torpedo Car)가 필요하다.

고로에서 나온 용선을 저장 후 필요에 따라 제강로에 공급, 공급전 예비 정련을 실시하기도 한다. 특히 용선 중에는 P, S 등 제강 능률 및 강의 품질에 크게 영향을 미치는 유해 성분이 많이 함유되어 있으므로 여러 가지 예비 처리를 통하여 성분 조정을 하고 있다. <그림 1-1>은 용선의 예비 처리의 개략을 나타낸 것이다.

전로에 주입하는 용선의 온도는 1,200~1,300℃이므로 보관 중 용선의 온도를 1,300℃ 이상을 유지해야 하므로 COG, BFG 등으로 가열을 한다.

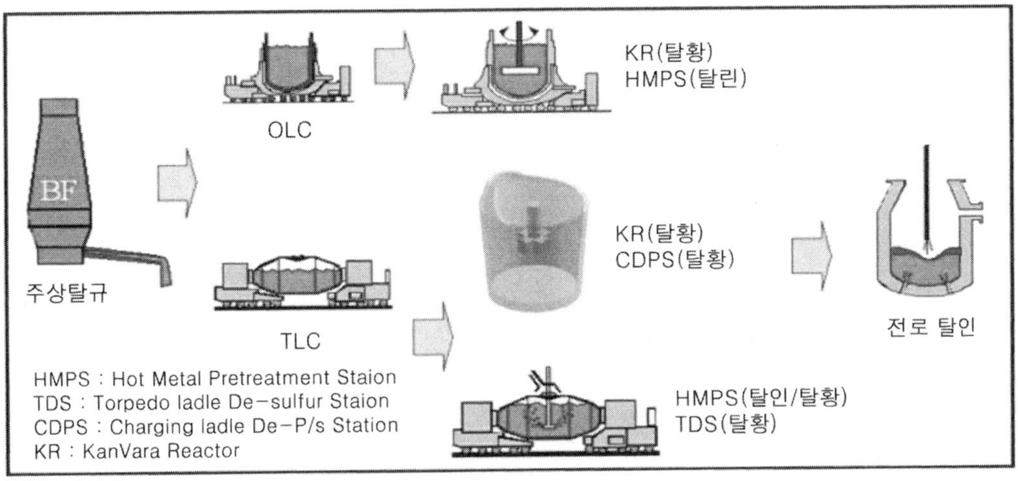

그림 1-1 ▮ 용선의 예비 처리

2 혼선로

1) 혼선로의 기능

혼선로는 LD 전로의 발달과 제철소의 대형화에 따라 1,000t 이상 2,500t의 대용량까지 사용하고 있다. 혼선로는 용선의 열 발산이 적고, 용선을 필요 온도로 가열이 가능하다.

가) 용선의 균질화

고로에서 나오는 용선의 화학 성분 및 온도는 각각의 출선 때마다 변동하므로 이것을 혼선로에서 다른 용선과 혼합하여 성분의 균일화하여 전로에 공급함으로써 제강능률을 높일 수 있다.

나) 용선의 저장

고로의 출선량과 제강로의 생산량이 다르므로 저장해 놓고 필요에 따라 수시로 공급할 있다. 또한 제강로를 수리하거나 가동하지 않을 때 용선을 임시 저장하는데 용이하다.

다) 보온

혼선로는 보통 500~2,500t이라는 많은 용선을 저장하므로 열용량이 커서 온도 강하를 적게 할 수 있다. 또 온도가 강하했을 때는 중유, COG, BFG 등으로 가열하여 1,300℃ 이상으로 온도를 유지할 수 있다.

라) 탈황 반응

혼선로에서는 레이들로 운반할 때와 혼선로 중에 저장되어 있을 때 탈황 반응이 일어난다. 탈황 반응은 Mn에 의해 다음과 같은 반응식에 의해 진행된다.

$$FeS + Mn \rightarrow Fe + MnS + 26{,}450kcal$$

하지만 이때의 탈황률은 비교적 낮으므로 S의 성분이 많을 때에는 특별한 노외 탈황처리를 해야 한다.

2) 혼선로의 모양

혼선로의 초기 모양은 배 모양이었으나 지금은 거의 사용하지 않고 있다. 현재는 지름과 길이가 1 : 1인 룬트미셔(Rundmischer), 1 : 2인 발젠미셔(Walzenmischer)라는 원통형을 사용하고 있다.

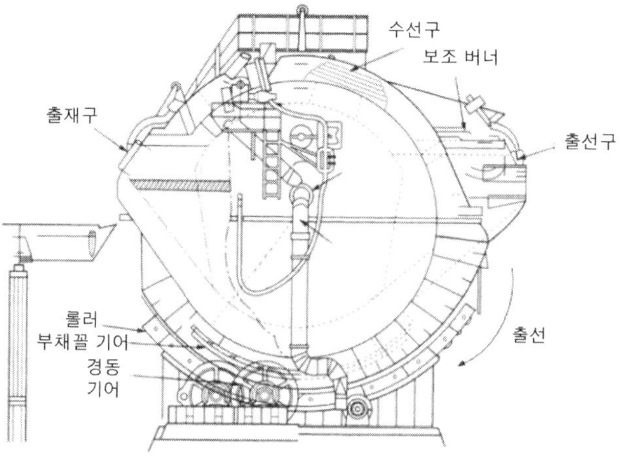

그림 1-2 ❙ 혼선로의 구조

혼선로의 외형은 20~40mm 두께의 강철판으로 만든 원통형으로 수선구, 출선구, 출재구, 노체를 기울일 수 있는 경동장치가 설치되어 있다. 혼선로 내부는 부위에 따라 다른 내화 벽돌을 200~600mm 두께로, 천장 부분은 고알루미나 벽돌이나 샤모트 벽돌 사용하고, 슬래그가 닿는 슬래그 라인이나 출선구는 고온 소성 마그네시아 벽돌 사용한다. <그림 1-2>는 혼선로의 구조를 나타낸 것이다.

3 용선차(Torpedo Car)

1) 용선차의 기능

용선차는 고로에 공급하는 용선을 보온, 저장하며, 이것을 제강 공장으로 운반하는 역할을 하는 장치로 대차 위에 노체가 어뢰 모양으로 되어 있다고 하여 토페도카(Torpedo Ladle Car)라고도 한다.

용선차 내에서 용선의 온도는 8시간 후부터 8℃/h, 15시간부터 5℃ 씩 하강하므로 30시간 정도 저장 가능하다.

하지만 용선차는 용선의 성분 변동이 심하므로 전로 조업전 레이들에서 성분 조정을 실시해야 한다.

2) 용선차의 구조

용선차는 노체 중심부에 수선과 출선을 겸하는 노구가 설치되어 있으며, 노체 벽돌은 점토질, 고알루미나질 벽돌 사용하며 벽돌 두께는 300~400mm, 용탕 접촉부 500~600mm로 한다. 출선할 때 로체가 120~145° 정도 기울일 수 있다. <그림 1-3>은 용선차의 구조를 나타낸 것이다.

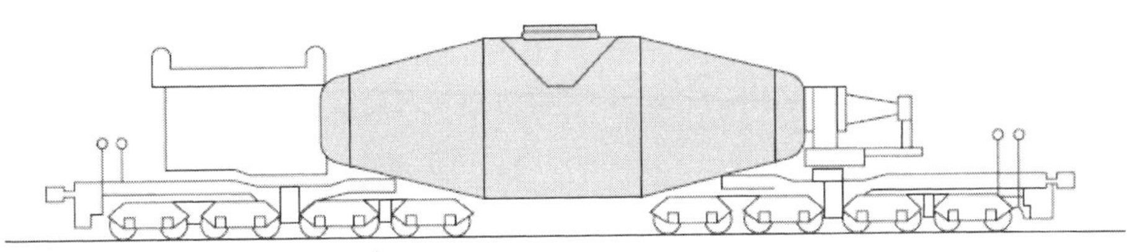

그림 1-3 ▌용선차(Torped Ladle Car)

3) 용선차의 장점

용선차는 레이들 및 혼선로의 건설비가 저렴하며, 용선의 온도 강하가 적다. 또한 부착 금속이 되는 선철 손실을 감소할 수 있으며, 인원 및 장비(크레인 등) 등을 감소할 수 있다.

제2절 | 용선의 탈황 처리

1 탈황의 개요

용선 중의 S는 고로 장입 원료인 철광석 및 코크스 중 Si의 함유량과 고로 조업할 때 장입물 등에 따라 차이가 있다. 따라서 전로강의 품질 향상을 위해 전로 장입 전에 용선 예비 처리해야 한다. 예비 처리는 용선 중의 Si, Mn, P, S, N 등의 조정하는데 이중에서 S의 조정이 중요하다고 할 수 있다.

2 탈황법

용선 중의 S함유량이 많을 때나 저황강을 만들 때에는 용선의 노외 탈황처리가 필요하다. 고로-전로 프로세스에 의해서 저황강을 제조할 때에는 고로내 탈황, 노외 탈황, 전로내 탈황 중에서 노외 탈황에 가장 유리하다고 알려져 있다.

1) 고로 탕도에서의 탈황법(Turbulator 법)

고로에서 나오는 용선을 탕도에서 연속적으로 탈황하는 방식으로 와류법과 평면 유동법의 두가지 방법이 있다.

와류법은 고로의 탕도 말단에 용선이 와류가 되도록 와류기 또는 와류관을 설치하여 상류에 혼합된 탈황제가 잘 섞이도록 하여 탈황하는 방법이다.

평면 유동법은 탕도를 어느 한 부분에 설치하여 탈황제를 넣고 탈황하는 방법으로 탈황 효과가 좋다. <그림 1-4>는 Turbulatoe법의 모형을 나타낸 것이다.

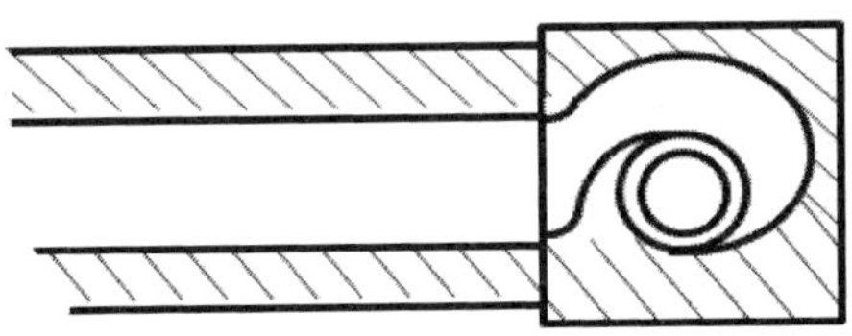

그림 1-4 | Turbulator의 모형

2) 레이들 탈황법(치주법)

레이들 탈황법은 용선 레이들 안에 탈황제를 넣고 용선을 주입하여 탈황하는 간단한 방법으로 탈황제로 소다회 또는 소다회의 복합제를 사용한다. 하지만 탈황율이 50%에 불과하고 변동이 심한 단점이 있다. 이 탈황법은 혼선로 출선할 때 적용하는 것이 효과적이다.

3) 요동 레이들법

요동 레이들법은 레이들에 편심 회전을 주어 발생하는 파동을 반응 물질에 이용하는 방법으로 탈황율은 레이들의 형상, 편심율, 회전수, 처리시간, 탈황제의 첨가량 및 종류, 처리량에 따라 달라진다.

DM(Duortical Mixing)법은 편심 및 일반 회전의 요동 레이들법을 개조한 것으로 정회전－역회전을 반복하여 용선의 와류 운동의 효율을 높인 것이며, 레이들의 회전속도가 증가하면 탈황률은 증가한다. <그림 1－5>는 DM전로법에서의 레이들의 회전속도와 탈황률과의 관계를 나타낸 것으로 회전속도가 증가함에 따라 탈황률이 좋아지지만 회전 속도가 45rpm 이상이 되면 오히려 탈황률이 감소하기 시작한다.

가) DM전로법

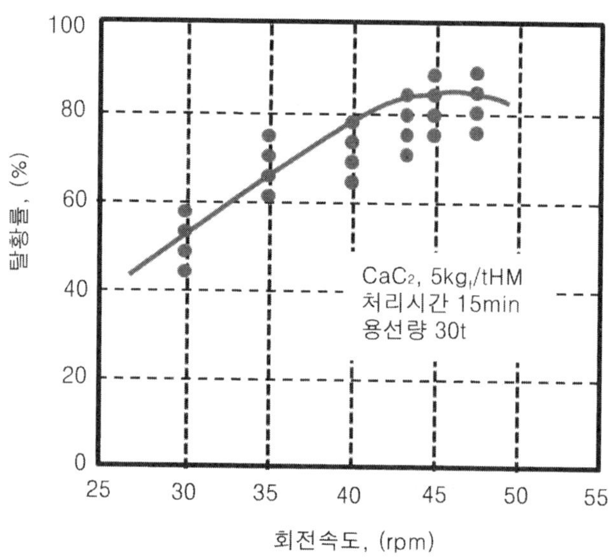

그림 1－5 ▌회전 속도와 탈황률

나) 회전 드럼법

회전 드럼법은 소형 회전로에 용선과 탈황제를 넣고 밀폐한 다음 노를 회전하여 용선에 탈황제를 혼합 교반하여 탈황 반응을 촉진시키는 방법이다. 탈황제로는 석회가루, 코크스 가루 등을 사용하며 강한 환원성 조건에서 산화칼슘에 의해 탈황 능력을 향상시킬 수 있다.

다) 교반법

교반법은 교반봉 또는 교반 날개를 용선 중에 담가, 회전하여 용선에 탈황제를 혼합, 교반 시켜 탈황하는 방법으로 데마크－오스트베르그(Demag-Ostberg)법, 라인슈탈(Rheinstahl)법, KR법 등이 있다. <그림 1－6>은 교반법의 예를 나타낸 것으로 데마크－오스트베르그법은 T자형 내화재의 파이프 모양의 교반봉을 회전시켜 수평관 안의 용선을 원심력에 의해 교반하여 탈황하는 방법이다. 라인슈탈법은 내화물로 만든 교반봉을 회전시켜 용선과 탈황제를 혼합 탈황하는 방법이다.

KR법은 여러 개의 회전 날개를 붙인 교반봉을 회전시켜 탈황하는 방법으로 탈황 효율은 좋으나 교반봉의 수명이 문제라 할 수 있다.

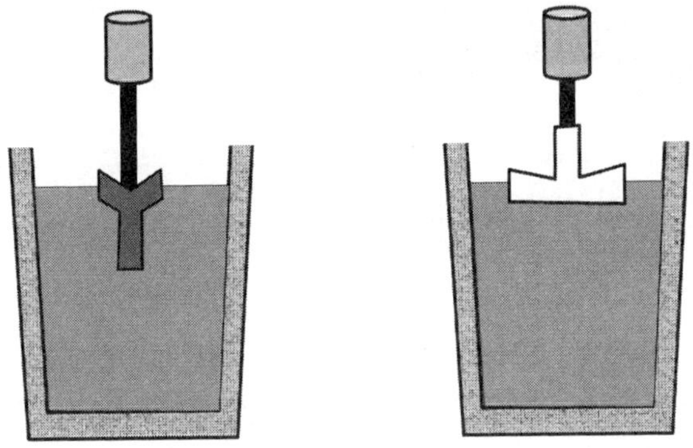

(a) Demag－Ostberg법 (b) Rheinstahl법

그림 1－6 ▎**교반에 의한 탈황법**

4) 탈황제 주입법(Injection 법)

이 방법은 탄화칼슘(CaC_2)과 같은 미분상 탈황제를 가스와 같이 용선 중에 취입하여 탈황하는 방법으로 탈황 효과가 떨어지므로 많이 이용하지 않는다. 하지만 최근에는 반응 촉진제를 사용하여 탈황 효과를 개선하는 방법이 개발되어 사용하고 있으며 토페도카(Torpedo Car) 상취 주입 시에 주로 사용한다. 이 방식은 토페도카를 반응 용기로 주입 랜스(Injection Lance)를 통해 취입된 탈류제가 표면으로 부상하면서 용선중의 [S]와 반응하므로 반응 효율은 낮으나 오프라인 공정이므로 대량 처리시 유리하다. <그림 1-7>은 레이들 주입법에 의한 탈황 방식을 나타낸 것이다.

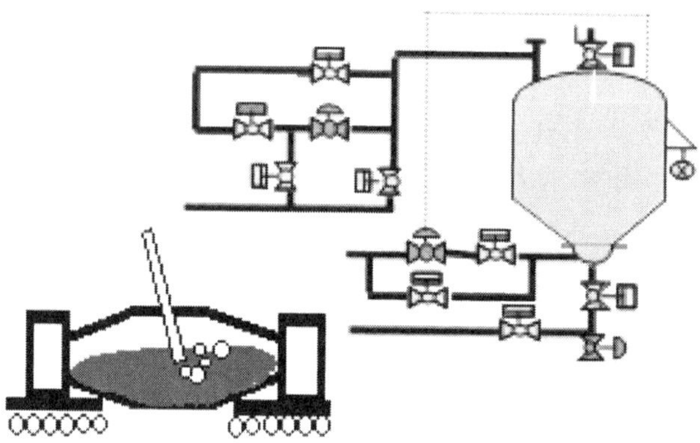

그림 1-7 | **레이들 주입법 의한 탈황법**

5) 기체 취입법

이 방법은 미리 탈황제를 용선 표면에 첨가하여 놓고 용선 속에 기체를 취입하여 기포의 상승 작용에 의한 용선의 교반 운동을 이용하는 방법으로 저취법과 상취법이 있다.

저취법은 다공질의 내화법(포러스 플러그)을 써서 레이들 저부에서 취입하는 방법이며, 상취법은 취입관(Lance)을 이용하여 상부에서 취입하는 방법이다.

6) 마그네슘에 의한 탈황법

이 방법은 Mg이 S와 친화력이 큰 것을 응용하는 방법으로 플런징 벨(Plunging Bell)법, 주입법이 있다.

플런지 벨법은 흑연 또는 내화재로 만든 플런징을 용선 중에 담가 Mg 취입하며, 코크스 또는 강판에 Mg을 침투시킨 Mg-coke, Mg-steel을 사용한다. 플런징 벨법으로 Mg-coke를 사용하여 S이 0.005%이하의 저황강을 생산하는 방법도 개발되었다.

주입법은 무기염류로 표면을 피복시킨 Mg 입자를 취입관에 의하여 운반 가스로 취입하는 방법으로 Mg 처리에 따른 용선의 비산 및 처리 시간이 길어지면 복황이 발생하는 단점이 있다.

7) 기포 펌프식 환류 교환법

이 방법은 기포 펌프의 양수 원리를 이용하는 방법으로 레이들 중에 용선을 기포 펌프를 통하여 기체를 취입, 탈황제가 있는 용선 표면으로 환류시켜 탈황하는 방법이다. 탈황 효율을 개선하기 위해 기포 펌프 자체를 회전시켜 탈황 시간 단축할 수 있다. 탄화칼슘 5kg$_f$/톤을 사용하여 15분 동안 S을 0.005% 이하로 처리한다.

2 탈황제

1) 탈황제의 종류

탈황제를 크게 나누면 고체 탈황제와 용융 탈황제로 나눌 수 있으며 종류와 특징은 다음 <표 1-1>과 같다.

표 1-1 | 탈황제의 종류

	고체 탈황제	용융 탈황제
종류	CaO, CaC_2, $CaCN_2$, CaF_2	Na_2CO_3, $NaOH$, KOH, $NaCl$, NaF
용융점	높음	낮음

탈황제의 탈황 능력은 교반방식, 분위기, 용선성분, 고로 슬래그의 성질에 따라 달라지며, 복합 탈황제는 배합한 탈황제의 종류, 배합 비율 등에 따라 달라진다.

탈황제의 선택 조건으로는 탈황 능력, 목표로 하는 탈황의 정도, 탈황 방법, 탈황 비용 및 작업성 등을 고려해야 한다.

2) 탈황 반응

탄산나트륨(Na_2CO_3)에 의한 탈황 반응은 다음과 같다.

$$(FeS) + (Na_2CO_3) + [Si] = (Na_2S) + (SiO_2) + [Fe] + CO$$
$$(FeS) + (Na_2CO_3) + 2[Mn] = (Na_2S) + 2[MnO] + [Fe] + CO$$

여기서 ( )는 슬래그상, [ ]는 용융금속상이며, 생성된 Na_2S는 CO가스에 의한 용선의 비등을 부상하여 슬래그화하고, SiO, MnO는 $2FeO \cdot SiO_2$, $MnO \cdot SiO_2$가 되어 슬래그화한다. 탄산나트륨을 사용하면 탈황과 동시에 Si, Mn, Fe도 약간 감소한다.

탄산나트륨에 의한 탈황은 흡열반응이므로 탈황 효과는 온도가 낮을수록 좋다. 탄산나트륨과 용선의 반응에 의해 발생하는 Na 일부가 기화하는데 기회손실은 용선 온도가 높을수록 크기 때문이다.

하지만 탄산나트륨은 SiO_2와 친화력이 커서 825℃ 이상이 되면 내화물이나 용선 중의 Si와 반응하여 복합 화합물을 만들어 탈황 능력이 저하되고 내화물의 손상이 커지게 된다. 또한 탈황 반응에 의해 생긴 Na_2S는 슬래그가 산성이 되면 복황을 일으키게 되므로 슬래그의 염기도를 높게 해주어야 한다.

나) 탄화칼슘의 반응

탄화칼슘(CaC_2)에 의한 탈황 반응식은 다음과 같다.

$$(CaC_2) + [S] = (CaS) + 2(C)$$
$$(CaC_2) + (FeS) = (CaS) + 2[C] + [Fe]$$

이 반응은 CaC_2가 분해하여 Ca와 용선 중의 S와 직접 반응하므로 강력한 탈황 작용이 일어난다. 생성된 CaS는 화학적으로 안정하여 복황을 일으키지 않는다.

그러나 탄화칼슘은 고온에서 산소와 쉽게 반응하므로 용선 중에 산소량이 많을 때는 산소와 반응하여 산화칼슘이 생성되어 탈황 효과가 떨어질 수 있으므로 CaC_2를 취급할 때 공기보다 질소 등의 불활성 가스를 사용해야 한다.

탄화칼슘에 의한 반응은 발열 반응이며, 용선 온도가 높을수록 탈황률이 높고, Si의 감소도 없다.

다) 산화칼슘의 반응

산화칼슘(CaO)에 의한 탈황 반응식은 다음과 같다.

$$2(FeO) + 4(CaO) + [Si] = 2[Fe] + 2(CaS) + (Ca_2SiO_4)$$
$$2(FeS) + 2(CaO) + [Si] = 2[Fe] + 2[CaS] + (SiO_2)$$

이 반응은 고체 [CaS]와 액체 [FeS] 사이의 반응이므로 반응을 촉진하기 위해 CaO를 미분으로 하여 접촉면적을 크게하고 교반을 실시하는 것이 탈황 능력을 높일 수 있다. 생성된 CaS의 용융점이 2,450℃이므로 용선 온도에서는 고체 상태이기 때문에 내벽을 침식하지 않는다. 하지만 CaO만을 사용하면 탈황률이 낮으므로 Mg, 망간광, 돌로마이트, 형석 등과 혼합하여 사용하면 탈황 능력도 개선되고 탈산 효과도 있다.

3 노외 탈황시 문제점

용선의 노외 탈황시 문제점으로는 크게 4가지 정도가 있다. 첫 번째로 용선의 노외 탈황을 실시하면 용선의 온도가 강하하는데, 80톤 레이들 기준으로 20℃ 정도 강하한다. 두 번째로 철의 손실이 많아지는데 탈황 반응에 의해 슬래그로 혼합되는 철, 슬래그 제거시 유실되는 철 등으로 철의 1~2% 정도 손실된다. 세 번째로 작업 시간이 소요되는데 이는 조업의 자동화로 개선할 수 있다. 마지막으로 복황 현상이 발생하는데 이를 억제하기 위해서는 탈황에 의해 생성된 슬래그를 제거해야 하는 것이 좋다.

제3절 | 용선의 탈규 및 탈인

1 탈규법

제강로에서 용선 중의 Si 함유량이 많으면 제거하기 위해 많은 산화제가 필요하며, 탈황에 필요한 산화칼슘이 필요하고, 슬래그량이 증가하여 제강 시간이 길어진다.

전로에서 Si는 가장 빨리 산화 반응이 일어나 열수지면에서 유리하므로, 석회석, 철광석, 형석 등을 첨가하여 탈인 반응에 알맞은 조업 조건 필요하다. 전로에서의 탈황과 탈인의 조건이 서로 다르므로 동시에 조업하는 방법이 필요하다. 따라서 P도 Si과 같이 제강 시간 연장의 원인이 된다. 고인(P)선을 정련하여 좋은 강을 얻는 것은 토머스 전로법이 가장 유효하다.

용선 탈규 방법에는 <표 1－2>에 나타난 것처럼 고로 용선탕도와 같이 용선이 흐르는 상태에서 처리하는 연속식인 고로 주상 탈규법과 토페도카와 같은 별도의 용기를 이용하여 처리하는 배치식(Batch)으로 구분한다. 배치식은 처리전의 용선 성분, 온도 및 용선량을 정확히 알 수 있으므로 조업이 안정되며 반응 효율도 높다. 그러나 반응 용기의 이동 및 처리 시간이 필요하므로 이에 따른 용선의 온도 저하가 크고 처리에 따른 슬래그 포밍(Slag Forming) 때문에 용기의 여유 공간을 확보하여야 하므로 용기의 용선 장입량을 10～30% 감소해야 하는 단점이 있다.

표 1－2 | 용선 탈규처리 방법의 분류

형 식	처리 장소	플럭스 첨가 방법
연속식	• 고로 용선동 • 고로 경주통 • 통형 연속 정련로	• 상취법 • 상취법(투사법)
배치식	• 토페도카 • 레이들 • 제강로	• 산화철 취입법 • 기체산소 상취법 • 기체산소 취입법

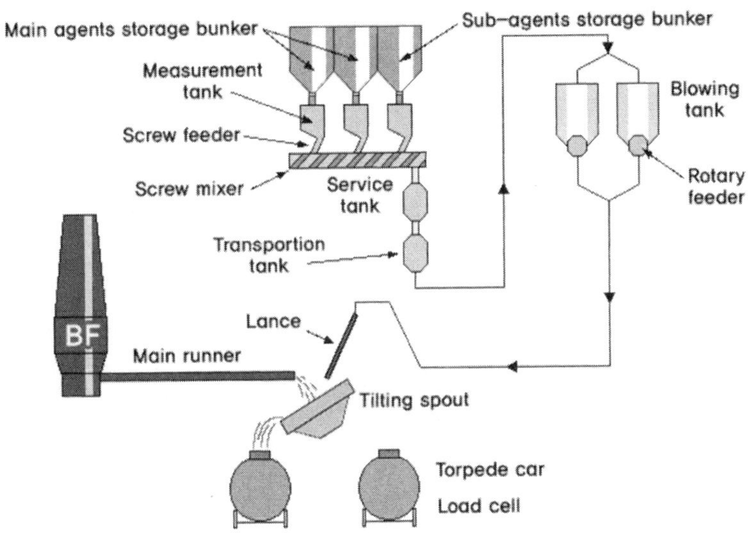

그림 1-8 ▎상취 방식의 플럭스 첨가법

<그림 1-8>은 상취에 의한 탈규제 첨가법을 나타낸 것이다. 이 방법은 레이들에 용선을 받을 때 철광석, 환산재 등의 산화재를 20kg$_f$/t 정도 첨가하여 Si를 0.2% 정도 감소시킬 수 있다. 플럭스를 레이들에 넣고 용선을 부으면 급속한 반응을 일으킨다.

반면에 고로 주상 탈규법은 고로-전로 공정 사이에서 이루어지기 때문에 별도의 건물이 필요 없고 열 손실도 적기 때문에 배치식 보다 유리하다. 그러나 탈규에 이어 탈인을 하려고 할 경우 배치식보다는 용선 온도가 100℃ 높기 때문에 불리하다. 그동안 대부분 고로 주상에서 탈규 처리를 하였으나, 최근에는 슬래그 발생량 감소 차원 및 용선 탈규 강화를 위해 배치식을 채택하는 경우도 늘고 있다.

2 탈인법

1970년대에 저인강의 수요 증대 및 전로 슬래그의 유효 이용 등의 관점에서 출발한 용선의 탈인처리는 현재 다각도로 개발되어 있다. 특히 우리나라와 일본의 경우 철광석 중 인의 함량이 높아 고로에서 출선된 용선에는 약 0.1%의 [P]가 함유되어 있어서 용선 탈인 기술은 일본을 중심으로 다양한 방법이 개발되어 있다.

주요한 방법으로는 Torpedo Ladle 탈인법, Open Ladle 또는 Charging Ladle 탈인법과 1980년대에 개발되어 최근에는 많은 제철소에서 적용하고 있는 전로 탈인법이 있다.

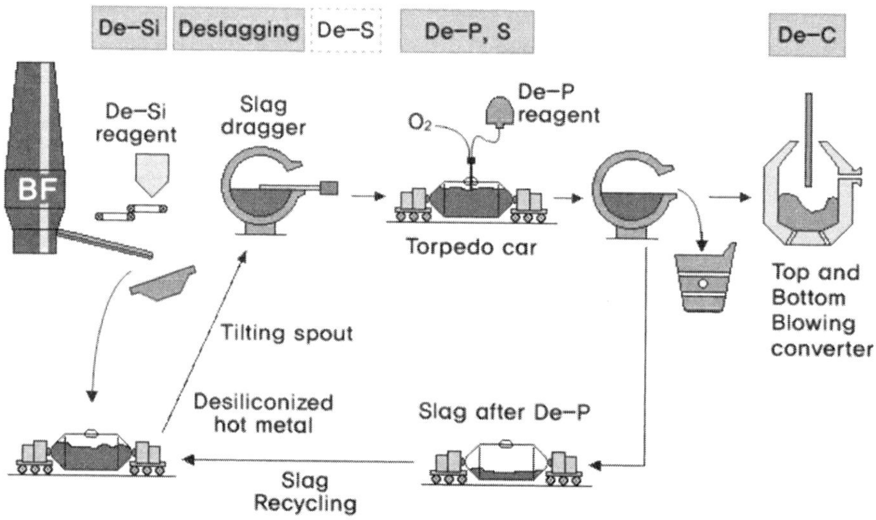

그림 1-9 | TLC 용선 예비처리 공정

1) TLC 탈인법

TLC 용선예비처리 프로세스는 1982년에 개발된 용선 탈인 설비로서 실용화 되어 그 후 용선온도의 저하를 억제하기 위한 산소가스의 취입(Injection)이나 Fe－Mn 합금 사용량의 삭감을 목적으로 한 Mn 광석의 이용 등 여러 가지 개선을 거쳐서 현재에 이르고 있는 것으로 공정의 개요를 <그림 1－9>에 나타내었다.

주상 탈규와 생석회계 플럭스에 의한 TLC 탈인, 탈황 처리를 기본으로 하고 저황강의 경우에는 생석회에 의한 탈황 처리를 탈인 처리 하기전에 선행시켜서 하고 있다.

또, 탈인 처리 후 슬래그는 주상 탈규 공정으로 되돌아가 탈규 처리후에 탈규 슬래그와 함께 배재되는 특징을 가지고 있고, 철, 망간의 실수율의 향상이나 탈규시의 염기도 조정용 생석회 비용의 삭감을 가능하게 하고 있다

2) OLC 탈인법

OLC(Open Ladle Car) 탈인법은 운반용 OLC를 이용한 용선 탈인 프로세스로서 <그림 1-10>과 같다. 기본적으로 탈규는 고로 주상에서 실시하고 탈인이나 탈황을 OLC에서 실시하며, 그림에서와 같이 여유 공간(Free Board) 확보를 위해 레이들 상부에 스커트(Skirt)를 설치하였으며, 처리중에 발생하는 탈인 슬래그는 스커트와 레이들 사이의 홈을 통하여 연속적으로 배출되도록 되어 있다.
따라서 탈인 처리 후 슬래그 배재 없이 곧바로 탈황 처리를 할 수 있는 장점이 있으나, 처리 용량에는 한계가 있어서 150톤 미만에 적용하고 있다.

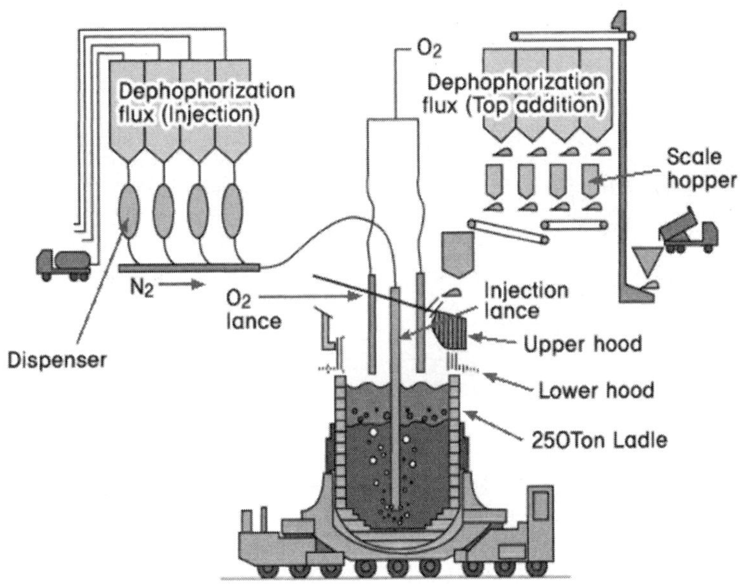

그림 1-10 ❙ OLC 용선 예비처리 공정

3) 전로 탈인법

전로 탈인 방식은 전로가 본래 가지고 있는 설비적 특징인 큰 노내용적을 활용하는 방법으로 공정은 <그림 1-11>과 같다. 이 방법은 노내 용적이 크므로 슬래그의 슬로핑(Slopping)이나 용선의 비산이 없는 상태에서 대량의 산소를 고속으로 취입하는 것이 가능하고, 노저로 부터 가스나 분체의 공급 설비를 이용하여 강교반 조건을 얻는 것이 가능하여 약 10분 만에 탈인 처리가 완료되는 장점이 있다. 플럭스는 노상으로부터 투입되는 괴상의 생석회와 형석이며 산소원은 상취 산소와 괴상 철광석이다.

또 산소 공급 속도를 크게 할 경우에 필연적으로 일어나는 탈탄 반응에 대하여 전로인 것을 활용하여 발생하는 열을 스크랩 용해를 위한 열원으로 이용할 수 있고, CO 가스를 배가스 회수설비(OG)에서 회수 할 수 있는 등의 장점이 있다.

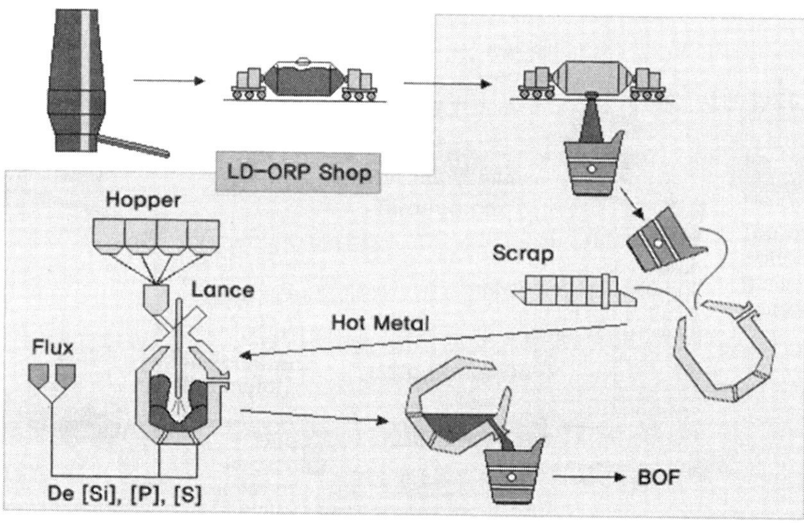

그림 1-11 ▮ **전로 탈인 처리 공정**

조업은 CaO/O를 낮게 하여 높은 산화력에 의하여 낮은 염기도에서 탈인을 하는 방법이지만 예비 탈규 처리를 하지 않고 탈규와 탈인을 동일 처리를 하는 큰 특징을 가지고 있다.

Chapter 02

최신제강공학

전로 제강법

제1절 | LD 전로법의 개요

1 LD 전로법의 발전 경과

1856년에 영국의 Bessemer는 회전식의 서양배 모양을 한 노의 노저로부터 공기를 흡입하는 전로법을 발명하였다. 이것은 연료없이 용강을 제조하는 획기적인 발명으로 Bessemer 법이라고 부르고 있다. 당시에는 산성 내화물밖에 없으므로 Bessemer 법은 산성 슬래그를 사용하고 있어서 P의 제거가 불가능하였다.

그 이후 1876년 영국의 Thomas는 염기성 내화재를 사용하여 석회석 슬래그에 의한 탈인을 가능하게 하였는데 이것을 Thomas 법이라고 부르고 있다. Thomas 법은 유럽에서 다량 산출되는 Minette 철광석으로부터 얻어지는 고인선의 정련에 이용되고 독일을 중심으로 프랑스, 벨기에, 룩셈부르크 등의 여러 나라에서 발전하였다. 그러나 공기를 흡입하기 때문에 강중의 N이 높고, P와 O도 높으므로 저급강밖에 제조할 수 없었다. 이와 같은 문제점 때문에 원료의 선택 범위도 넓고, 균일하게 여러 종류의 용강을 제조하는 평로법이 제강법의 주류가 되었으며, 특히 미국에서 평로법이 발달하게 되었다.

제2차 세계대전 이후 Thomas 법을 개량하여 O_2 등의 산화성 가스를 공기에 부화하여 저취하는 것이 시도되었으나 탈인이 충분하지 않고, 강중 가스 함유량도 높으며, 노저의 풍구 수명에 대한 문제가 해결되지 않아 세계적으로 보급되는 단계에는 이르지 못하였다.

한편 순산소 제조를 위하여 공기분리 장치가 1894년 Linde에 의해 개발되고, 그 후 대형화 및 효율화가 되어 대량의 산소를 쉽게 제조할 수 있게 되었다.

1949년 오스트리아의 제철기술자 그룹이 수냉동 노즐을 사용하여 순산소를 강욕의 위로부터 취입하는 순산소 상취 전로법의 공업화 시험에 성공을 하였다. 그 후 Linz의 제철소에서 15톤, Donawitz의 제철소에서 10톤 규모의 시험 설비를 건설하여 시험 조업을 하고, 1952~1953년에는 실제 조업에 들어가 양질의 강을 생산하게 되었다. 이 방법을 Linz-Donawitz의 머리글자를 따서 LD 법이라 불리우고 있다.

그후 조업 기술의 비약적 발전, 설비의 진보, 품질면에서의 우수성이 입증되어 LD 전로법은 대형 고로의 건설과 함께 대량 생산에서 필수의 제강법이 되었다.

LD 전로법이 우리나라에 도입된 것은 1973년 6월 POSCO에서 고로의 건설과 함께 사용을 하였다.

2 LD 전로 제강법의 특징

LD 법이 평로를 대신하여 급속히 발전한 이류로서는 LD 법이 당시의 원료 사정에 적당하였고, 더구나 생산성, 설비비, 단가, 품질면에서도 종래의 평로에 비해 우수한 면이 있었다.

1) 원료

평로법에서는 고철의 배합률이 0~100%로 조업이 가능하고, 40% 정도가 최적이라고 할 수 있는데 비하여, LD 법에서는 보통 조업 가능한 고철 배합율은 0~30% 정도이다.

고철을 사용한다는 면에서 보면 평로법에 비해 불리하지만, 용선이 안정된 가격의 원료를 사용하는 대형 고로로부터 공급되는 경우에는 절대적으로 유리하다.

2) 생산성

각종 제철소 1기의 1시간 당 생산성을 노용량으로 비교하면 <그림 2-1>과 같다. LD 전로법의 생산성은 평로의 6~8배에 이른다.

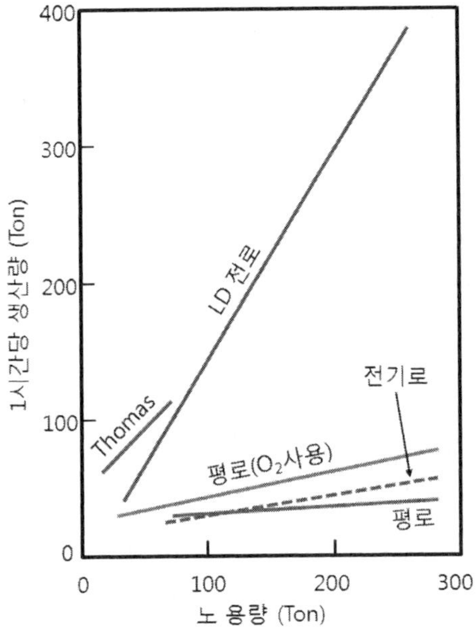

그림 2-1 ❙ 각종 제강법의 제강 능률

3) 건설비

건설비는 각 공장의 입지 조건에 좌우되는데 일반적으로 LD 전로 공장은 평로 공장의 60～80% 정도이다. 생산 상승기에 있고 제강 공장을 신설하는 때에는 LD 전로법이 유리하게 된다.

4) 단가(Cost)

강괴 제조 원가에 있어서 원료비를 제외한 작업비면에서 LD 전로와 평로를 비교하면 연료비, 노재비, 노무비 등의 차이에 의해 LD 전로는 평로의 60～70% 정도이다. 이를 강괴 원가로 해서 계산하면 5～10%의 차이를 나타낸다.

5) 품질

LD 전로강은 강중 가스(N, O, H) 함유량 및 Ni, Cr, Mo, Cu, Sn 등 미량 혼입 원소 함유량이 낮고, 그 재질은 저취전로강과 평로강에 비해서 동등하거나 또는 그 이상이라는 실적이 확인되었다. 제조 강종도 저탄소강에서 특히 우수함은 물론 대부분의 강종을 제조할 수 있는 가능성을 가지고 있다.

제2절 | LD 전로의 설비

1 개요

대부분의 제철소에서 전로 공장은 거의 선형화되어 있는데 원료의 장입에서 출강, 조괴까지의 사이에 원료동, 전로동, 주입동으로 나열되어 있어서 재료가 합리적으로 흐르는 모양으로 배치되어 있다. 형발동, 주형동은 본 건물에서 분리하여 건설하는 경우도 있다.

원료동은 전로를 중심으로 좌우에서 용선, 고철을 받아들이는 방식이 표준적이고, 용선 장입 레이들용 크레인과 고철 슈트용의 크레인을 구비하고 있다. 용선을 받을 때에는 혼선로를 이용하는 경우와 토페도카(Torpedo Car)에 의한 경우가 있다.

전로동에서는 3기의 노를 가지고 상시 2기 가동, 1기 정비하는 소위 2/3기 조업과, 2기의 로에서 1기 가동 1기 정비의 1/2기 조업이 있는데, 2/3기 조업이 시설을 효과적으로 사용할 수 있으므로 널리 사용하고 있다. <그림 2-2>는 진로 공장의 가동 예를 나타낸 것이다.

전로의 정면은 노전 작업상으로 데크(Deck)가 있고, 전로와 마주 보고 있는 조작실이 있다. 노하에는 전로의 본체에 대해 직각으로 용강 및 슬래그 반출용 대차가 선로에 놓여 있고, 용강은 주입동에 운반되고 슬래그는 그 반대편에서 인출된다.

전로동은 노하에 수강 레이들이나 슬래그 포트(Slag Pot), 노상에는 랜스(Lance)가 있기 때문에 공장 건물 중에서 가장 높게되어 있는 부분이다.

전로 공장 주변에는 부원료를 저장하는 벙커(Bunker)와 그것을 전로 노상에 보내는 벨트 컨베이어, 용선의 예비 탈황을 행하는 설비, 전로에서 사용하는 산소 가스 발생 공장, 전로에서 나오는 가스를 처리하는 배가스 처리 설비, 슬래그 처리장 등의 여러 설비가 있다.

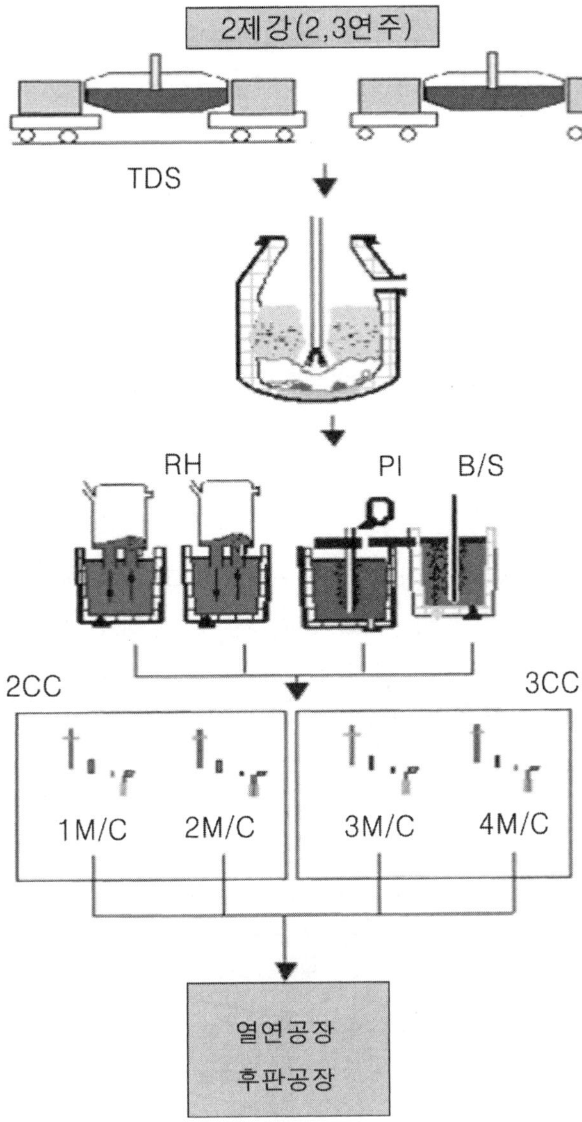

그림 2-2 | **전로 공장**

그리고 장입출강 반대형 이외에도 용선 및 고철의 장입과 출강이 동일 방향에서 이루어지는 형식과 용선, 고철의 장입부터 출강, 조괴에 이르기까지 직선으로 배치하여 공동의 크레인으로 작업을 하는 형식의 전로 설비 배치 형태도 있다.

<그림 2-3>은 전로 설비의 공정도를 나타낸 것이다.

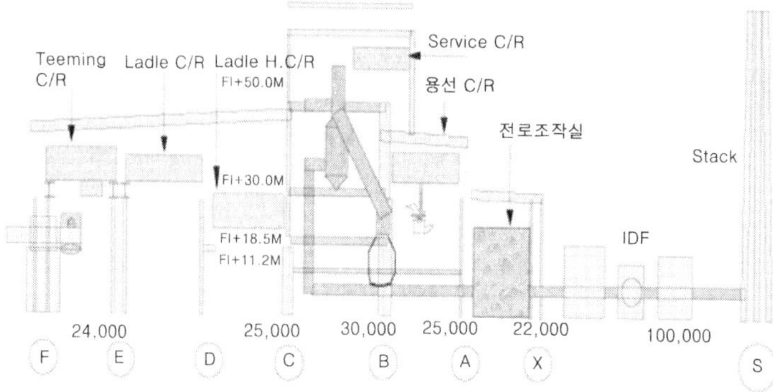

그림 2-3 | **전로 설비의 공정도**

2 원료 설비

LD 전로에서 사용되는 원료는 대별하여 주원료서 고로로부터 공급되는 용선과 자가발생 고철 또는 구입 고철 등이 있고, 부원료로서 생석회, 석회석, 철광석, Mill-Scale, 형석 등의 매용제와 합금철, 탈산제, 가탄제 등이 있으며, 각종의 주·부원료를 신속, 원활하게 투입하는 설비가 필요하다.

<그림 2-4>는 전로 제강 원료 설비의 기본 구조를 나타낸 것이다.

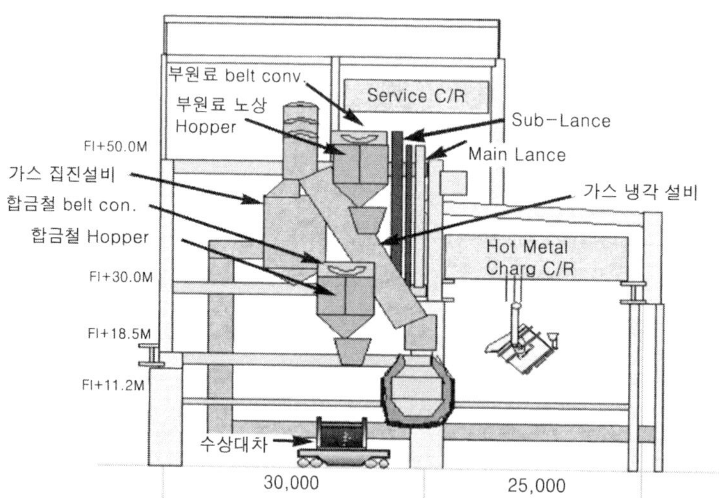

그림 2-4 | **전로 제강 원료 설비 구성도**

1) 용선 처리 설비

가) 혼선로

① 혼선

용선의 온도와 5대 원소는 매 출선시마다 변동한다. 따라서 LD 전로 조업의 안정을 위해서 Mixing의 효과를 목적으로 할 필요가 있다.

② 저선

평상시 또는 설비 휴지, 정기 수리일의 경우 고로에서 온 용선을 일시 저장할 필요가 있다.

③ 보온

용선의 온도 저하를 방지하기 위하여 COG 또는 중류를 사용하여 온도를 일정하게 유지시켜 준다.

④ 탈황

혼선로내에서는 FeS, MnS의 형태로 다소의 탈황이 된다. 특히 저황의 용선을 얻는 일은 어려워 용선의 탈황법에 의해서 저황의 용선을 얻고 있다.

나) 구조

혼선로는 외곽이 20～40mm의 강판으로 만들어진 원통형으로 되어 있고 수선구, 출선구 및 배재구 등 3개로 되어 있으며 전후로 경동할 수 있는 장치가 있다. 구동은 어느 것이나 전동으로서 출선 중에 정전의 경우 브레이크를 걸어서 수동으로 개방하여 자동 복귀할 수 있도록 회전 중심을 가운데 두고 있지 않다. 용량은 보통 300～2,000톤으로 되어 있다.

내화물은 천정에는 규석 계통의 내화물이 사용되고 수선구 및 출선구에는 고온 소성의 마그네시아 연와가 사용되고 있다.

다) 토페도카(Torpedo Car)

최근에는 고로의 대형화와 함께 출선량도 증대함에 따라 고로와 제강 공장/까지 용선의 수송 방법도 대형화할 필요가 있게 되었다. 용선 레이들이 대형화함에 따라서 차량 한계의 문제점, 혼선로의 용량 증대에 따른 건설비, 축로비 등 단가라 많이 들어 이러한 여러 가지 문제점을 해결한 것이 토페도카(Torpedo Car)이다. 용량은 350～600톤이다. 혼선차의 장단점은 다음과 같다.

① 용선 레이들 및 용선 수입 크레인이 필요한 혼선로보다 원단위가 낮다.
② 개구부가 작기 때문에 온도강하가 적다.
③ 지금 부착에 따른 Fe 손실이 거의 없다.
④ 대형화에 한계가 있어서 토페도카마다 성분과 온도 차이가 있어서 LD 전로 조업의 불안정한 요인이 된다.
⑤ 수송요 선로의 곡률 반경이 커야 한다.

2) 고철 처리 설비

가) 적입 설비

LD 전로는 타 제강법에 비하여 고철의 사용량은 적고, 고철의 양에 의해 온도조절을 할 경우 정확학고 신속한 처리를 위해서 적입 작업은 공장에 근접한 장소에서 또는 같은 건물 내에서 하는 곳이 많고, 승강 자석 크레인(Lifting Magnet Crane)과 평량기(Scale) 등을 사용하여 정확한 적입을 할 수 있는 설비를 갖추고 있다.

나) 장입 설비

대부분의 제강 공장에서는 고철 슈트(Chute)가 천장 크레인에 의해 운반되고 있다.

3) 부원료 설비

전로에서 사용되는 부원료는 종류와 양이 많고 제강 시간도 짧으므로 그 설비는 신속, 정확한 조작을 필요로 한다.

부원료는 우선 전로 건물 외에 곳에서 수일분의 용량을 가진 저장 호퍼(Hopper)에 종류별로 나뉘어 저장된다. 그곳으로부터 벨트 콘베이어(Belt Conveyer)나 버켓 엘리베이터(Bucket Elevator) 등으로 노상으로 운반되고, 트리퍼(Tripper)에 의해 소정의 노상 호퍼(Hopper)에 투입된다.

각 호퍼(Hopper) 밑에는 피더(Feeder), 호퍼 평량기(Hopper Scale), 투입 슈트(Chute)가 있고 노전 조작실로부터 원격 조작에 의해 노내에 투입된다. 투입을 신속 정확하게 하기 위해 프로그램 설정에 의한 자동 투입도 행해지고 있다.

부원료가 슈트(Chute)에 의해 노내에 투입될 때 연도 역할을 하게 되며 고온의 열을 받으므로 수냉의 2중관으로 되어 있는 곳도 있다.

또한 수송시 일어나는 연진(Dust), 낙하시 일어나는 먼지 등은 거의 집진기에 의해 집진되며, 특히 취련중 연도 역할이 되어 화염의 역류를 방지하기 위하여 질소 실링(Sealing) 등의 설비를 갖추고 있다.

4) 합금철, 탈산제 설비

합금철, 탈산제는 부원료와 같은 경로를 거쳐 노상 호퍼(Hopper)에 저장되고, 취련 종료후 노내 또는 출강 레이들 내에 투입된다. 또한 노뒤의 별도의 호퍼(Hopper)에 저장하여 평량 후 레이들 내에 투입하는 경우도 있다.

3 전로 설비

1) 노체

전로의 노체 외부는 강판을 용접한 구조이고 내측은 염기성 내화물로 라이닝되어 있다. 노체는 그 형태에 따라 대칭형과 비대칭형으로 구분하고, 그 구조에 따라 노저 분리형과 비분리형으로 구분하고 있다.

대칭형은 노의 중심선에 대하여 좌우 대칭으로 되어 있는 반면 비대칭형은 노구의 중심축에 대하여 편심되어 있는 것이 그 특징이다. 최근에는 대칭형의 노를 대부분 사용하고 있다.

비대칭형 노의 조업상 특징은 다음과 같다.

① 슬로핑(Slopping)에 의한 분출 방향이 정해져 있어서 대부분 노하의 슬래그 팬(Slag Pan)에 떨어진다.

② 출강시 노구의 위치가 높기 때문에 노구로부터 슬래그가 넘치는 일이 적고 신호나 조업 실수에 의한 재해를 방지할 수 있다.

③ 노구로부터 나오는 폐가스가 노상에 높게 올라가지 않아 연도를 낮게 할 수 있다.

④ 내장 연와의 크기가 달라야 한다.

⑤ 장입, 출강을 동일측에서 실시해야 한다.

<그림 2-5> 및 <그림 2-6>은 대칭형과 비대칭형의 예를 보여주고 있다.

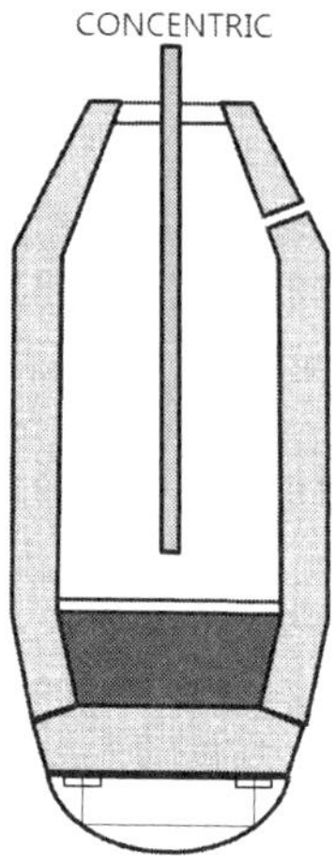

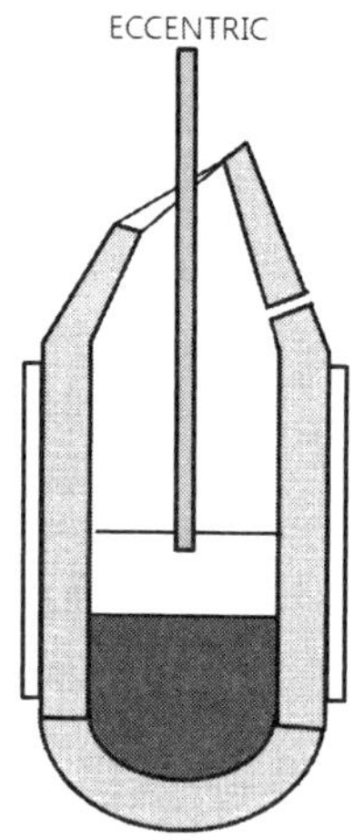

그림 2-5 ❙ **대칭형 노체**

그림 2-6 ❙ **비대칭형 노체**

가) 노고(H)

노고는 취련 중 분출(Spitting 또는 Slopping)의 억제를 위해서 클수록 유리하나 이에 따라서 건물도 높아지고 노를 회전시키는 설비도 대형화되어야 하므로 노고를 크게 하는 대신 노용적을 크게 함으로써 대형화를 실현하고 있다. <그림 2-7>은 노용적과 노고와의 관계를 나타낸 것으로 약 70톤까지는 노고를 크게 하면 유리하고 그 이상에서는 노경을 크게 하는 것이 유리하다.

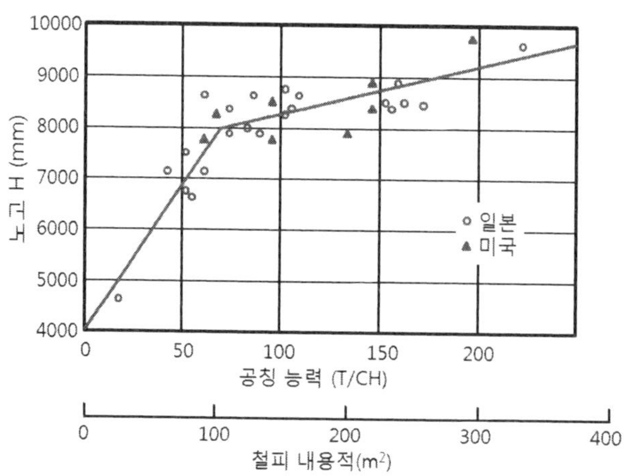

그림 2-7 ❙ **노고와 노용적(공칭능력)과의 관계**

나) 노경(D)

출강량이 같은 경우 전로의 노경이 클수록 강욕 면이 낮아져 강욕의 교반이 불균일하게 되고 노저의 손상을 일으키기 쉽다. 반대로 노경이 작고 강욕이 깊으면 분출이 일어나기 쉽다.

LD 전로가 개발된 초기에는 노경에 대해서 노고를 낮게 해서 슬로핑(Slopping) 등의 문제가 있었으나 최근에는 다공 노즐의 개발에 의한 취련기술의 향상으로 노경을 크게할 수 있기 때문에 대형로의 출현이 가능하게 되었다.

다) 노구

LD 전로의 노구는 취련 중 분출물이 부착하기 쉽고 고온 폐가스, 출강이나 배재시에 심한 열 이동 등으로 인하여 변형되기 쉽다. 따라서 노구부의 구조는 상당한 고려를 하지 않으면 안되는데 우리나라의(POCSO) 경우 누구부를 수냉하는 형식으로 되어 있어 분출물이 쌓이는 것과 노구 변형을 억제하고 있다. 또한 내열강판의 사용, 교체 가능한 구조 등의 연구가 이루어지고 있다.

라) 노저부

노저부의 형상은 강욕의 형상과 관련이 있으며, 최근 노용적의 대형화에 따라 노체수명 말기의 얕은 강욕조(Shallow Bath)에 의한 반응의 불균일성을 막기 위해서 튤립(Tulip)형을 채택하고 있다.

마) 노용량

LD 전로의 개발 초기에는 전로의 용량은 50톤 정도이었으나 최근에는 350톤 전후의 전로가 가동되고 있다. 일반적으로 취련 강종, 원료 사정, 취련 조건에 따라서 결정된다. <그림 2-8>은 목표하는 출강량과 직접적인 관계가 있는 것으로서 철피 내용적 및 연와 내용적과 양괴량과의 관계를 나타낸 것이다.

바) 출강구

LD 전로가 개발된 당시에는 없었으며, 조업의 안정과 강의 품질 향상에 대한 해결책으로서 개발되어 설치하게 되었다. 이에 따른 변화는 슬래그의 배출을 방지하기 위하여 사용하던 석회 투입 작업이 불필요하여 생산능률이 향상되었고, 슬래그의 레이들에의 유출이 감소하여 품질이 향상되고 레이들 수명이 연장되었으며, 슬래그의 염기도 조절이 쉬워지고 석회의 원단위를 절감할 수 있었다.

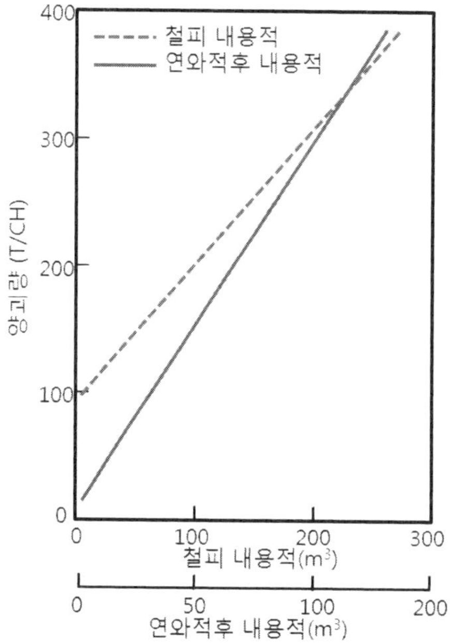

그림 2-8 ▌내용적과 양괴량과의 관계

2) 노체 경동 설비

노체를 지지하고 경동하는 회전력을 전달하는 장치로써 트러니언(Trunnion)이 있다. 이것은 노체 하중, 용선과 고철 장입 충격, 노체의 열변형 영향을 경동장치에 주지 않도록 되어 있다. 노체의 대형화에 따른 지지력의 증대가 요구되므로 링(Ring) 방식이 많이 채택되어 사용하고 있다. 그리고 전로의 경동은 전동기 구동방식에 의하여 발생한 힘이 트러니언(Trunniom)에 고정된 기어(Bull Gear)를 둘림으로써 이루어진다. 경동 속도는 저속의 경우 0.1rpm부터 고속의 경우 1.0rpm까지 변화하고, 전후 360° 회전이 가능하다. 실제 작업시에 노의 경동 중에 정전 등 비상사태로 모터가 정지되거나 브레이크가 고장난 경우 비상복귀장치에 의한 저속복귀가 가능하게 되어 있다. <그림 2-9>는 전로 경동 설비를 나타낸 것이다.

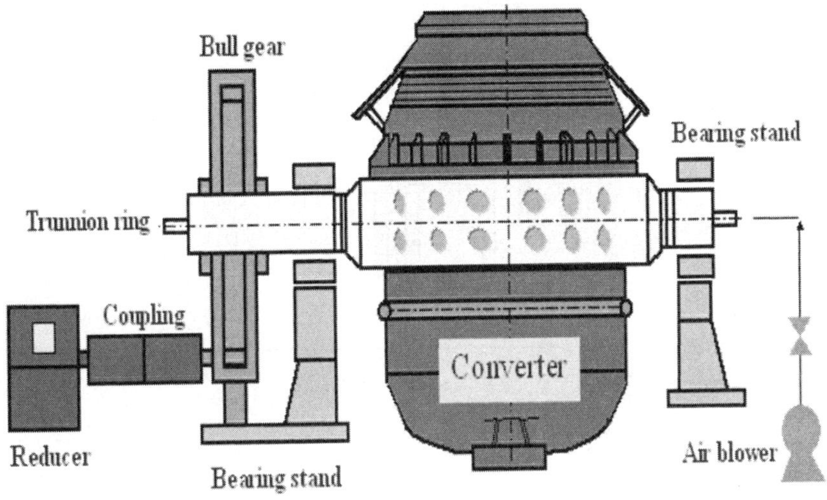

그림 2-9 | 전로 경동 설비

3) 산소 취입 설비

LD 전로의 정련 반응에 필요한 산소는 랜스(Lance)를 통하여 강욕면에 분사되는데 랜스(Lance) 선단의 노즐(Nozzle)은 취련 중에 심하게 가열되고 용강과 접촉하므로 수냉장치에 의한 충분한 냉각을 필요로 한다.

가) 랜스(Lance)의 구조 설비

<그림 2-10>과 같이 랜스(Lance) 본체는 3중관으로 되어 있어서 내측관으로부터 산소, 급수, 배수의 순으로 흐른다.

산소관은 순동으로 만들었으며 랜스(Lance) 상부에 접촉되는 산소 및 냉각수 호스는 고무 제품이 많이 사용된다.

랜스(Lance) 승강 장치는 드럼 권양기(Drum Winch) 방식이 많이 사용되고 저속과 고속의 2가지 속도가 있다.

보통 랜스(Lance)와 승강 장치는 하나의 전로에 2대가 준비되어 있고, 랜스(Lance) 계통에 이상이 발생하거나 노즐(Nozzle) 공형상의 변화 등에는 원격 조작으로 랜스(Lance)를 교환할 수 있다.

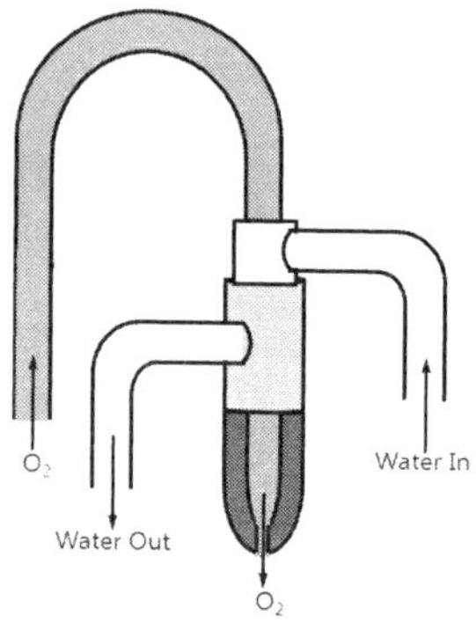

그림 2-10 ‖ Lance의 구조

나) 노즐(Nozzle)

랜스(Lance) 선단에는 순동으로 만든 노즐(Nozzle)이 장착되어 있다. LD 전로 도입 당초의 노즐은 단공이고, 산소 제트의 큰 운동 에너지가 극히 좁은 영역에 집중하기 때문에 슬로핑(Slopping), 스피팅(Spitting)의 문제가 발생하기 쉬우나 3공 노즐(Nozzle)의 개발로 인하여 이 문제가 해결되었다.

최근에는 노용량의 확대에 따라 4공, 5공 등의 다공 노즐(Nozzle)이 사용되고 있다. 이 노즐(Nozzle) 공의 개수는 취련 중의 용강 교반, 운동의 변화, 분출의 감소, 출강 실수율의 향상, 취련 작업성의 개선 등에 있어서 강욕면과 노즐(Nozzle)의 선단과의 거리와 함께 취련 반응의 중요한 요인이 된다. <그림 2-11>은 노즐의 단면을 나타낸 것이다.

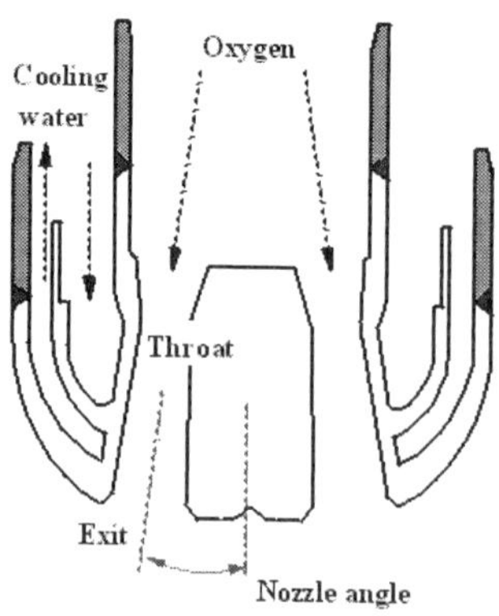

그림 2-11 ‖ 노즐의 단면도

4 폐가스 처리 설비

1) OG 시스템

랜스(Lance)로부터 취입된 산소는 용선의 탄소와 반응하여 바로 CO로 되어 대량의 가스가 발생하게 된다. 또한 산소 제트와 강욕의 충돌면(화점)이 고온이 되므로 Fe가 기화하여 산화철분이 되어 배가스와 함께 노구로부터 나온다. 이 배가스를 냉각 집진하고, CO로 회수하거나 또는 CO_2 가스로 방산하는 설비가 필요하다.

배가스 처리 방식으로 노상에서 CO 가스를 CO_2 가스로 연소시키는 연소 방식과 CO가스로 포집하는 비연소 방식이 있다. LD 전로 개발 초기에는 설비적으로 단순하게 전로 작업에 제약이 적은 연소 방식이 주로 사용되었으나, 최근에는 비연소 방식의 OG법이 개발되어 사용하고 있다.

OG법에서는 전로 노구와 노상 배가스 흡인 후드(Hood)와의 사이에 가동식 스커트(Skirt)를 설치하여 공기의 침입을 방지하고 후드 내의 정압을 검출하여 PA 벤투리(Venturi)의 가변 스로트(Throat)를 조작함으로써 배출되는 CO 가스를 회수할 수 있다. <그림 2-12>는 OG 설비의 개략도를 나타낸 것이다.

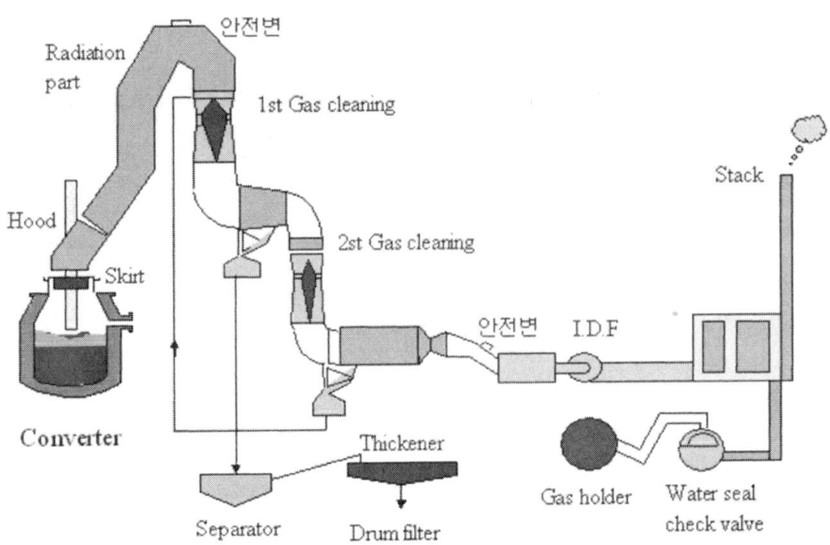

그림 2-12 | OG 시스템

비연소식의 장점으로는 다음과 같은 것들이 있다.

① 가스 온도가 낮고 연소용 공기가 없으므로 가스량도 적고, 냉각 및 집진 설비의 소형화가 가능하며 전로 상부의 건설 구조가 간단하여 건설비가 저렴하다.
② 회수한 가스 분진이 적고 연소용 및 화학용 원료로 유용하게 이용될 수 있다. 이 연소용 원료를 LDG라고 한다.

연소 방식에는 노상 연도부를 배가스의 잠열, 현열을 증기로 하여금 회수하는 보일러 방식과 열회수는 하지 않고 대량의 공기를 혼입하는 공기냉각 방식이 있다.

배가스 집진기에는 벤투리 스크러버(Venturi Scrubber)와 전기 집진기가 이용된다. 취련시의 배가스 이외의 배출 가스에 대해서도 환경 관리상 집진의 필요가 있다. 혼선로 또는 토페도카(Torpedo Car)로부터의 수선시와 전로에 용선 장입시에 발생하는 연진(Dust)은 발생 개소를 후드(Hood)로 덮어 흡인하여 집진한다.

2) 배열 회수 장치

밀폐형 냉각 방식인 배열 보일러 설비가 도입되면 보일러 튜브에서 발생된 증기(255℃, $14 \sim 38\,kg_f/cm^2$)를 스팀 드럼(Steam Drum)으로 회수하여 축열기(Accumulator)에 저장한 후 조업용과 난방용으로 공급된다.

배열 보일러 설비는 보일러 튜브 장치, 증기 회수 장치, 수 처리 장치 등으로 나눈다. 보일러 튜브 장치는 다시 스커트(Skirt), 상·하부 후드 및 복사부로 구성되어 있다. 증기 회수 장치는 팽창 탱크 및 급수 펌프, 스커트 순환 펌프, 열 교환기, 탈기기 및 급수 펌프, 스팀 드럼 및 급수 펌프, 보일러 순환 펌프, 축열기 등으로 구성되어 있다. 수 처리 장치의 경우는 순수 제조 장치, 약품 투입 장치 등으로 구성되어 있다. <그림 2-13>은 배열 회수 장치의 공정을 나타낸 것이다.

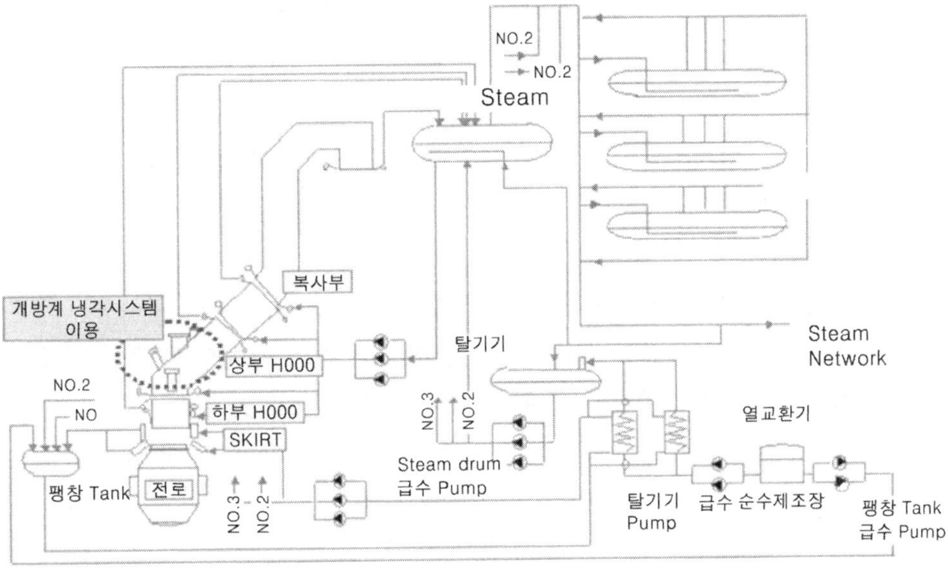

그림 2-13 **| 배열 회수 장치**

5 계장 설비

1) 계측 설비

LD 전로에는 다음과 같은 계측 설비가 있다.

① 주·부원료, 합금철의 중량 측정 장치
② 산소, 배가스, 랜스(Lance) 및 OG 설비의 냉각수, 집진수, 보일러 증기 등의 유량, 압력, 온도 측정 장치
③ 용선, 용강의 온도 측정 장치
④ 용선, 용강, 슬래그, 배가스의 성분 농도 분석 장치
⑤ 랜스, 보조랜스(Sub-Lance)의 위치 측정 장치

이들의 계측값이 컴퓨터에 의해 계산되고, 노전 조작실의 조작 데스크 또는 판넬에 표시되어 조정 및 제어를 할 수 있도록 되어 있다. 과거 용선, 용강의 측온은 인력에 의해 소모형 열전대를 침적하여 측정하였으나, 최근에는 용선 레이들, 출강 레이들의 온도는 자동온도 측정장치, 전로에서의 온도는 보조랜스에 의해 자동화되어 있다.

특히 보조랜스는 취련 종점의 동력 조정의 검출단으로도 유효하게 이용되고 있다.

보조랜스는 선단에 소모형 열전대 및 열분석계(샘플 용강의 응고 온도 검출) 담침봉(Probe)이 설치되어 있고, 취련 중에 노구로부터 주랜스(Main Lance)와 평행으로 용강 중의 소정 위치에 강하 침적하여 용강 온도와 탄소 농도(응고 온도로부터 추정)를 동시 측정한다. 이외에 취련 개시전의 탕면 레벨을 측정하는 탐침봉도 있다. 이들의 탐침봉은 노상에 설치한 탐침봉 착탈 장치에 의해 자동적으로 착탈되고, 채취된 금속 샘플은 작업상에 보내진다.

취련 종류 후 보조랜스로 재측정하는 방법으로 노를 기울여서 실시하는 측온 및 샘플링 작업이 없어지게 되고, 노동 경감 및 제강 시간 단축에도 효과를 거둘 수 있다.

용선, 용강, 슬래그 샘플은 기송관으로 분석실로 신속히 보내어 분석을 실시한다. 일반적으로 용선, 용강은 진공형 발광분석에 의해 실시하고, 슬래그는 형광 X-선에 의해 분석된다.

2) 컴퓨터 설비

전로 조업에는 컴퓨터에 의한 정보처리, 프로세스 제어가 널리 이용된다. 최근에는 전로 공장의 프로세스 컴퓨터를 제철소의 중앙 컴퓨터에 연결하여 제철소 전체의 생산관리 시스템의 일환으로 이용하고 있다. 컴퓨터 제어 시스템의 구성은 각 공장에 따라 다양하다. 계측기로부터의 정보는 컴퓨터에 의해 자동적으로 처리되고 워크시트에 기록됨과 동시에 조작자에게 판단하기 쉬운 형태로 주어져서 조작 지침으로 되게 된다.

또한 다음 조작을 컴퓨터에 의해 폐쇄회로로 자동적으로 시행하고 있는 공장도 있다.

① 부원료, 합금철의 노상 호퍼(Hopper)로의 운반
② 취련 중의 랜스(Lance) 높이와 산소 유량 패턴의 설정
③ 취련 중 부원료의 노내로의 분할 투입
④ 취련 말기 또는 취련 중지 후 보조랜스의 승강 및 이에 근거하여 취련 중지, 자동 출강
⑤ 배가스(LDG) 회수 향상을 위한 OG 댐퍼(Damper) 제어
⑥ 출강시 합금철을 레이들에 투입

컴퓨터 본체는 노전 조작실 또는 인접하는 컴퓨터실에 설치되어 있으며 단말기는 그 기능에 따라 전로 공장내의 여러 장소에 산재되어 있다.

컴퓨터실은 온도, 습도변화, 먼지, 진동 등의 영향을 받지 않도록 주의하여야 한다.

제3절 | LD 전로의 원료

1 개요

LD 전로에 사용되는 원료는 다음과 같이 대별할 수 있다.

① 주원료
② 부원료
③ 합금철, 탈산제

주원료는 강을 제조하는데 주요 열원으로서 공급되는 선철(용선, 냉선) 고철 등을 말하며, 부원료는 취련 반응에 있어서 P, S 등의 불순물을 제거하고 종점의 용강 온도를 적절히 조정하며 슬래그 형성에 필요한 석회, 철광석, 밀스케일(Mill－Scale) 등을 말한다. 또한 합금철, 탈산제 등은 강의 종점 성분을 목적하는 성분으로 조정하기 위하여 용강에 첨가하는 페로망간(Fe－Mn), 페로실리콘(Fe－Si), Al 등을 말한다.

2 원료의 종류

1) 주원료

주요한 철원으로서 주원료는 용선, 냉선, 고철 등을 들 수 있다. 용선은 열원으로서 LD 전로에서는 빼놓을 수 없는 것으로서 통상 조업하에서 전장입량에 대하여 70～85%의 배합율을 유지하여 조업을 한다.

냉선은 철원으로서 장입하지만 용선량이 부족한 경우에는 그 속에 함유되어 있는 Si의 산화 반응열을 열원으로 이용하기 위하여 사용하지만 잘 용해되지 않은 등 조업상의 문제로 보통 10% 미만으로 제한한다. 또한 주요한 철원으로서 고철이 사용되지만 보통 조업의 경우 약 30% 이하가 쓰여지고 있다.

가) 용선

용선은 보통 고로에서 출선후에 믹서 또는 토페도카(Torpedo Car)를 경유하여 전로에 장입된다.

용선의 온도는 동일 배합율의 경우에 용선 자체가 가지고 있는 열량의 차이로 용강 온도에 영향을 주므로 이의 조정을 위하여 부원료 사용량의 조절이 필요하다. 실제 조업에 있어서 장입된 용선의 온도가 너무 낮으면 레이들에 용선이 부착되기 쉬워 실수율 저하 및 레이들 손상의 원인이 되기 때문에 대체로 1,270℃ 이상의 온도를 유지해야 한다.

용선 중의 C, Si, Mn 등의 원소는 취련 중에 산소와의 화학 반응에 의해 열을 발생하며, P와 S는 불순물로서 강중에 다량으로 존재하면 불리하다.

용선 중의 C는 포화 용해도까지 함유되어 있는데 이 포화 용해도는 용선 온도 및 Si 함유량에 의해 결정된다. LD 전로의 조업에서는 대부분 산화 반응에 의해 CO, CO_2 가스로 제거되기 때문에 실제 조업에 있어서 그 함유량은 크게 중요하지 않다.

용선 중의 Si은 산화 반응열이 크기 때문에 LD 전로 조업에 있어서 열배합상 특히 중요하며, 또한 생성된 SiO_2는 슬래그 중으로 들어가 슬래그의 염기도(CaO/SiO_2)를 결정하는 요소가 된다. 이 때문에 용선 중의 Si이 적으면 산화 반응열량이 적어 온도 부족이 생기며 용선의 유동성도 나빠져서 바람직하지 못하다. 한편 너무 높아도 발열량이 커져서 온도 조절을 위하여 냉각제의 사용량이 증가하게 되고, SiO_2의 증가로 슬래그 염기도 조절을 위한 생석회의 사용량도 따라서 증가하게 되므로 전체적으로 슬래그 부피가 커져서 슬로핑(Slopping) 등 조업상의 변화가 생기게 된다.

이러한 분출은 철손실을 일으키게 되며, 슬래그에의 철손실 또한 증가하여 출강 실수율의 저하를 자져오므로 통상 조업에 있어서 용선 중의 Si의 함유량은 0.3~0.5% 정도가 적당하다.

Mn은 산화 반응열의 면에서는 그다지 큰 영향은 없지만 강의 성질을 좌우하는 원소이며 실제 조업에서 종점 Mn은 강중에 0.1~0.3% 잔류하며 취련 종료 후 레이들에 투입하는 페로망간(Fe−Mn)의 회수율 등에 큰 영향을 준다. 따라서 통상 용선 중의 Mn 함유량은 0.5~0.8% 정도가 이상적이다.

P는 특수한 경우를 제외하고 강의 품질에 악영향을 주므로 가능한 낮은 것이 요구된다. LD 전로에서 탈인율은 85~90%정도이므로 용선중의 P 농도는 0.1%가 목표이다.

S도 P와 같이 강중의 불순물로서는 강의 품질에 가장 악영향을 주는 원소이로서 이것 또한 LD 전로의 경우 탈황율이 평로, 전기로에 비해 나빠서 대체로 40~60% 정도이며 용선중의 S 농도는 보통 0.02~0.04%정도이다. 그러므로 용선중 S 농도가 높은 경우와 저 S강을 제조하는 경우에는 전로 장입전에 별도 예비 탈황 처리가 필요하다.

기타 용선중의 불순물로서 Cu, Ti, As 등이 있는데 어느 것도 그 함유량은 보통 0.1%이하로 관리하며, 강종에 따라서는 바람직하지 못한 성분이긴 하지만 구입 고철 등에 비해 그 함유량이 낮은 경우 그다지 문제가 되지 않는다.

나) 냉선

형선, 용선, 고철, 폐주형 등을 총칭하여 냉선이라 한다. 냉선은 용선으로부터 현열을 제거한 것이고, 열적으로는 용선과 고철의 중간적인 것으로 취급하고, 성분적으로는 용선과 같이 취급한다.

다) 고철(Scrap)

고철은 그것의 발생원으로부터 다음과 같이 분류할 수 있다.

자가 환원 고철은 품질과 발생량이 일정하고 사용이 쉽다.

구입 고철은 품질, 형상 등이 불안정하므로 전로 장입전에 선별 절단, 프레스 등의 사전 처리를 한다. 자가 환원 고철 이외의 고철은 Ni, Cr, Cu, Sn 등의 불순물 원소가 포함되어 있는 경우가 있기 때문에 선별시 주의할 필요가 있다.

과중한 중량 고철을 사용하면 취련 중 용해가 되지 않고, 출강시에 노바닥에 미용괴로 남으며, 또한 장입시의 충격으로 노내 연와를 손상시키기도 한다.

경량의 고철을 다량으로 장입한 경우 노내에서 고철이 용선을 덮어 취련 개시시의 착화를 방해한다. 전로의 안전 조업을 위해서는 형상에 대해서도 배려할 필요가 있다.

2) 부원료

취련 작업에 있어서 P, S 등의 불순물을 제거하기 위하여 반응성이 좋은 적당량의 슬래그를 생성시킬 필요가 있으며, 또한 용강 온도와 목표로 하는 실수율을 맞추기 위해서는 열배합 조건에 따라서 적당한 냉각제를 사용할 필요가 있다.

이것들은 조업 조건에 따라서 장입시, 취련 중 또는 취련 말기에 강재중에 첨가한다. 이러한 부원료의 종류에는 사용 목적에 따라서 슬래그 조성제, 매용제, 냉각제 등으로 구분할 수 있다.

부원료는 다음 <표 2-1>과 같이 분류할 수 있다.

표 2-1 | 부원료의 종류

분류	역할	부원료 명칭
슬래그 조성제	슬래그 형성	생석회, 석회석, 규사
매용제	슬래그 생성의 촉진	밀스케일, 사철, 소결광, 철광석, 형석
냉각제	용강 온도의 조정	철광석, 석회석, 밀스케일, 사철, 소결광
기타	전로 내화물 보호	돌로마이트, 경소 돌로마이트

가) 생석회

생석회는 슬래그 조성제로서 탈인, 탈황을 위하여 염기성 슬래그의 주성분을 형성한다.

생석회는 석회석을 소형 샤프트로 또는 소형 로타리에서 1,200~1,500K에서 소성하며 소성 반응은 다음과 같다.

$$CaCO_3 \rightarrow CaO + CO_2$$

LD 전로 조업에 요구되는 생석회의 성질로 다음과 같은 점들을 들 수 있다.

- 연소성으로 반응성이 좋으며
- 세립 또는 정립이고
- S, P, SiO_2 등의 불순물이 적고
- 수송, 저장 중의 흡습이 적어야 한다.

경소성석회는 연소성석회에 비해 취련 중의 용해가 늦고 종점에서의 탈인, 탈황 능력이 약하다.

생석회의 용해촉진을 위해서 미리 칼슘페라이트(2CaO, FeO, 융점 1670K)로 소성하여 이용하는 것도 있다.

나) 석회석

석회석은 전로에 투입되면 급속히 분해하여 CaO로 되므로 생석회와 같이 슬래그 조성제라고 할 수 있는데, 분해하는 시기에 다량의 열을 흡수하므로 냉각제로 된다. 또 취련 중 슬로핑(Slopping)이 일어날 경우에 소량을 분할 투입해서 분출을 방지할 수 있는 이점도 있지만, 다량으로 사용한다면 CO 가스의 이상 발생 등의 문제도 있고 해서 투입 시기 및 1회 투입량에 충분히 주의를 기울일 필요가 있다.

취련 종료까지 완전 용해가 가능하다면 문제는 없지만 고온에 따른 냉각용으로 사용할 때 석회석에 함유되어 있는 수분이 강중에 들어가 제품 결함의 요인이 될 수도 있다. 강종에 따라서는 사용에 제한할 때도 있다.

다) 형석

형석은 소량 첨가로 슬래그의 염기도를 변화시키지 않고 그 유동성을 크게 향상시키고, 반응성을 양호하게 한다. 그리고 그 자체는 상당히 낮은 온도에서 용해하여 슬래그 중의 SiO_2와 서로 생석회의 용해를 돕는다. 그러나 다량 사용시에는 슬로핑(Slopping)이 증가하며 전로 내화물의 용손을 촉진하므로 적당량 사용해야 한다. 형석의 주성분은 CaF_2이며 SiO_2, $CaCO_3$ 등을 함유하고 있다.

라) 밀 스케일(Mill－Scale)

일반적으로 FeO는 생석회와 공존하여 용융점을 저하시키고 생석회의 반응성을 양호하게 하며, 열적인 여유가 없는 경우에도 매용제로서 취련 초기에 사용하는 것이 보통이다. 건조 상태의 것을 사용하는 일이 중요하며, 사철이 대신 이용되기도 한다. 그리고 밀스케일(Mill Scale)은 용해시에 분해하여 산소를 발생하므로 랜스(Lance)를 통해 분사되는 산소와 같이 반응에 기여한다.

마) 철광석

철광석은 제강 조업에 있어서 빼놓을 수 없는 부원료로서 냉각제, 3차적 산소 공급원, 철분의 공급원으로 사용된다. 철광석 중의 Fe는 전부 Fe_2O_3, Fe_3O_4, FeO 등의 산화철 형태로 존재한다.

전로 내는 고온이며 더구나 C가 존재하므로 전로 내에 투입되는 철광석의 산화철은 다음과 같은 환원반응으로 철이 된다.

$$Fe_2O_3(S) + Fe \rightarrow 3FeO(S)$$
$$3FeO(S) \rightarrow 3FeO(L)$$
$$3FeO(L) + 3C \rightarrow 3Fe(L) + 3CO(G)$$

위와 같은 반응은 흡열반응이기 때문에 철광석은 냉각제로 작용한다.

철광석의 일부는 환원되지 않고 산화철 그대로 남는 것도 있는데 이것은 슬래그 중의 산화물 함유량을 증가시키기 때문에 탈인에 효과가 있다.

특히 철광석 중의 Fe_2O_3, Fe_3O_4, FeO는 환원되어 Fe가 되기 때문에 철광석이 직접 환원되어 출강 실수율이 상승한다.

바) 경소 돌로마이트(Dolomite)

경소 돌로마이트의 사용 목적은 노체 수명 연장과 병행하여 취련 중 탈인, 탈황의 촉진에 있다.

노체 수명 연장을 위한 경소 돌로마이트의 효과는 생석회와 같이 사용하여 제강 작업 중 용손되는 노체 연와의 침식을 방지하는 것이다.

주성분은 CaO, MgO로서 슬래그 중의 MgO 비율이 7~9% 정도 유지되어야 그 효과를 발휘할 수 있다.

그러나 경소 돌로마이트는 실조업에 있어서 불리한 면도 있는데 그 이유는 슬래그 부피의 증가에 의한 분출(Spitting), 조재 불안정에 따른 철 손실, 강중 산소의 편차에 따른 출강 실수율의 변동 등이다.

3) 합금철 및 탈산제

강의 사용 범위가 확대됨에 따라 강의 성질에 대한 요구도 엄격해지고 있다. 이 때문에 강의 기계적 성질을 향상시키기 위하여 여러 가지의 합금원소를 참가하기도 하고, 사용 목적에 대응하는 다양한 탈산제를 첨가한다.

일반적으로 사용되는 합금철, 탈산제의 예를 보면 다음 <표 2-2>와 같다.

합금철, 탈산제는 출강 중 레이들에 첨가하는 것이 대부분이고 다량의 합금철, 탈산제를 투입할 경우 용강의 온도 강하, 복인 등의 문제가 발생한다.

표 2-2 ▌ 합금철 및 탈산제의 종류

종류	화학성분(%)	용도, 특성
Fe-Mn	Mn : 78~82 Si < 1.25 P < 0.35 S < 0.05 C < 7.5 중탄 Fe-Mn C : 0.5~1.5 저탄 Fe-Mn C : 0.1~0.3	• 가장 보편적인 탈산제 • 저탄소 고Mn강의 경우에는 저탄소 Fe-Mn을 사용
Si-Mn	Mn : 65~68 Si : 15~20 C < 1.5	보통 탈산제
Fe-Si	저규소 Fe-Si Si : 10~17 고규소 Fe-Si Si : 25~95 C < 1.5 P < 0.15 S < 0.06	• 저 Si 및 25% Si의 고규소 Fe-Si는 노중 또는 레이들의 예비탈산에 사용 • 고Si의 Fe-Si은 레이들의 Si 첨가용에 사용
Fe-Cr	Cr : 65~72 Si < 2 C : 0.06~8.5	• 합금원소로서의 Cr 첨가용 • 레이들에 첨가할 때 용강온도가 저하하지 않도록 발열제를 첨가한 발열 Fe-Cr도 있음
Fe-V	V : 35~55	V 첨가용, 보통 레이들에 첨가
Fe-Mo	Mo : 55~75	Mo 첨가용
Fe-Ti	Ti : 40 C < 10	Ti 첨가용
기타	Ni Cu Al N	• Ni은 전해 Ni, Fe-Ni로 첨가 • Cu는 전해 Cu, Cu 박물로 첨가 • Al은 슈트, 바, Fe-Al로 첨가 • N은 석회질소 또는 질화합금철로 첨가
가탄제		• LD 전로에서 목표 C를 얻기 위하여 레이들에 첨가 • 분코크스, 흑연 등을 사용시 저 Si, 고 C의 것을 사용

이들 합금철, 탈산제가 갖추어야할 조건으로는 다음과 같은 것들이 있다.

- 회수율이 좋을 것
- 불순물이 적을 것
- 탈산 생성물의 분리가 좋을 것
- 값이 저렴할 것

제4절 | LD 전로의 내화물

1 LD 전로 내화물의 개요

LD 전로 내화물은 타 제강로의 내화물에 비하여 다음과 같은 악조건에서 사용하고 있다.

- 산소 취입에 의한 강욕의 교반
- 노체의 경동 및 회전
- 염기성 슬래그에 의한 침식
- 취련에서 출강 사이의 급격한 온도 변화
- 고온 조업
- 장입물에 의한 충격

따라서 LD 전로의 내화물은 화학적인 내식성, 용강류에 대한 내마모성, 내스폴링(Spalling)성, 내충격성이 요구된다. 그러나 이런 모든 조건을 구비한 내화물의 제조는 불가능하므로 장소에 따라 다른 내화물을 사용하여 용손 밸런스를 맞추고 있다.

이 밸런스는 LD 전로의 경제성을 좌우하기 때문에 내화물로서는 그 재질, 연와적의 설계, 제조 강종, 조업 방법 등 공정에 따라 그 성질이 다르기 때문에 적당한 재질의 연와가 필요하게 된다.

<그림 2-14>는 전로 노체의 부위별 내화물 용손 현상에 대하여 나타낸 것이다.

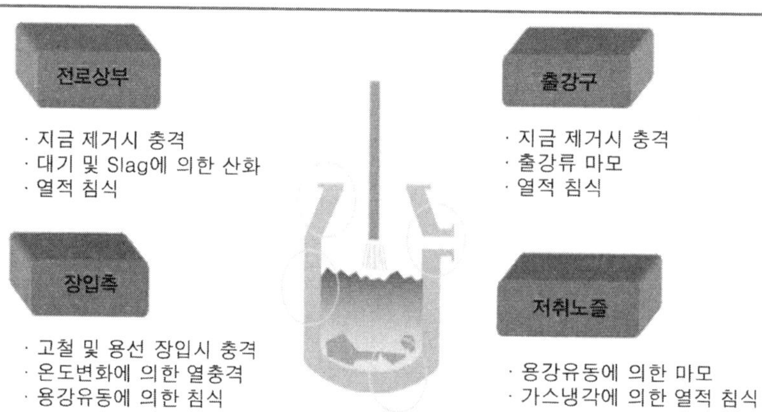

그림 2-14 ▌전로 부위별 내화물 용손 현상

2 LD 전로 내장 연와의 종류와 특성

1) 타르 돌로마이트(Tar Dolomite)

타르 돌로마이트 연와는 돌로마이트 광석을 소성한 돌로마이트 클링커(Clinker)를 원료로 하는 것으로 주성분은 MgO, CaO이다.

이중 CaO는 대단히 활성이 커서 공기 중에서 쉽게 소화 현상을 일으키므로 분쇄하지 않고 마그네시아 클링커(Magnesia Clinker) 분말을 혼합시킨다.

그러나 LD 전로에서는 마그네시아 배합율을 높여도 그 내식성은 특별히 변화하지 않는다.

경제적으로는 마그네시아 배합율을 낮추는 것이 좋기 때문에 가압하는데 지장이 없을 정도로 혼합하여 사용한다.

혼합에 사용하는 점결제로는 일반적으로 잔류 탄소가 높고 휘발분이 적은 피치나 타르 등을 넣은 것이 사용되고 성형에는 프레스를 사용한다.

타르 돌로마이트의 특징은 염기성 내화물에도 불구하고 노내로부터 성분의 침입이 약 2mm 정도밖에 되지 않으며 또한 연와의 내부 깊숙이까지 화학적으로 변화가 없다는 것이다. 그러나 가동 중에 강도가 저하하기 때문에 내충격성은 적다.

또한 점결제의 역할을 하고 있는 탄소는 산화 분위기에서 산화 제거되므로 휴지 시간이 길면 탈탄층의 생성이 빨라 용손이 심하게 이루어진다.

2) 소성 돌로마이트

소성 돌로마이트 연와는 돌로마이트 클링커에 마그네시아 분말을 혼합하고 점결제를 첨가하고 가압 성형한 후 소성한 것이다.

일반적으로 소성 돌로마이트 연와는 타르 돌로마이트 연와에 비해 내식성, 내스폴링(Spalling)성이 떨어진다. 그러나 고철이나 용선이 충돌하는 장입측 노복부에는 소성 돌로마이트가 견고한 세라믹 본드를 가지고 있기 때문에 우수한 결과를 보이고 있다. 또 조업 조건에 따라서는 장입측 노복부 이외의 부분에서도 내식성이 우수한 결과를 나타내고 있다.

3) 타르 마그네시아 연와

타르 마그네시아 연와는 소화성이 거의 없기 때문에 제조 작업이 용이하다. 타르 돌로마이트 연와에 비교하여 다소 내식성이 떨어진다. 그 이유는 강재에 견디는 내식성으로만 본다면 CaO보다 MgO가 강하나 실제의 연와에서는 MgO함량이 많아짐에 따라 변질층이 두껍게 되는 구조적 스폴링(Spalling)성이 일어나기 쉽기 때문이다. 이것은 MgO가 강재에 대한 반응성이 낮기 때문에 강재와 접촉해도 MgO는 즉시 반응하지 않는데 기인한다.

한편 이 연와의 내화도는 변화하지 않으며 강재는 기공을 통하여 응고할 때까지 연와내로 침투하며 서서히 주위의 MgO와 반응하여 위와 같은 현상을 나타내는 것으로 생각된다.

4) 소성 마그네시아 연와

소성 마그네시아 연와는 마그네시아 클링커를 원료로 하여 소성 돌로마이트와 같은 방법으로 제조한다.

사용한 연와는 사용면 부근에 균열이 발생할 수 있다. 더욱이 10~30mm 근방에 많은 균열을 볼 수 있는데 이 가운데로 용강이 침입하여 사용 중 박리될 가능성이 있다.

특히 외부로부터 충격을 받는 장입부에는 이 균열에 의한 손상이 크다.

5) 합성 돌로마이트 연와

마그네시아 연와는 내강재성이 돌로마이트보다 우수하지만 내스폴링(Spalling)성이 문제가 된다. 실제 노재로서 사용할 경우 돌로마이트 연와가 더욱 우수하다.

천연 돌로마이트 클링커와 해수 마그네시아로부터 얻어지는 마그네시아 클링커를 합성한 것이 합성 돌로마이트 연와로 이것은 내식성이 높아지는 동시에 연와의 성분 분포가 균일하게 되므로 연와재의 각 입자간의 팽창 수축의 차가 적어져서 소성 중에도 조직의 변화가 거의 없고 기계적 성질도 개선된다.

사용 결과에 대한 여러 가지 보고에 의하면 내식성과 내스폴링(Spalling)성이 우수함을 입증하고 있다.

6) 전융 마그네시아 연와

소결 MgO립에 비교해서 결정립이 크고, 입계에 저융점 화합물이 적은 전융 MgO립을 사용한 연와는 열적, 화학적으로 안정하고 가동면에서의 손모가 적어 내용성이 있다.
그러나 단가가 비싸고 구조적인 스폴링(Spalling)성이 생기기 쉬운 단점이 있다.

7) MgO－C 연와

마그네시아 연와의 고내식성을 유지시키고 단점인 슬래그 침투성과 스폴링(Spalling)성을 개량하기 위하여 연와 중의 탄소량을 증가시켜 안정화시킨 것으로, 열원으로서 세라믹 결합을 탄소결합으로 개선시켜 내스폴링(Spalling)성을 향상시킨 것이다.
탄소원은 고정 탄소가 많은 인상 흑연으로 그 역할은 다음과 같다.

① 연와 표면과 슬래그의 습윤각(Wetting Angle)을 크게 한다. 습윤각이 커지면 슬래그와 연와 표면의 접촉 면적이 감소하여 슬래그의 침입을 억제한다.
② 연와면에서 CO 가스를 발생시켜 그 압력에 의해 슬래그의 침투를 막는다.
③ MgO와 C와의 반응으로 휘발한 Mg가 가동면 부근에서 재산화되어 치밀한 MgO 층을 형성하므로써 슬래그의 침입을 방지한다.
④ 연와내 강한 환원성 분위기를 만들어 이것에 의한 슬래그 중의 FeO를 환원시키고 슬래그를 고점성화한다.

또한 단점이라고 할 수 있는 C의 산화는 Al, Si, Al－Si 합금, SiC 등 산소와 친화력이 큰 첨가제를 연와 제조시 미량 첨가함으로써 산화를 방지하고 열간 강도를 높인다.
전로용 연와의 예를 다음 <표 2－3>에 나타내었다.

표 2-3 ❙ 전로용 내화벽돌의 특징

항 목 \ 종 류		타르 본드 돌로마이트 벽돌		소성 돌로마이트 벽돌			소성 마그네시아 벽돌	
		일반품	저플럭스	주안정화 돌로 마이트	합성 돌로 마이트	합성 돌로 마이트 고소품	고순도 고소품	전강마그 고순품
화학 성분 (%)	연소손량	6.0	9.0	5.5	5.0	5.0	6.0	6.0
	SiO_2	1.7	1.0	2.0	1.3	0.5	0.3	0.3
	Al_2O_3	0.5	0.7	0.4	0.3	0.2	0.2	0.2
	Fe_2O_3	2.0	0.2	1.0	1.1	0.4	0.1	0.1
	CaO	33.2	19.8	31.5	18.0	13.6	1.2	1.0
	MgO	56.6	69.3	59.6	74.3	80.3	92.2	92.4
물리적 성질	겉보기기공율(%)	5.5	5.5	1.0	1.0	1.0	1.0	1.0
	용적비중	2.90	2.90	3.10	3.15	3.15	3.05	3.15
	용적비도(MPa)	44		74	74	59	44	54
특수 시험	고정탄소량(%)	3.8	6.7	2.2	2.1	2.1	2.4	2.4
	열간강도(MPa)	2.5	2.9	7.8	5.9	9.8	15.7	7.8
	1673K압축 1673K곡률	1.0	1.0	3.9	2.9	4.9	6.9	2.5

3 LD 전로 각 부위의 특성

전로 내장 연와는 조업 중 외부로부터 받은 영향이 부위에 따라 다르기 때문에 내화물의 용손 속도는 차이가 생기게 되며, 연와 사용의 결제성에 대한 요구는 용손 밸런스의 균일화를 위한 적합한 연와 선택으로 이어지는 것이다.

1) 전정부

이 부분은 취련 중에는 화염이 쌓이는 부분으로 환원성 분위기(Ca 90% 이상) 이지만 출강, 장입 시에는 외기가 침입하기 때문에 온도는 떨어지고 산화 분위기로 바뀐다.

또한 전로의 제강 시간이 짧아 분위기의 변화 내지는 온도 변화가 짧은 주기로 반복된다.

더구나 취련 중에는 비산, 지금의 부착, 연진과 배가스에 의하여 연와 조직이 약하게 된다. 이 때문에 이 부분의 연와에는 내스폴링(Spalling)성, 고내화도, 내산화성 등이 요구된다.

2) 장입측 노복부

이 부분은 고철, 용선의 장입시 내충격, 내마모가 필요하기 때문에 열간 강도가 높은 연와가 사용된다.

3) 슬래그 라인

이 부분에는 열간의 슬래그에 의한 마모와 슬래그의 침투가 두드러지게 나타난다. 따라서 내식성이 좋은 연와가 요구된다.

4) 노저부

이 부분은 화학적 침식과 용강의 유동에 의한 마모를 받기 때문에 내식성과 내마모성이 요구된다.

5) 출강구

이 부분은 전로 내화물 중에서 가장 심한 작용을 받는다. 즉 용강이 유출에 의한 기계적 마모, 취련 중에는 고온의 화염이 튀어나오고 취련 종료 시에는 찬 외부 공기가 통과하는 등 온도 변화도 극심하기 때문에 내마모성, 내스폴링성이 요구된다.

4 내장 수명에 영향을 주는 요인

내화물의 수명에 영향을 주는 요인은 조업에 대한 조건과 내화물의 품질 등이다.

1) 용선 중의 Si

용선에 함유되어 있는 Si이 증가하면 노체지속 횟수는 감소한다. 그 원인은 Si에 의한 슬래그의 염기도 저하, 슬래그 양의 증가 및 분출 등이다.

2) 염기도

슬래그 중의 SiO_2는 연와에 대하여 큰 영향을 미치고 있으며, 염기도가 증가하면 노체지속 횟수도 증가한다.

3) 슬래그 중의 T－Fe

슬래그 중의 T－Fe가 높으면 노체지속 횟수는 저하한다. 이것은 T－Fe의 증가에 의한 연와의 침식성이 증가하기 때문이며 특히 노체 초기에 이러한 현상은 두르러진다.

4) 산소 사용량

산소 사용량이 많게 되면 노체지속 횟수는 저하한다.

5) 재취련

재취련률이 높게 되면 노체지속 횟수는 저하하는데 이는 재취련에 의하여 슬래그 중의 T－Fe가 많아지기 때문에 노체에 악영향을 미친다.

6) 종점 온도

종점 온도가 높게 되면 슬래그의 유동성이 좋게 되므로 용손은 심하게 된다.

7) 용강 중의 C 함유량

취련 종점에서 용강 중의 C 함유량이 저하하면 노체 수명은 저하한다.

8) 휴지시간

휴지시간이 길어지면 노체지속 횟수는 저하한다. 이것은 휴지시에 분위기가 산성이 되어 온도 저하에 의하여 균열이 발생하여 스폴링(Spalling)이 증대하기 때문이다.

9) 형석(CaF_2) 사용량

형석을 첨가하면 슬래그의 유동성이 증가하기 때문에 노체지속 횟수는 저하한다.

10) 철광석 투입량

냉각제로 투입되는 철광석은 격렬한 끓음(Boiling) 반응을 일으키므로 연와는 기계적으로 심하게 손모된다.

5 축로와 보수

전로의 연와 축조의 예는 <그림 2-15>와 같다. 일반적으로 철피에 접하는 부분은 소성 마그네시아 연와로 영구 내장화하고, 그 내측에 노수리 때 마다 새로운 연와(Working Lining)를 쌓는다.

연와 축조후의 내장 형태는 취련 상 좋은 형상이 되도록 하며, 조업 조건을 고려해야할 때도 있다. 또한 사용한 후 잔존 연와 두께가 전부분에 걸쳐서 거의 일치하도록 하는 것이 이상적이다.

다량의 내장 연와를 단기간에 쌓기 위해 기계 설비로서 노수 Tower가 개발되고 있다. 노수 Tower는 노체 연와 쌓기의 순서에 맞추어 구분된 연와를 노내에 능률적으로 운반하고, 또한 작업자가 연와 쌓기에 좋도록 작업 데스크를 순차적으로 이동하게끔 꾸며져 있다.

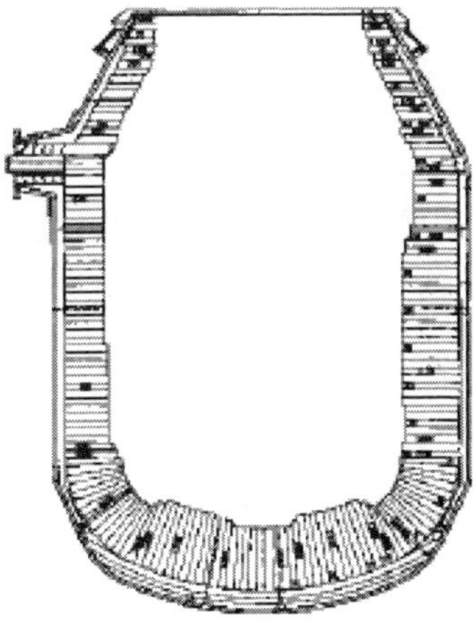

그림 2-15 | 전로 축로 모식도

제5절 | LD 전로의 조업과 반응

1 전로 제강 기초 이론

LD 전로는 비교적 깊은 강욕을 만들며 그 위에 1~2m의 높이에서 수냉 랜스(Lance)를 이용하여 공업용 순산소를 초음속 제트로서 강욕 표면에 불어 넣으면 용선에 화점 현상이 일어나게 되며 산소와 강욕 사이에 고능률 산화 반응이 일어나게 된다. 주원료 중에 포함되어 있는 각종 불순물 원소가 산소 가스 및 부원료 중의 산화철의 분해에 의하여 발생되는 산소에 의해 산화되어 산화물과 배가스로 되고, 슬래그로 분리되는 반응인 것이다.

LD 전로의 반응에 있어서의 특징은 반응이 급격히 이루어지기 때문에 비평형 상태에서 취련이 진행된다는 점이다. 따라서 산소와의 친화력 차와는 관계없이 동시 반응을 일으킨다는 것이다. 이러한 반응 기구에 영향을 크게 미치는 것이 랜스(Lance) 노즐의 형상, 제트의 거동 및 노체의 강욕 상태에 따른 강욕 운동 등이 있다.

LD 전로의 발명 이후 그 발전에 커다란 공헌을 한 것은 랜스의 노즐에 관한 연구결과 때문이다. 이것은 강욕면에 적당한 충돌 에너지를 주기 위하여 초음속으로 산소를 분사시키는 소위 라발 노즐(De Laval Nozzle)을 랜스의 선단에 붙여 산소를 1개의 노즐로부터 분사하여 강욕의 표면에 수직으로 충돌시키는 방법인 것이다. 이것을 단공 노즐이라고 하는데 이것은 LD 전로의 눈부신 발전에 크게 공헌은 하였지만 최근 전로 용량이 대형화함에 따라 송풍 산소량의 증가가 필요해지는 반면 단공 노즐에 의하여 고압 산소를 분사하게 되면 노저의 손상 및 취련 중의 분출 현상(Slopping 및 Spitting)이 초래되어 능률이 저하되는 경우가 많다. 또한 랜스를 높이거나 압력을 낮추어 산소를 분사시키는 방법으로는 제트 에너지를 감소시켜 LD 전로 고유의 특징을 상실하게 된다. 즉 노용적의 대형화와 더불어 강욕의 깊이가 얕은 욕(Shallow Bath) 경향이 생겨서 종래의 단공 노즐 사용에도 한계가 생기게 되었다.

따라서 단공 노즐을 여러 개 사용하는 시도가 이루어졌으나 실제 조업상의 단점이 있기 때문에 하나의 랜스 효과를 얻기 위하여 산소를 랜스의 선단에서 분사시키는 여러 개의 노즐 형태를 개발하기에 이르렀다. 이것을 다공 노즐이라고 하며 3공, 4공, 5공 노즐이 사용되고 있다.

다공 노즐의 사용에 의하여 작업성이 개선되고 전로 노구 주위의 부착지금 제거 작업 등 비제강 시간 단축에 의하여 생산성이 향상되어 대부분의 LD 전로에서 사용하고 있으며, 또 다른 형태로서 랜스의 선회에 의한 형상의 확대도 시도되고 있다.

1) 랜스 노즐의 형상과 산소 제트(Jet)의 구조

LD 전로에 있어서 노내 반응은 산소의 공급량과 공급 방법에 의하여 큰 영향을 받고, 노즐로부터 분사된 초음속 제트의 거동은 산소 압력, 노즐의 각도와 형상, 최소 단면적 및 노즐과 강욕 면간의 높이에 의하여 결정된다.

그런데 안정한 초음속 제트를 얻기 위해서는 라발 노즐(De Laval Nozzle)을 사용하는데 이것은 노즐의 선단에서 일단 좁힌 후 유로를 서서히 확대하여 충격파 또는 팽창파 발생에 의한 에너지 손실을 방지하고, 고압 산소 가스의 높은 내무 에너지를 최소의 손실로서 운동 에너지로 변환하는 것이다.

라발 노즐(De Laval Nozzle)의 스로틀(Throat)부 단면적 At, 출구 단면적 Ae, 희망하는 제트 속도 마하수를 M으로 하면 다음 식을 만족해야만 한다.

$$\frac{Ae}{At}=\frac{1}{M}\left\{\frac{1}{r+1}\left(1+\frac{r-1}{2}\mathrm{m}^2\right)\right\}^{\frac{r+1}{2(r-1)}}$$

r은 비열비로서 O_2의 경우 1.4이다. 노즐은 설계 조건과 대폭으로 다른 조건에서 사용하든가 노즐의 용손 변형에 따라 위식의 관계를 만족시키지 않게 된 경우에는 충격파의 발생에 의해 제트가 약해지고, T−Fe의 증가와 슬로핑(Slopping)의 증대 등에 의해 취련이 불안정하게 된다. <그림 2−16>에 노즐의 도식적 모양을 나타내었고, <그림 2−17>에 Ae/At와 Pe/Po와의 관계를 나타내었다.

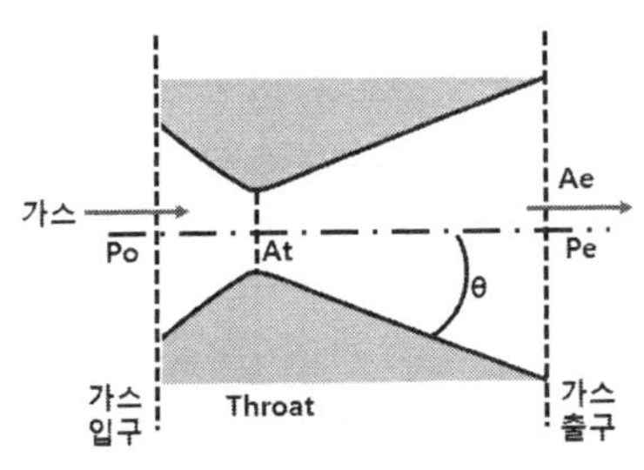

그림 2−16 ❙ 노즐의 모식도

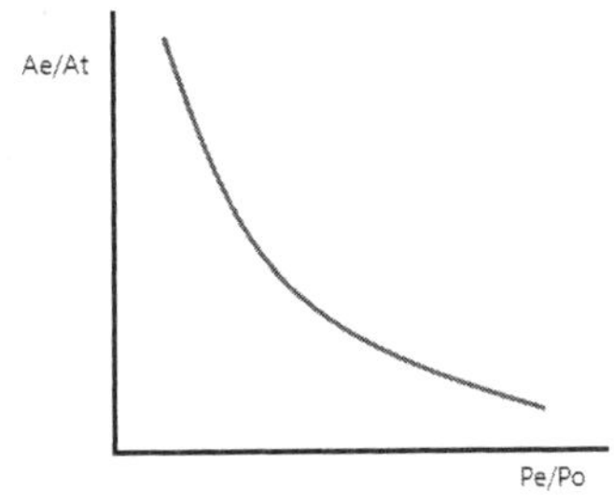

그림 2−17 ❙ Ae/At와 pe/Po의 관계

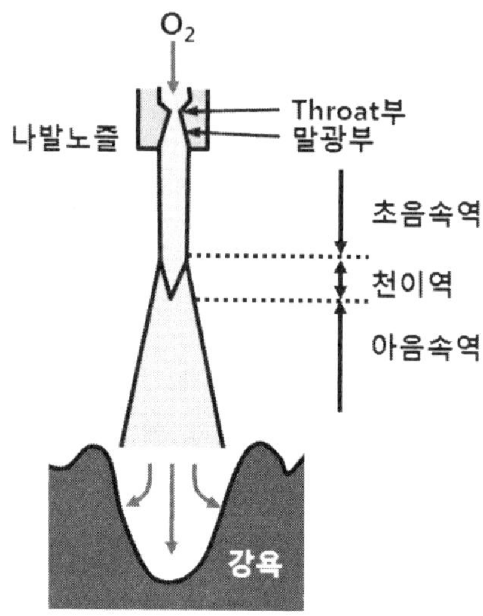

그림 2-18 **산소 Jet**

노즐로부터 분출된 산소 제트에는 <그림 2-18>과 같이 노즐 출구로부터 어느 정도 길이의 초음속 영역(Core)이 있고, 천이 영역을 거쳐 그 밑의 아음속 영역과 연결된다.

초음속 영역(Core)부에는 주위의 혼합 확산은 적지만 자유 분류는 많게 되어 그 범위가 넓게 흐르게 된다. 주위 기체의 혼합 확산에 있어서도 다른 성분의 분위기 중에 제트를 분출시키는 경우 제트 내부에 성분 분포를 발생시키고, 고온의 분위기 중에 제트를 분출시킬 경우 온도 분포를 일으킨다.

LD 전로에 있어서 노내 가스는 대부분 CO 가스로 소량의 CO_2와 N_2를 포함하고 있다. 이중에 산소 제트를 불어 넣은 경우 산소 농도가 변화한다. 아음속 영역에서는 주위 가스의 말려드는 현상이 일어나고 유속 및 산소 농도가 저하한다.

<그림 2-19>는 자유 분류에서의 유속 분포를 나타낸 것이다.

산소 제트는 강욕면에 충돌하여 凹을 형성한다.이 凹는 단순한 형상만은 아니고 불안정해서 기포 말려듬과 비말 생성이 있고, 주기적인 욕면 진동을 수반하고 있는 것으로 알려져 있다.

전로의 화점과 같이 오목 계면에서 반응에 수반하는 심한 물질 이동과 열 이동이 일어나고 있는 경우에는 이 오목의 형상을 구하는 것은 곤란하다.

지금까지 실험에 의하면 오목 깊이, 지름, 형상, 계면적 등의 계산식이 알려져 있다.

이들의 값은 상대적인 변수로 취련 설계, 반응 해석 등에 이용되고 있다.

일반적으로 제트의 강욕에의 침투 깊이가 클수록 취련은 하드(Hard)화 되고 탈탄 반응이 촉진된다. 또한 화점 면적이 좁을수록 하드 블로우(Hard Blow)가 된다고 볼 수 있다.

한편 다공 노즐의 채용으로 분출이 감소하여 실수율이 향상되고, 생산량이 증대하여 취련 시간이 단축되었으며, 단공 노즐과 비교해볼 때 소프트 블로우(Soft Blow) 패턴이 되어 열효율이 향상되고, 고탄소 영역에서 탈탄 반응이 촉진하는 등 여러 가지 좋은 점을 얻을 수 있다.

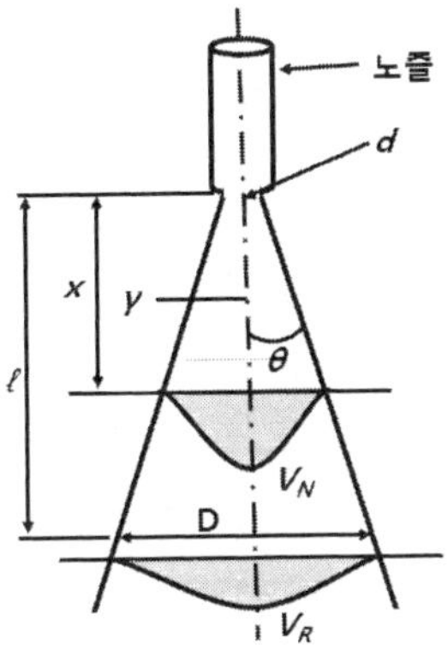

그림 2-19 | 유속 분포

2) 노체 및 강욕의 형상과 운동

일반적으로 LD 전로의 강욕은 비교적 깊어서 100T 전로의 경우 강욕의 비중을 7.0으로 할 때 약 16m^{3}로서 노저부의 직경이 4~5m 정도에, 그 깊이가 1.7~1.8m가 된다. 이러한 거대한 강욕을 양호하게 보전하기 위하여 적절한 교반이 필요하게 된다.

이러한 격렬한 강욕의 교반에는 산소 제트의 운동량, CO 가스의 부상, 화점을 중심으로 한 열대류 등의 원인이 작용하고 있으나 실제 강욕의 운동 상황을 아는 것은 곤란하다.

이러한 LD 전로의 강욕 반응에 현저한 영향을 주는 인자 가운데 하나는 노체의 형상이다. LD 전로의 철피 형상은 제각각이므로 이에 따라 연와적도 달라지게 된고, 강욕 형상도 변화한다. 그리고 노의 사용 횟수에 따라서 내장 연와의 용손으로 내용적 변화를 가져와 강욕의 형상이 달라진다.

강욕 형상이 취련 패턴에 미치는 영향도 정량적 검토가 어려워서 모형 실험에 의하여 다루어진다.

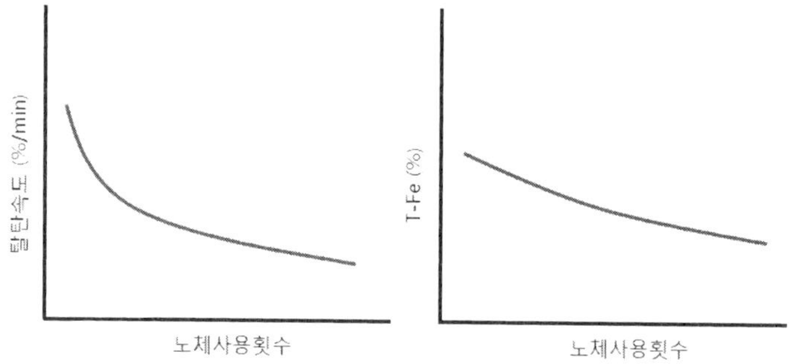

그림 2-20 ▎노체사용횟수와 탈산속도 및 T-Fe와의 관계

<그림 2-20>에 노체사용 횟수에 따른 교반 상황의 변화가 탈탄 속도, 슬래그 중의 T-Fe에 미치는 효과를 나타내었다.

강욕의 깊이가 얕을수록 강욕의 반응성은 좋아지게 되지만 너무 낮아도 오히려 나빠진다. 따라서 취련성이 양호한 최적의 조건을 결정하는 요인 즉 산소 제트의 압력, 랜스의 높이 등 조건의 상호 작용에 대하여 생각해야 한다. <그림 2-21>은 공기, 글리세린, 수용액제로 조사한 강욕의 동적 상황이며, 화점에서 상향으로 흐름이 생기고, 강욕 표면의 중심에서 주변으로 향하여 흐르며, 저부에서는 반대 방향으로 흐르는 것을 알 수 있다.

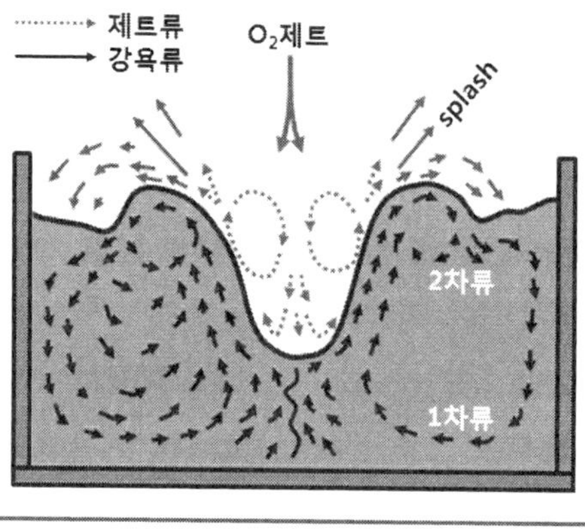

그림 2-21 ▎제트 충돌면의 강욕의 운동

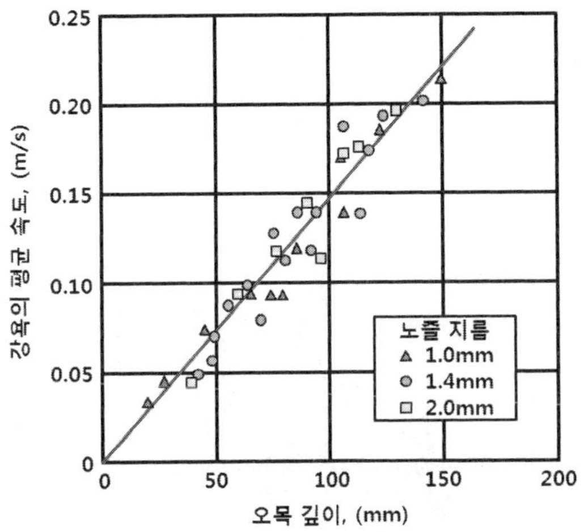

그림 2-22 ❙ **오목 깊이와 강욕의 평균 유속**

그리고 강욕이 깊은 경우(Deep Bath)에는 강욕면 근처에 2차적인 흐름이 형성되어 분출 각도가 수평에 가깝게 되지만 얕은 강욕(Shallow Bath)에서는 2차적인 흐름 현상이 나타나지 않는다.

<그림 2-22>는 공기-수계에서 물 가운데 안식향산의 괴를 매달아 그의 용해속도로 유속을 구한 것으로서 강욕내 평균 속도는 오목 깊이 L에 비례하는 것을 알 수 있다.

이와 같은 강욕의 형상, 노즐에 의한 산소 제트, 전로 노체 등이 LD 전로 반응 기구에 극히 중요한 영향을 주는 인자이며, 이러한 것들의 적절한 제어, 각 공장의 원료 사정, 취련 강종 등의 조업 조건을 감안한 검토가 이루어져야 한다.

3) 슬래그 거동

전로에서는 주로 P를 제거하기 위하여 부원료로서 생석회를 투입하여 염기성 슬래그를 형성시키지만 투입된 생석회가 효력을 발휘하기 위해서는 용해하지 않으면 안 된다.

LD 전로의 경우 화점의 존재와 취련 초기 FeO의 생성에 의해 생석회의 용해가 조기에 이루어져 격렬한 교반에 의해 탈인이 취련 초기부터 진행된다.

취련 중기에는 이 생석회의 용해가 정체하지만 이것은 생석회가 $2CaO \cdot SiO_2$의 막에 덮여 용융 슬래그의 침투를 방해하기 때문이라고 본다.

취련 초기에 T−Fe가 증가하고 강욕 온도가 상승하면 이 막은 파열되고, 다시 용해가 진행된다. 또 미용해 생석회는 취련 중 강욕 노벽 주변에 편재하게 되어 이것을 억제하기 위한 슬래그성 촉진과 취련 안정에 결부되어 있다.

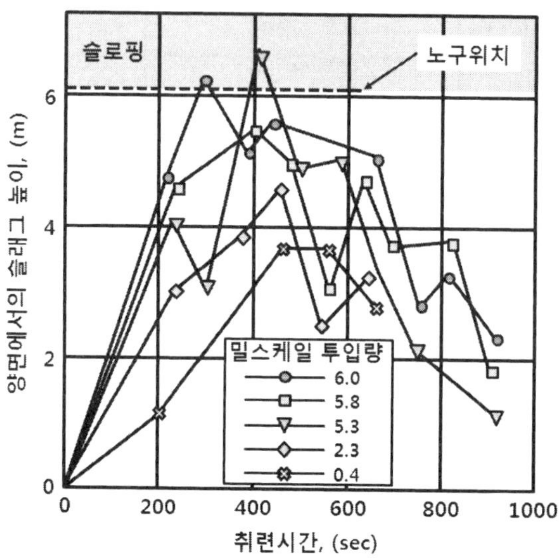

그림 2−23 ❙ 슬래그 높이(180t)

취련 중의 슬래그 층은 강욕에서 발생한 CO 가스에 의해 거품화(Foaming) 한다. <그림 2−23>에서 보는 바와 같이 거품화(Foaming)한 슬래그의 높이는 취련 중기에는 활 부근까지 이르고, 랜스는 슬래그에 매몰되 버린다. 슬로핑(Slopping)은 슬래그가 거품화(Foaming)하여 노구 레벨에 접근할 때에 발생한다.

특히 소프트 블로우(Soft Blow)와 산화철계 부원료 투입량이 많을 때에는 슬래그 중 FeO가 증가하여 슬래그−메탈(Slag−Metal) 계면에서 CO 반응이 폭발적으로 일어나 슬로핑(Slopping)이 발생한다.

거품화(Foaming)한 슬래그 중에는 입철이 들어있다. 입철의 용강 중 탄소 농도는 강욕의 탄소 농도보다 낮지만 입철 중량은 강욕 중량의 수%이므로 환류 속도도 작고, 입철 탈탄이 탈탄 반응 전체에서 점하는 비율은 작다.

또한 슬래그의 온도는 강욕보다 20~100℃ 높은 것으로 알려져 있다.

2 노내 정련 반응

1) 정련 반응의 개요

전로 내에서는 초음속으로 취입된 산소 제트와 용선과의 계면에서 가스－메탈(Gas－Metal) 반응과 생성한 슬래그와 용선과의 계면에서 슬래그－메탈(Slag－Metal) 반응에 따라 C, Si, Mn, P, S 등의 원소가 용선으로부터 제거됨과 동시에 일부의 Fe가 산화된다. 이들의 반응에 의해 강욕은 교반되고 승온한다. 또한 고체 상태로 투입된 생석회와 철광석은 승온과 함께 용해되어 슬래그를 형성하며, 고철도 승온에 따라 용해하여 강욕의 일부로 된다.

이와 같이 LD 전로 취련은 극히 복잡한 정련 프로세스이고, 반응 기구도 불분명한 점이 많다. 전로 취련 과정에서 메탈－슬래그(Metal－Slag) 성분의 추이의 예를 <그림 2－24>에 나타내었다. 또한 슬래그 성분 및 강욕 온도 추이를 <그림 2－25>에 나타내었다.

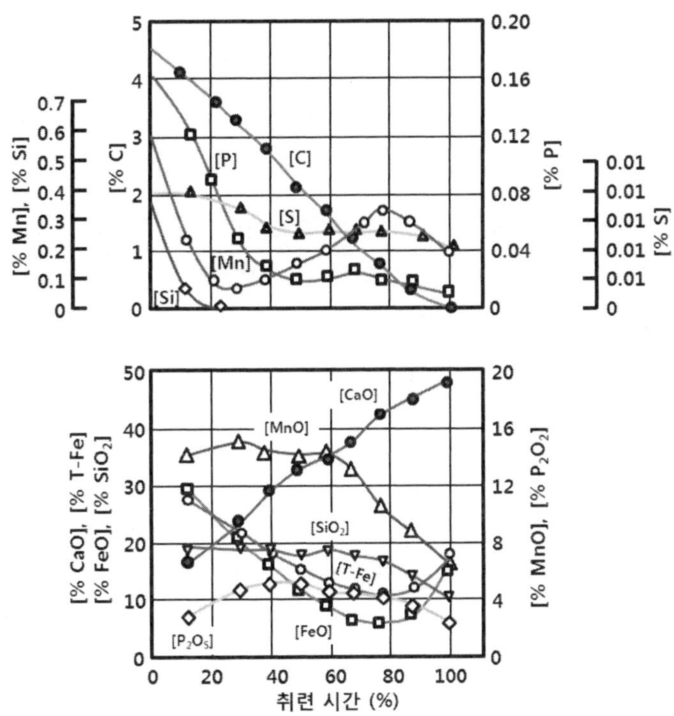

그림 2－24 ❙ 슬래그 성분의 변화(85t)

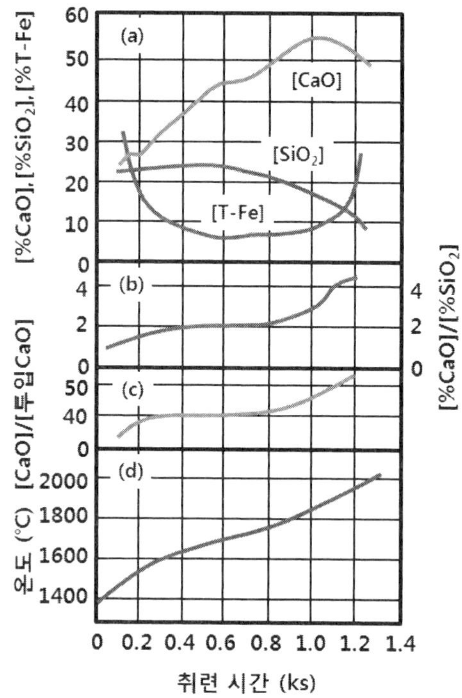

그림 2-25 ▍슬래그 성분과 욕온(12t)

<그림 2-25>에는 슬래그 조성으로부터 계산한 염기도 및 생석회 용해율을 함께 표시하였다. 전로내 반응의 추이로 보아 취련 과정은 일반적으로 3기로 나누어진다.

취련 초기는 Si, Mn, P가 우선 산화되는 시기이다. Si, Mn의 저하와 함께 탈탄 반응이 활발히 진행된다. Si의 산화열에 의해 강욕의 온도는 상승한다. 고철의 용해는 크기에 따라 다른데 작은 크기의 경우에는 초기부터 용해하기 시작하는데 반해, 큰 크기의 것은 중기 이후에 용해한다. Fe는 취련 개시 직후에 많이 산화되어 슬래그 중 T-Fe%가 높게 되지만 천천히 저하된다.

Si, Mn이 저하한 시점으로부터 취련 중기 중에 들어가며 탈탄 최성기로 된다. 취입한 산소는 거의 100%가 용해 중의 C와 반응하여 CO로 된다. Mn과 P는 슬래그 중 T-Fe의 저하와 강욕 온도의 상승에 의하여 슬래그-메탈(Slag-Metal) 분배비의 변화에 따라서 슬래그로부터 용강으로 되돌아오므로 그 추이 곡선에는 Mn 융기, P 융기가 나타난다.

이 시기의 욕온의 상승률은 초기보다 조금 작고, 생석회의 용해는 정체한다. 고철은 침탄 및 강욕 온도 상승에 의하여 서서히 용해된다.

용강 중의 탄소 농도가 1% 이하로 저하하자마자 탈탄 속도가 저하하기 시작하고, 취련 말기에 들어간다. 취입된 산소는 점차 C보다는 Fe를 산화하기 시작하고 슬래그의 T-Fe 및 용강 중의 산소 농도는 급상승한다.

Fe의 산화열에 의해 강욕 온도 상승은 조금 크게 된다. 슬래그의 T-Fe 증가와 가욕 온도 상승에 의해 생석회의 용해는 촉진되고, Mn 및 P는 다시 슬래그로 옮겨진다. 고철은 말기의 온도 상승에 의해 용해가 완료된다.

S는 취련 중에 생석회의 슬래그화에 의해 슬래그로 흡수된다. 노내 반응에 근거하는 LD 전로의 특징을 열거하면 다음과 같다.

① 공급 산소의 반응 효율이 높고, 탈탄 반응이 극히 바르게 진행하고 정련 시간이 짧다.
② 메탈-슬래그(Metal-Slag)의 교반이 심하고, 탈인 반응이 탈탄과 동시에 진행한다.
③ 산화 반응에 의한 발열로 정련 온도를 충분히 유지 가능하며 고철도 용해된다.
④ 강력한 용강의 교반에 의해 강중 가스 함유량이 저하한다.
⑤ 발열점이 노 중심의 화점에 집중하여 있으므로 노의 내화물 보호면에서 유리하다.
⑥ 취련 말기에 용강 탄소 농도의 저하와 함께 탈탄 속도가 저하하므로 목표로 하는 탄소 농도를 맞추기가 용이하다.

2) 탈탄 반응

탈탄 반응은 전로 정련의 가장 기본적인 반응으로서 산소 제트와 용강면이 충돌하여 생기는 凹에서 주로 진행하나 산소 제트의 충돌로 방울진 용강이 슬래그 속으로 비산하여 슬래그 속에서도 탈탄 반응은 일어난다.

더욱 산화성 슬래그에 의한 탈탄 반응도 추가되어 전로에서의 탈탄 반응은 복잡하게 진행한다.

LD 전로에서의 탈탄 반응 기구로서는 반응 계면과 율속 과정의 고찰에서 다음의 2가지 이론이 있다.

① 탈탄 반응은 산소 가스와 강욕과의 접촉 계면에서 이루어지며, 용강 중의 임계 탄소 농도 이상에서는 산소 공급 속도에 따라 이하에서는 반응 계면으로의 용강 중의 C의 확산에 의해 율속된다.

② 탈탄 반응은 화점에서 생성한 에멀전(Emulsion)에 의한 간접 반응이며, 용강 중의 임계 탄소 이상에서는 CO 가스의 생성과 이탈이 율속 단계이고, 용강 중의 임계 탄소 농도 이하에서는 에멀전(Emulsion) 계면으로의 용강 중의 C의 이동이 율속이다.

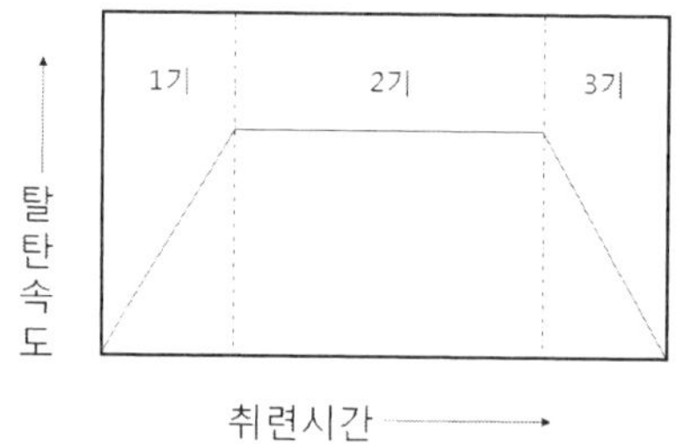

그림 2-26 **탄탈반응의 변화 속도**

이와 같은 탈탄 반응의 기구에 대한 개념은 실제 LD 전로에서의 취련 중 여러 조건 즉 산소 공급 속도, 랜스 노즐의 형상, 취련 압력, 랜스 높이, 강욕 형상, 용선 성분, 용선 기함율, 슬래그 부피 등과 관련이 있다.

전로에서 취련할 때 발생하는 가스의 분석 또는 용강 시료의 분석으로부터 탈탄 속도를 조사한 결과에 의하면 전로에서의 탈탄 속도는 비교적 간단한 모델에 의해서 이루어진다고 알려져 있다. <그림 2-26>에 나타낸 바와 같이 취련은 탈탄 속도에 있어서 3개의 시기로 나누어진다.

제Ⅰ기는 탈탄 속도가 시간과 함께 증가하고, 제Ⅱ는 공급 산소의 100%가까이 탈탄 반응에 소비되고 거의 일정한 탈탄 속도를 나타내며 제Ⅲ기는 강욕 중 탈탄 속도가 낮아짐에 따라 탈탄 속도도 저하한다.

가) 제 I 기

제1기에 있어서는 탈탄 속도는 대체로 시간에 비례하며 다음 식과 같이 나타낼 수 있다.

$$-\frac{d[\%C]}{dt} = k\,\mathrm{I}\,t + \alpha$$

t는 취련 개시부터의 시간이고, kI와 α는 상수이다. kI는 항상 일정한 값을 갖는 것은 아니고 용강 중의 Si, Mn 농도 및 강욕의 온도, 취련 조건 등에 의하여 좌우된다.

이 시기의 처음에는 Si, Mn의 반응이 탄소 반응보다 우선적으로 진행하므로 탈탄 속도가 대단히 낮지만 Si, Mn의 저하와 함께 서서히 탈탄 속도가 상승해 진다.

나) 제 II 기

제Ⅱ기에 있어서 탄소의 효율은 95~100%에 가깝고 탈탄 속도는 탄소 용량에 비례하며 다음 식과 같이 나타낼 수 있다.

$$-\frac{d[\%C]}{dt} = k\,\mathrm{II}$$

제Ⅰ기와 제Ⅱ기의 경계점은 CA=3~3.5%, Si < 0.05% 정도이다.

탈탄 반응에 의한 탈탄 산소 효율은 탄소 제트의 취입이 어느 정도 이상 강하게 되어 실조업 레벨에 접근하면 100% 가까운 값으로 된다. 그러므로 제Ⅱ기의 최고 탈탄 속도는 산소유량을 증가하면 그에 비례하여 크게 된다. 2.5톤 시험 전로에서 산소 유량을 대폭으로 증가시켜 취련할 때의 탈탄 속도 패턴의 변화를 <그림 2-27>에 나타내었다. 또한 탄소 농도 저하에 따른 산소 유량의 영향을 <그림 2-28>에 나타내었다.

취입된 산소가 화점에서 FeO로 100% 포착되는 것은 화점에서의 기포 말려듦과 작은 방울 방석 등을 포함한 계면의 흐트러짐에 의해 반응계면적이 아주 크게 되기 때문이다. 또한 화점에서 포착된 산소(FeO)가 강욕 중의 C와 100% 반응하는 것은 제트 및 CO 끓음(Boiling)에 의해 강욕 교반이 급격히 격하게 이루어지기 때문이라고 할 수 있다.

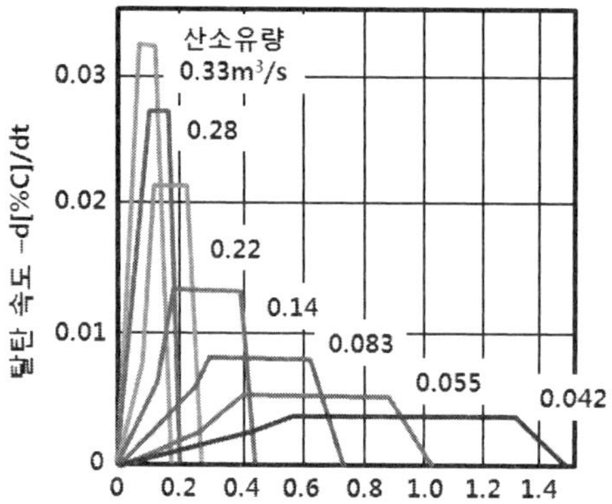

그림 2-27 **탈탄속도 패턴**

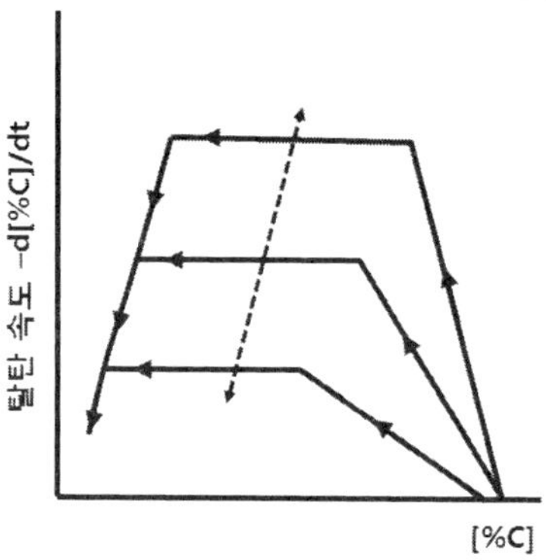

그림 2-28 **탄소유량의 영향**

다) 제Ⅲ기

제Ⅱ기에서 제Ⅲ기로 옮겨질 때의 탈탄 속도가 저하하기 시작하는 임계 탄소 농도 CB는 0.3~1.0% 로 일정하지 않다. 특히 슬래그 성상의 영향이 가장 크다고 알려져 있으며, 슬래그가 없다면 CB는 0.1% 이하로 되는 경우도 있다. 이것은 CB가 탄소의 율속에 의하여 탈탄 반응의 저하 개시점은 아니며, 슬래그에 의한 탈탄 반응의 저해 개시점이라는 것으로 볼 수 있다.

3) 탈인 반응

LD 전로에 있어서의 탈인 반응은 저취 전로의 경우처럼 강 중 [C]가 상당히 저하하기 시작한 시점에서 탈인 반응이 진행하는 것이 아니라 탈탄과 동시에 진행되고 평로에 비해서도 대단히 짧은 시간내에 진행된다.

LD 전로에서의 P의 거동은 슬래그의 T-Fe 농도, CaO 농도 및 강욕 온도와 밀접한 관계를 갖고 있으며, 슬래그-메탈(Slag-Metal) 간의 평형 P 농도에서의 진행으로써 설명할 수 있다. 종점에서의 용강 중 P 농도는 거의 평형에 도달해 있다고 보고 슬래그-메탈(Slag-Metal)간의 P 분배에 근거를 둔 탈인 평형식에 의해 검토할 수 있다.

슬래그는 이온으로 구성되어 있으므로 이론적으로는 이온설에 근거를 둔 평형식을 사용하는 것이 바람직하나 실제로는 취급이 쉽다는 점에서 분자설에 근거를 둔 다음과 같은 식이 많이 사용된다.

$$2[P]+\frac{5}{2}O_2+3CaO=3CaO\cdot P_2O_5$$
$$2[P]+5[O]+3CaO=3CaO\cdot P_2O_5$$
$$2[P]+5FeO+3CaO=3CaO\cdot P_2O_5+5Fe$$

즉 제강공정에서 P가 제거되는 것은 P가 O와 반응하여 P_2O_5가 되고, 이것이 CaO와 결합하여 $3CaO\cdot P_2O_5$가 되어 강중에 용해되어 있던 P가 슬래그로 이행되기 때문이다.

탈인을 촉진하기 위해서는 다음과 같은 방법이 취해진다.

① 석회석의 용해를 빨리 촉진하여 고염기성의 슬래그를 형성한다. 구체적으로는 형석과 밀스케일의 증가, 세립 생석회와 합성 슬래그 원료의 사용, 소프트 블로우(Soft Blow)의 실시 등이다.

② 슬래그 중의 T－Fe를 증가시킨다. 이것은 다음 식과 같은 복인 현상을 저지하기 때문이다.

복인 반응 : $4CaO\cdot P_2O_5\rightarrow 4CaO+2[P]+5O_2$

구체적으로는 산화철계 부원료의 증가, 소프트 블로우(Soft Blow)의 실시 등이다. 그러나 T－Fe는 20% 정도가 최적이며 이보다 높게 되면 CaO 농도가 감소하여 탈인에는 좋지 않다.

③ 종점 온도를 저하시킨다.

④ 슬래그의 P 흡수량을 증가시키기 위해 슬래그 양을 증가시킨다.

4) 탈황 반응

강중의 S는 특별한 경우를 제외하고는 일반적으로 강의 기계적 성질을 악화시키는 원인이 된다. 박판재의 경우 또는 딥드로잉(Deep Drawing)용의 냉연 제품에 있어서 강 중 S의 함유량은 대단히 문제가 된다. 그러나 이러한 탈황 반응에 관해서는 불명확한 점이 많다.

LD 전로에 있어서 탈황은 <그림 2－29>와 같이 취련 말기에 급격히 진행하고 있다. 또한 90톤 전로에 있어서 (S)/[S]의 시간 경과에 따른 변화를 슬래그 재화가 급격히 진행하는 취련 말기에 (S)/[S]가 급상승하고 있다. 탈황 반응을 분자식으로 나타내면 다음과 같다.

$$[FeS] + (CaO) = (FeO) + (CaS)$$

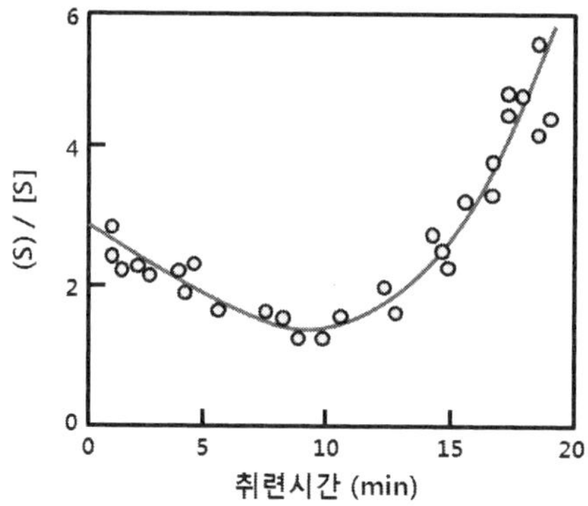

그림 2-29 **I 취련시기와 (S)/[S]**

탈황 평형의 지표로서 (%S)/[%S]가 사용되며, Chipman은 이것을 과잉염기의 개념으로 정리하였다.

$$\text{과잉염기} = xCaO + xMnO + xMgO - 2xSiO_2 - 4xP_2O_5 - 2xAl_2O_3 - xFe_2O_3$$

x는 각 성분의 몰 분율을 나타낸다. 그러나 이 과잉염기는 실용적이지 못하여 염기도가 일반적으로 사용된다. 슬래그 중 과잉염기와 (S)/[S]의 관계를 나타낸 것이다. <그림 2-30> 및 <그림 2-31>은 Chipman의 (S)/[S]와 염기도 및 (FeO)의 관계를 나타낸 것이다.

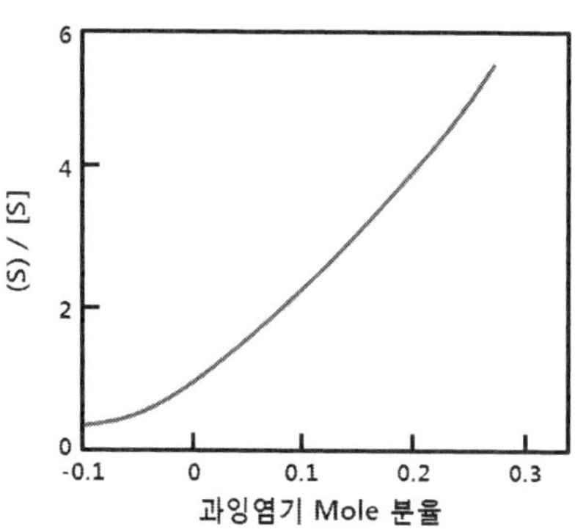

그림 2-30 **I 과잉염기와 (S)/[S]**

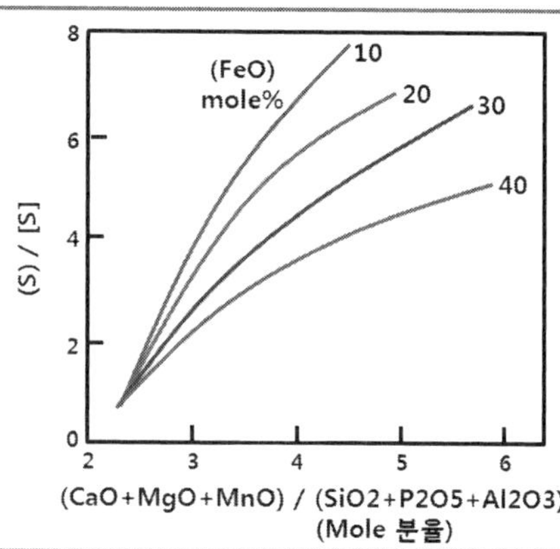

그림 2-30 **I 염기도와 (FeO)의 관계**

전로의 S 평형을 취해보면 기화 탈황이라고 생각되는 S분이 있다. 그 양에 대해서는 일치하지 않으나 10% 정도로 추정된다. 기화 탈황은 산소 제트가 강욕에 충돌하는 화점에서 생기는 것으로 화점은 온도가 높고 강의 일부가 산화철 증기(Fume)로 노외에 배출될 때 용강 중의 S 또한 산화철 증기(Fume)에 포함되거나, SO_2 가스로서 강욕 중으로부터 슬래그 표면으로 기화 탈황되는 것이다.

기화 탈황 반응은 다음과 같다.

$$[S] + O_2 \rightarrow SO_2$$

이 반응은 취련 말기에 급격히 일어나고 특히 슬래그로부터 기화 탈황 반응은 다음과 같다.

$$CaSO_4 + 2FeO \rightarrow CaO \cdot Fe_2O_3 + SO_2$$

$$CaSO_4 + Fe_2O_3 \rightarrow CaO \cdot Fe_2O_3 + SO_2 + \frac{1}{2}O_2$$

즉 기화 탈황 반응은 이 두가지 반응에 의하여 이루어진다. 취련 중의 강욕의 S의 변화는 취련 중기까지 그다지 진행되지 않으나 취련 말기에 급격히 일어나는 것이다.

대체적으로 전로에서의 탈황은 50% 정도 이므로 용선 예비 탈황 처리가 일반적인 방법을 일반적으로 사용하고 있다.

5) [Si]의 반응

LD 전로에 있어서 Si는 (FeO), [O]에 의하여 산화 제거되며 그 기본식은 다음과 같다.

$$2(FeO) + [Si] = 2Fe + (SiO_2)$$

Si의 농도에 따라서 어느 정도 구별되지만 일반적으로 다음과 같은 형태를 나타낸다.

$$[Si] + 2[O] = SiO_2$$

$$\log k = \log[Si]\%([O]\%)^2 = -\frac{27,255}{T} + 10.59$$

6) [Mn]의 반응

LD 전로에 있어서 [Mn]의 산화 반응식은 다음과 같다.

$$(FeO) + [Mn] = Fe + (MnO)$$

$$\log k = \log\frac{(MnO)\%}{[Mn]\% \cdot T(FeO)t\%} = \frac{6,440}{T} - 2.95$$

$$(FeO)t\% = (FeO)\% + 1.35(Fe_2O_3)\%$$

용선 중의 Mn은 취련 초기에 일단 저하하고 취련 개시 몇 분 후에 최저로 되지만 슬래그의 생성, 강욕의 온도 상승, 탈탄 반응의 활발한 진행에 따른 슬래그 중의 T-Fe의 저하 등에 의해 다시 상승하게 된다. 이러한 현상을 Mn 융기라 한다.

취련 말기가 되면 슬래그 중의 T-Fe 상승에 의해 다시 산화되어 저하한다. 취지 Mn에 미치는 취지 C와 T-Fe의 영향은 다음 <그림 2-32> 및 <그림 2-33>과 같다.

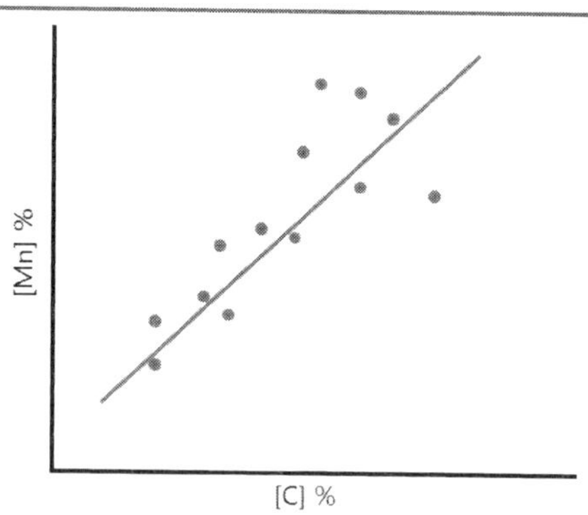

그림 2-32 ❙ 취지C와 Mn과의 관계

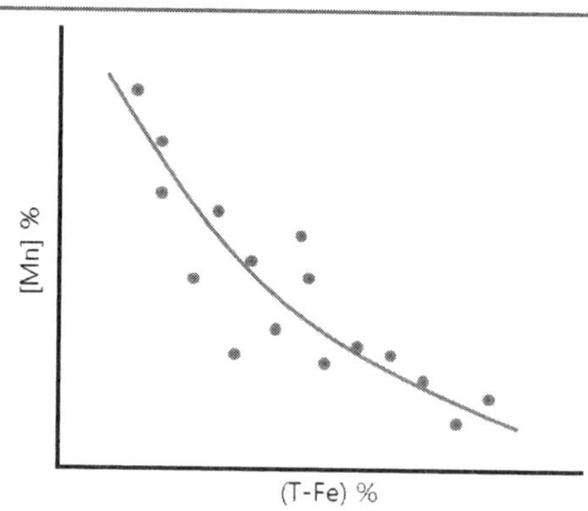

그림 2-33 ❙ 취지Mn과 Slag중 T-Fe

7) 강 중 가스 성분의 거동

LD 전로에서는 평로와 토마스(Thomas)로에 비하여 강 중 N, H_2O의 양이 낮은 용강을 얻기가 용이하다. 이것은 전로의 강욕 교반이 강하고, 가스 성분이 평형 농도에 가깝기 때문이라고 생각된다. 취련 과정에서 N 및 O의 추이를 <그림 2-34>에 나타내었다.

강중 질소는 취련 초기에 저하하고 중기에 정체한 후 말기에 다시 저하한다. 취련 말기의 저탄소 영역([%C] < 0.06)에서는 역으로 증가하는 경우도 있다.

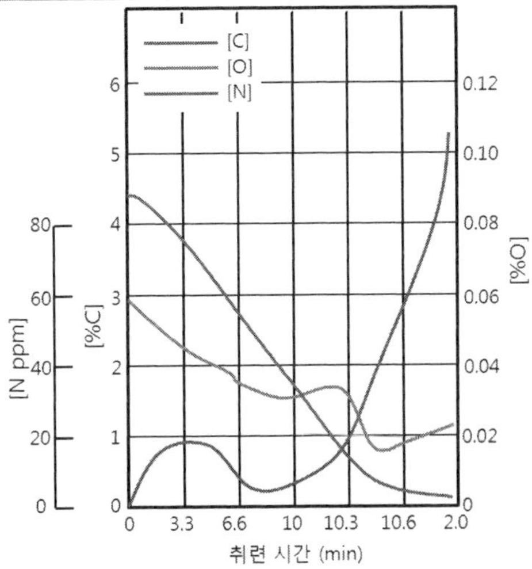

그림 2-34 ▌ **취련 중 [C], [O], [N]의 추이(180Ton 전로)**

이와 같은 거동에 대하여 초기의 탈질은 TiN 등 질화물의 분리 부상에 의한 것이며, 중기의 정체는 탈탄 반응이 화점에서 진행하여 탈질에 관여한 강욕에서의 CO 기포 발생이 적기 때문이며, 말기의 탈질은 탈탄 반응이 강욕 내부에서 일어나서 생긴 CO 기포로 이동한 질소 가스가 CO 기포 속으로 확산하여 용이하게 탈질되기 때문이다. 최말기의 질소 증가는 배가스량이 감소하여 외부의 공기가 노내에 침입하고 산소 제트에 말려들어 질소 분압이 증가하기 때문이라고 할 수 있다.

용강 중에서의 평형 질소 용해도는 다음의 Sieverts 법칙에 따른다.

$$[N\%] = k'\sqrt{PN_2}$$

단 k'=0.044(1,873k) [N], PN_2는 평형 상태 중의 질소 분압으로 전로의 경우 강욕 면에 취부시키는 산소 제트 중의 질소 분압과 평형하는 것이 된다.

산소 순도 99.5%일때의 질소 분압은 0.02% 정도이며, 이것과 평형하는 용강 중의 질소 농도는 4ppm이다. 전로 취련 종점에서 용강 중의 질소 농도는 8~10ppm이므로, 취련 말기에는 노내에 공기가 침입하여 산소 제트 중의 PN_2 농도가 높게 된다고 생각된다.

다음의 <그림 2-35, 36, 37, 38, 39, 40>는 용선 또는 용강 중의 [N]와 이에 영향을 미치는 조건들의 관계를 나타낸 것이다.

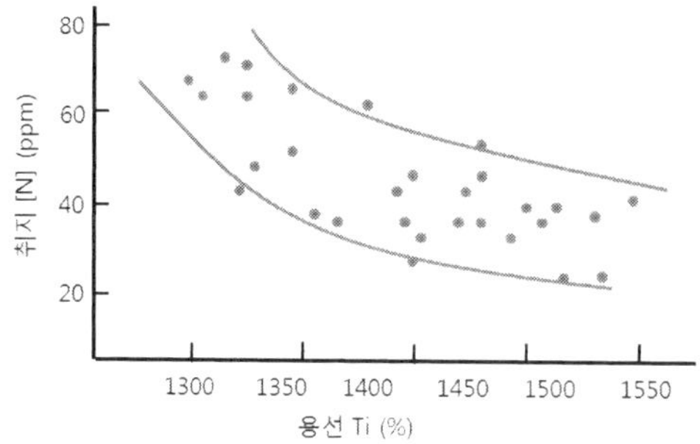

그림 2-35 | 용선중 Ti와 N의 관계

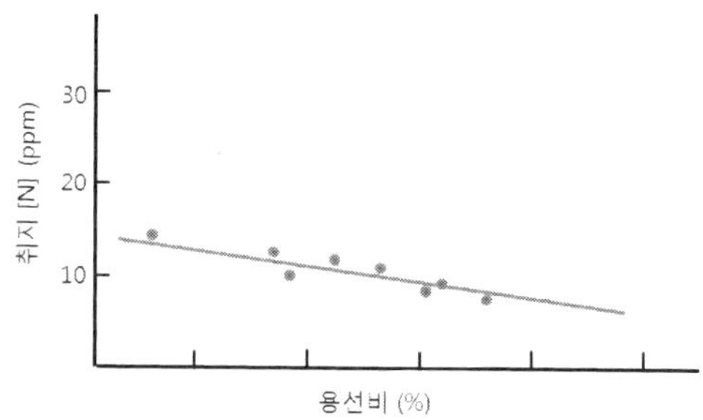

그림 2-36 | 취지 N에 미치는 용선비

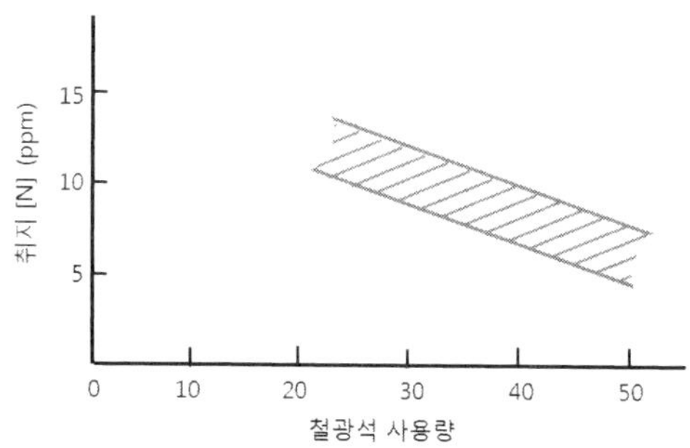

그림 2-37 | 취지 N과 철광석 사용량

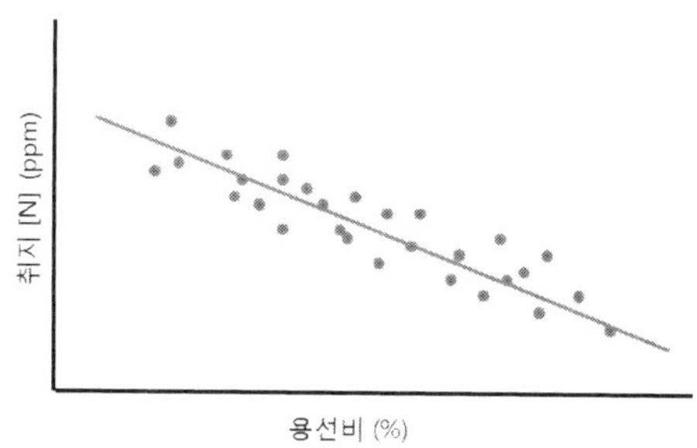

그림 2-38 | 취지 N과 탈탄도

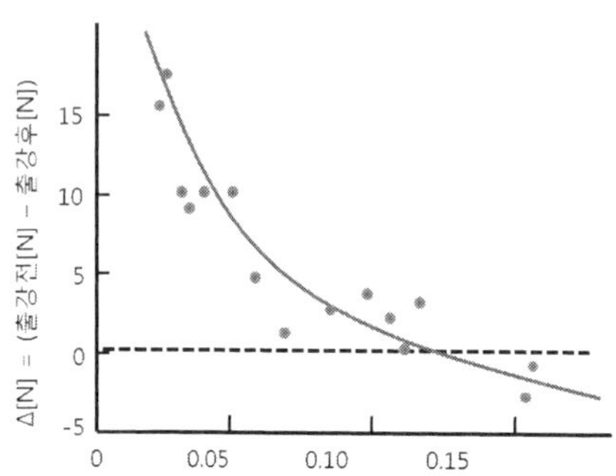

그림 2-39 | 재취련과 N의 거동

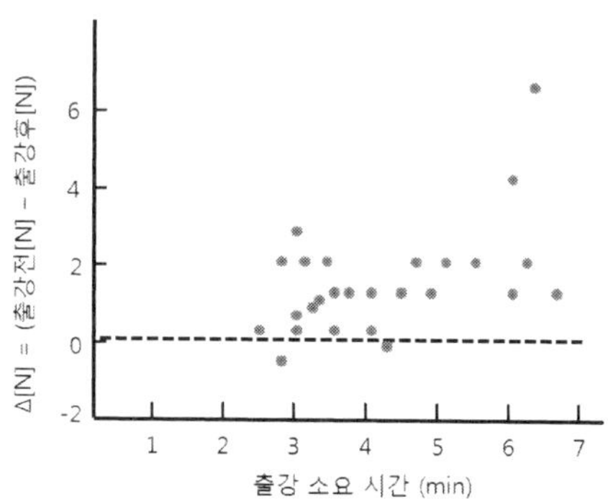

그림 2-40 | 출강소요시간과 흡진량

탈질을 촉진하기 위하여는 다음과 같은 방법이 취해진다.

① **용선 중 질소량을 하강시키는 것** : 구체적으로 용선 중의 Ti 함유율의 상승, 석회에 의한 용선 예비 처리 등
② **탈탄 반응을 강하게 하여 강욕을 강력 교반하는 것** : 구체적으로 용선 배합율의 상승, 하드 블로우(Hard Blow) 노즐의 관리 등
③ **강욕 끓음(Boiling)을 조장하는 것** : 구체적으로 철광석과 석회석을 취련 중에 분할 투입 등
④ **노구에서의 공기 침입을 방지하는 것** : 구체적으로 노구 축소, 거품형 슬래그(Foaming Slag)의 형성, 재취련 금지 등

강중 산소는 취련 초기에 약간 증가하지만 중기에는 저하하고, 말기에 다시 증가한다. 종점에서 용강 중의 산소 농도는 <그림 2-41>과 같이 용강 중의 탄소 농도의 저하와 함께 증가하지만 탄소 농도의 평형 값보다는 조금 높게 나타난다.

이 탄소 농도와의 평형 값에서의 차를 과잉 산소라 한다. 과잉 산소는 탈탄 반응의 원동력으로 하드 블로우(Hard Blow)에서는 낮게, 소프트 블로우(Soft Blow)에서는 높게 된다.

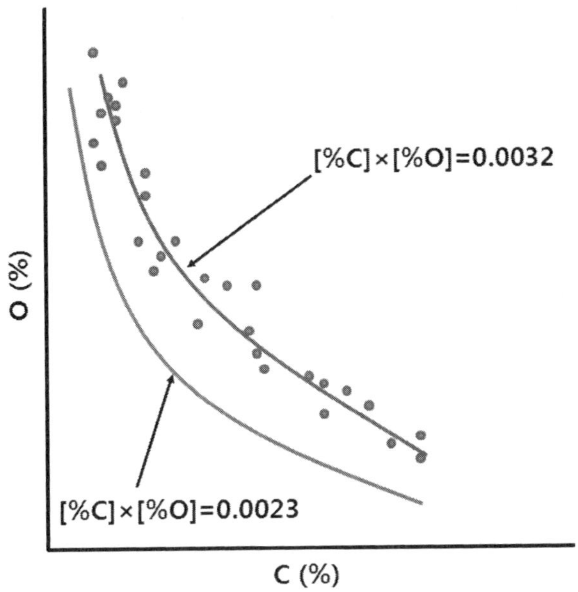

그림 2-41 ▎종점에 따른 [%C]와 [%O]의 관계

용강 중의 탄소 농도, 산소 농도와의 평형 관계는 다음 식과 같다.

반응식 : [C] + [O] = CO
평형상수 : $\log k = \log(P_{CO}/a_C \cdot a_O) = 1,160/T + 2.003$

종점 부근의 저탄소 영역에서 1,873k 전후의 경우 다음의 간단한 Vacher-Hanilton의 식이 사용된다.

$$[\%C] \cdot [\%O] = 0.0025$$

강중 수소는 취련 종점에서 1~3ppm으로 대단히 낮게 나타난다. 이것은 노내 분위기의 PH_2가 O에 가까워 H에 관해서는 진공 정련의 조건으로 되기 때문이다. H의 침입은 슬래그 조성제, 냉각제, 합금철 중의 수분에 의한 것이며, 강중 수소 농도의 증가를 방지하는 데에는 이들의 수소 관리가 필요하다.

8) 고철의 용해

고철 용해의 기구로는 강욕 중의 탄소가 고철의 표층에 침탄하여 그곳의 용융점이 강하하고 용해하는 것으로 여기고 있다.

따라서 고철은 온도가 낮은 시기에서부터 용해를 시작한다. 보통 고철은 취련의 종료에 이르러 거의 100%가 용해하게 된다고 알려져 있다. 큰 잔괴를 사용하는 경우에는 미용괴가 남을 수 있는데 이러한 조건에서 출강하면 출강 종료까지의 용행에 의해 온도가 크게 떨어지므로 주의할 필요가 있다.

3 LD 전로의 제강 조업

1) 용선의 제한

용선에 관한 일반적인 문제에 대해서는 원료의 항목에서 개요를 기술한 바 있으나 여기서는 구체적인 조업에 미치는 영향에 대해서 알아보기로 한다.

우선 용선 온도의 문제인데 LD 전로의 경우에는 용선의 현열과 잠열(반응열) 만으로 취련을 하기 때문에 용선 성분과 더불어 용선 온도의 관리는 극히 중요하며 용선 온도가 저하하면 취련성은 현저하게 나빠지고 취련 중 적당한 냉각제의 사용에 의한 원활한 취련을 기대하기도 어렵게 된다. 다시 말하면 LD 전로의 취련은 용선의 현열과 잠열만으로 실시되며, 과잉 열량을 가지고 고철을 용해하기 때문에 주원료로서 차지하는 고철 배합율은 온도에 큰 영향을 받는다.

용선의 현열은 LD 전로의 경우 주장입 열량의 50% 이상을 차지하고 있으며 용선 온도의 영향과 고철 배합율과의 관계는 <그림 2-42>와 같다.

또한 용선 온도의 변화량은 그대로 취련 종점의 온도를 변동시키는 것이 보통이다. 예를 들면 용선 온도가 10℃ 높았을 경우 종점 온도에 미치는 영향에 관해서 개략적인 계산을 하면 다음과 같다.

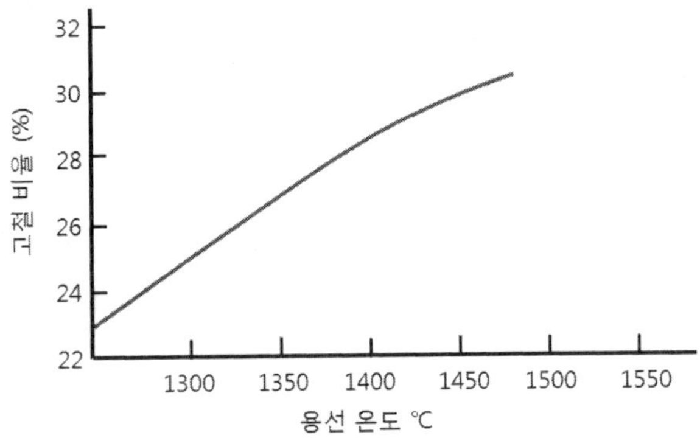

그림 2-42 | 용선 온도와 고철 비율의 관계

- 전장입량 : 110,000kg_f
- 용선량 : 94,000kg_f
- 고철 : 16,000kg_f
- 전출강 실수율 : 94.0%

① 용선이 지니고 있는 현열의 차를 구하여 보면

$94{,}000kg_f \times (0.182 \times 10℃) = 171{,}080kcal$

② 용강 온도 10℃ 상승시키는데 필요한 열량을 계산하면

$(110{,}000kg_f \times 0.94) \times 0.2 \times 10℃ = 206{,}800kcal$

③ 따라서 용선이 지니고 있는 현열의 차가 용선 온도에 미치는 영향은

$\frac{171{,}080kcal}{206{,}800kcal} = 0.8$

$10℃ \times 0.8 = 8℃$

따라서 용선의 온도가 10℃ 상승하면 취련시 종점 온도에 미치는 영향은 거의 같이 상승함을 알 수 있다. 취련 개시에 있어서 열배합 계산을 할 경우 용선 온도의 변동량을 신속하고 정확하게 파악하는 것이 매우 중요한 일이다. 용선의 현열에 대해서는 위에서 언급한 바와 같고, 용선의 잠열 문제에 있어서는 LD 전로에 있어서의 불순물 원소(C, Si, Mn, P, S)가 순산소에 의하여 산화되므로 용선의 성분은 공급 산소량을 크게 좌우한다.

각 원소에 대한 산화에 필요한 산소량은 다음 <표 2-4>와 같다.

표 2-4 ‖ 원소 1kg$_f$을 산화시키는데 필요한 산소

원소	산소 반응	필요 산소량	
		kg_f/kg_f	Nm^2/kg_f
C	$C+\frac{1}{2}O_2=CO$	0.33	0.93
	$C+O_2=CO_2$	2.67	1.87
Si	$Si+O_2=SiO_2$	1.14	0.80
Mn	$Mn+\frac{1}{2}O_2=MnO$	0.29	0.20
P	$2P+\frac{5}{2}O_2=P_2O_5$	1.29	0.90
Fe	$Fe+\frac{1}{2}O_2=FeO$	0.29	0.20
	$2Fe+\frac{1}{2}O_2=Fe_2O_3$	0.43	0.30

예를 들어 1kg$_f$의 용선이 가지고 있는 현열과 연소열을 계산해 보자

> 용선 온도 : 1,300℃
>
> Si : 0.6% → 0%
>
> Mn : 0.6% → 0.25%
>
> P : 0.9% → 0.02%
>
> C : 4.4% → 0.15%
>
> ① 1,300℃에서 용선의 현열 : 269kcal/kg$_f$
>
> ② 용선의 연소열을 산출하면
>
> Si : $\frac{0.6}{100} \times 8{,}092 = 48.6\text{kcal/kg}_f$
>
> Mn : $\frac{0.35}{100} \times 1{,}680 = 5.88\text{kcal/kg}_f$
>
> P : $\frac{0.88}{100} \times 7{,}200 = 5.8\text{kcal/kg}_f$
>
> C : $\frac{4.25}{100} \times 2{,}174 = 91.3\text{kcal/kg}_f$

다음으로 불순물 원소의 산화에 의한 온도 상승의 예를 계산하면 다음 <표 2-5>와 같다.

표 2-5 | 각 원소 1kg$_f$당 산화에 의한 온도 상승의 계산 예

Si	1% Fe-Si 합금 100kg$_f$의 경우 Si → SiO_2 + 7,830kcal (1kg$_f$) (2.14kg$_f$) 이 때 1.14kg$_f$의 산소가 필요하다. O_2의 0~125℃에서의 비열을 0.235로 하고, SiO_2의 1,250~1,650℃에서의 비열을 0.29, Fe의 경우 0.17로 하면 $(1.14 \times 0.235 \times 1{,}250℃) + (2.14 \times 0.29 \times x) + (99 \times 0.17 \times x) = 7{,}830\text{kcal}$ $\therefore\ x = 430℃$
P	1% Fe-P 합금 100kg$_f$의 경우 P → P_2O_5 + 5,900kcal (1kg$_f$) (2.29kg$_f$) 이 때 1.29kg$_f$의 산소가 필요하다. P_2O_5의 1,250~1,650℃에서의 비열을 0.32로 하면 $(1.29 \times 0.235 \times 1{,}250℃) + (2.29 \times 0.32 \times x) + (99 \times 0.17 \times x) = 5{,}900\text{kcal}$ $\therefore\ x = 315℃$

Mn	1% Fe－Mn 합금 100kg_f의 경우 $\underset{(1kg_f)}{Mn} \rightarrow \underset{(2.14kg_f)}{MnO} + 1,730kcal$ 이 때 0.29kg_f의 산소가 필요하다. MnO의 1,250~1,650℃에서의 비열을 0.26 $(0.29 \times 0.235 \times 1,250℃) + (1.29 \times 0.29 \times x) + (99 \times 0.17 \times x) = 1,730kcal$ $\therefore\ x = 94℃$
C	1% Fe－C 합금 100kg_f의 경우 C의 93.5%가 CO로 되고 6.5%가 CO_2로 된다고 하면 $\underset{(0.935kg_f)}{C} \rightarrow \underset{(2.19kg_f)}{CO} + 2,310kcal$ 이 때 1.24kg_f의 산소가 필요하다. $\underset{(0.065kg_f)}{C} \rightarrow \underset{(0.238kg_f)}{CO_2} + 523kcal$ 이 때 필요한 산소량은 0.173kg_f 따라서 전체 O_2량은 1,413kg_f 1,250~1,650℃에서의 CO, CO_2의 비열을 각각 0.30, 0.29로 하면 $(1.14 \times 0.235 \times 1,250℃) + (2.19 \times 0.29 \times x) + (0.238 \times 0.30 \times x) + (99 \times 0.17 \times x) = 2,835kcal$ $\therefore\ x = 138℃$

이상에서 계산한 바와 같이 온도 상승에 큰 영향을 미치는 원소를 순서대로 나열해 보면 Si, P, C, Mn, Fe의 순서로 된다.

2) 취련 설계

LD 전로의 취련은 연료를 사용하지 않고 극히 짧은 시간에 취련을 완료하여 취련 종점에서 만족할 만한 종점 성분과 동시에 적정한 온도가 요구되므로 각종 배합율을 결정하는 일은 야금학적으로 대단히 중요하고 최적의 생석회, 철광석, 밀스케일, 형석 등의 배합량을 검토해야 한다. 또한 열적으로 냉각제의 검토와 더불어 취련에 필요한 산소 공급량을 파악하는 것 역시 중요한 일이다. 이러한 기본 설계에 있어서는 이론적인 요소, 경험적인 요소와 더불어 각 공장의 원료 사정, 노체 형상 등도 고려해야 한다. 따라서 취련 설계에 있어서는 일반적으로 용선량 계산, 석회량 계산, 열계산, 산소량 계산, 랜스 높이 계산 등이 취련 설계의 기본이 된다.

가) 용선량 계산

목표로 하는 출강량에 대하여 장입량을 어느 정도로 할 것인가를 출강 실수율을 이용하여 계산하고 나아가서 용선량을 결정한다.

$$\text{출강 실수율} = \frac{\text{출강량}}{(\text{용선}+\text{냉선}+\text{고철})}$$

용선 장입량은 다음 식에서 구할 수 있다.

$$\text{용선량} = 100 \times \frac{(\text{목표출강량}-\text{레이들 부착 보정})}{\text{출강실수율}} - \text{냉선량} - \text{고철량}$$

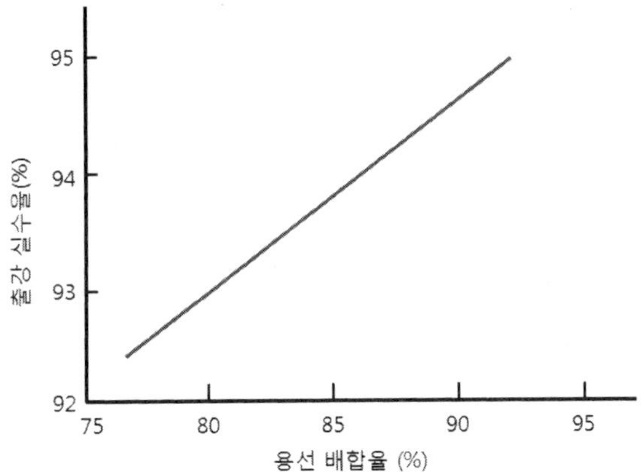

그림 2-45 | 용선 배합율과 출강 실수율과의 관계

출강 실수율에 관계가 있는 것들로는 용선 배합율, 부원료 투입량, 합금철 투입량, 슬래그로의 철분 손실, 슬로핑(Slopping) 및 스피팅(Spitting)에 의한 노외로의 철 손실 등이 있다.

이 중에서 가장 큰 영향을 미치는 것은 용선 배합율이며, 출강 실수율과 용선 배합율의 관계를 <그림 2-45>에 나타내었다.

그림에서와 같이 용선 배합율이 증가하면 산화철계 냉각제가 증가하여 철분이 용강 중에 환원되므로 실수율은 향상된다. 그러나 용선 배합율을 지나치게 증가시키면 슬로핑(Slopping)이 많아져서 실수율은 저하한다.

나) 석회량 계산

취련을 실시함에 있어서 탈인, 탈황 능력이 뛰어난 슬래그를 만드는 것 중에서 가장 중요한 것 가운데 하나로서 필요한 석회량은 염기도에 따라 계산할 수 있다. 석회석의 공급원으로서 주로 생석회가 사용되는데 통상 현장에서의 염기도는 다음 식으로 구할 수 있다.

$$V = \frac{CaO}{SiO_2}$$

장입량에 따라 염기도를 구하는 식은 다음과 같다.

$$V = \frac{WCaO + 0.56 \times WCaCO_3}{(W_{HM} + W_{CP}) \times \frac{[\%Si]}{100} \times \frac{60}{26}}$$

여기서, WCaO : 소요 생석회량　　$WCaCO_3$: 소용 돌로마이트량

W_{HM} : 용선 사용량　　W_{CP} : 냉선 사용량

[%Si] : 용선중 Si%

실제 작업시에는 슬래그의 양, 제조 강종, 생석회의 소성도, 종점 온도 등도 고려하여 필요 생석회량을 결정한다.

염기도는 보통 3.5~4.5로 설정한다.

다) 열계산

LD 전로의 조업에 있어서 열정산을 중심으로 한 특징은 용선의 현열과 잠열, 고철의 용해, 생석회, 석회석, 밀스케일, 철광석 등의 용해 및 분해 등의 열적 상호 작용이라 볼 수 있다. 이러한 냉각제들은 전술안 바와 같이 생석회, 석회석 등 슬래그 조성제나 밀스케일, 철광석 등 매용제의 역할을 겸하고 있다.

목표로 하는 종점 온도를 얻기 위하여 용선 온도, 조성, 종점 조성, 고철 부원료의 양 등을 근거로 열수지를 계산하여 필요한 냉각제 양을 계산한다. 일반적으로 이들 열적 요인에 대하여 전회 장입을 기준으로 금회 장입의 각 변동량을 파악하여 이들 각 변동량을 이미 얻어진 종점 온도 환산 또는 고철 환산 계수를 사용하여 환산한 다음 총 변동량을 주로 하여 철광석으로 조정한다.

이와 같은 현장적인 조업 방법의 열계산을 검토하면 다음과 같다. 물론 매용제, 슬래그 조성제 등은 동일 강종의 연속 취련에 있어서 같은 양이 사용되도록 기준화 함으로써 열적 평형을 간단하게 비교 계산할 수 있다.

① 고철 배합율의 변동

<표 2-6>에 고철과 비교한 석회석, 철광석의 냉각 효과를 나타내었다.

표 2-6 | 냉각 효과

원료	고철	석회석	철광석
흡수열	342kcal/kg$_f$	758kcal/kg$_f$	964kcal/kg$_f$
냉각효과	1	2.2	2.7

만일 다음의 조업 조건으로 고철, 철광석, 석회석을 비교하여 계산하면 다음과 같다.

Charge	장입량	용선	고철	고철 비율
A	85,000kg$_f$	74,000kg$_f$	11,000kg$_f$	13.0%
B	85,000kg$_f$	73,100kg$_f$	11,900kg$_f$	14.0%

A의 경우와 B의 경우 고철 비율의 차는 1%이고, 고철양은 900kg$_f$에 해당한다. 따라서 여기에 해당하는 철광석은 다음과 같다.

$$\frac{900\text{kg}_f}{2.7} = 330\text{kg}_f$$

석회석의 양으로 환산하면 다음과 같다.

$$\frac{900\text{kg}_f}{2.2} = 410\text{kg}_f$$

② 용선 [Si]의 변동

만일 다음의 조업 조건에서 용선 중 [Si]이 0.6% → 0.7%로 변화할 때 종점온도가 어떤 영향을 받는지 계산하면 다음과 같다.

장입량	용선	고철	출강 실수율
85,000kg_f	70,000kg_f	15,000kg_f	93.0%

용선 중 [Si]의 증가에 의한 발열량은 다음과 같다.

$$70{,}000\text{kg}_f \times \frac{0.7-0.6}{100} \times 7{,}830\text{kcal/kg}_f = 548{,}000\text{kcal}$$

종점 온도의 변화를 x, Fe의 비열을 0.2, 용강이 얻는 열량을 65%로 가정하면 종점 온도 변화 x는 다음과 같이 구할 수 있다.

$$85{,}000\text{kg}_f \frac{93}{100} \times 0.2 \times x = 548{,}000 \times \frac{65}{100}$$

$$\therefore\ x = 22.5℃$$

즉 종점 온도는 약 22℃정도 상승한다.

라) 산소 사용량의 계산

위의 계산에서 주원료, 부원료의 배합이 정해지므로 목표로 하고 있는 용강 중의 탄소 농도를 얻는데 필요 산소량이 계산된다.

LD 전로에서의 산소 효율은 극히 높으므로 필요 산소량은 화학량론적으로 취급할 수 있다. 일반적으로 냉각제 계산과 같이 각 요인에 대해서 전회차 장입(Charge)과의 변동량으로부터 구한다.

한편 원료 용선의 조성과 강의 산화제거의 정도, 산화 생성물의 조성에 의해서 취련에 필요한 이론 산소량을 계산할 수 있다.

예를 들면 LD 전로로부터 배출되는 배가스 중 중량%로서 CO가 90%, CO_2가 10%라 하면 용선 중의 C가 CO로 되어 날아가는 양은 다음과 같이 계산할 수 있다.

$$\frac{90 \times \frac{12}{28}}{\left(90 \times \frac{12}{28}\right) + \left(10 \times \frac{12}{44}\right)} \times 100 = 93.5\% \qquad \begin{bmatrix} \underset{(12)}{C} + \frac{1}{2}O_2 \rightarrow \underset{(18)}{CO} \\ \underset{(12)}{C} + O_2 \rightarrow \underset{(44)}{CO_2} \end{bmatrix}$$

즉 C가 93.5%는 CO로 날아가고, 6.5%는 CO_2로 날아가는 것이다. 또한 이 경우의 슬래그 양을 용선량의 16%라고 하고 이 슬래그 중에 20%가 Fe라고 하면 슬래그로서의 Fe 손실은 16×0.2＝3.2%가 되어 용선량의 3.2%에 해당한다.

만일 C 4.3%, Si 0.7%, P 0.18%, Mn 0.8%인 용선을 취련할 경우 이에 필요한 산소량을 계산하면 다음의 <표 2-7>과 같다.

표 2-7 ▎용선에 필요한 산소량

원소	용선 (%)	종점	산화량 (%)	결합상태	산소량 (%)	산소량 (kg_f)
C	4.3	0.10	4.2			
			3.93(93.5%)	CO	C의 $\frac{16}{12}\times 100$	5.23
			0.27(6.5%)	CO_2	C의 $\frac{32}{12}\times 100$	0.31
Si	0.7		0.7	SiO_2	Si의 $\frac{32}{28}\times 100$	0.805
P	0.18	0.02	0.16	P_2O_5	P의 $\frac{62}{80}\times 100$	0.207
Mn	0.80	0.18	0.62	MnO	Mn의 $\frac{16}{55}\times 100$	0.18
Fe			3.23			
			2.57(80%)	FeO	Fe의 $\frac{16}{56}\times 100$	0.74
			0.63(20%)	Fe_2O_3	Fe의 $\frac{48}{112}\times 100$	0.27
총 계						7.74

즉 용선 1톤당 77.4kg_f, 부피로 환산하면 54m^3(0℃, 1기압)의 산소가 필요하게 된다. 따라서 회당 용선을 약 90톤 사용할 경우 4,860m^3 정도의 산소를 공급해 주어야 한다. 또한 취련 시간을 20분으로 목표할 경우에 1분당 243m^3의 산소를 랜스로부터 취입을 해야 한다.

그러나 실제의 취련에서는 탈탄 촉진제 및 냉각제로서의 철광석, 석회석, 밀스케일 등도 산소 공급원으로서 고려되어야 한다.

<그림 2-46>에 산소량과 종점 탄소량과의 관계를 나타내었다.

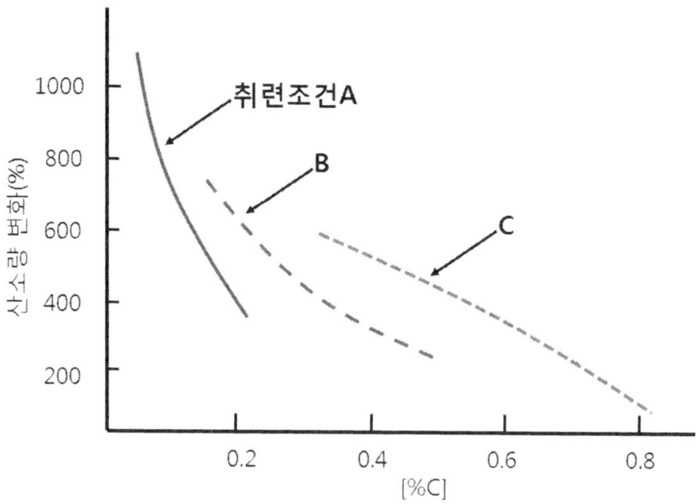

그림 2-46 ‖ 산소량에 미치는 종점 탄소 농도의 영향

마) 랜스(Lance) 높이 계산

스피팅(Spitting)과 슬로핑(Slopping)을 막고 용강 및 슬래그의 교반을 충분히 행하여 슬래그 중의 전철분 농도(T-Fe%)를 적절히 유지시키기 위해서는 랜스 높이(랜스-탕면 간격)의 설정이 중요하다. 일반적으로 <그림 2-47>과 같이 랜스 높이 h는 산소 제트가 강욕에의 취입비{오목깊이(L) / 강욕깊이(L0)}를 인자로 하여 설정된다.

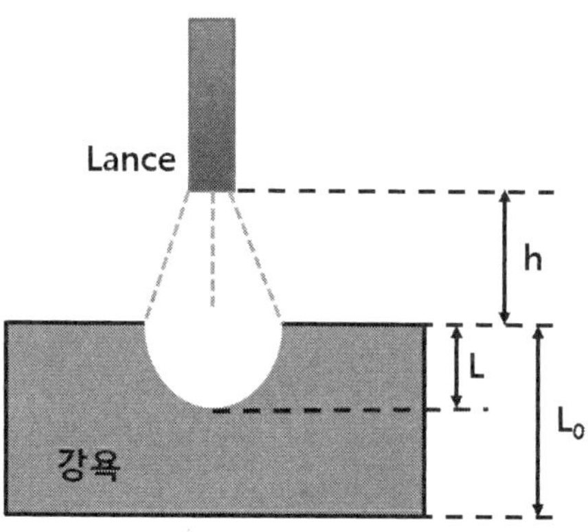

그림 2-47 ‖ L/L_0 설명도

L/L_0는 실조업에서 강욕 운동에 의한 많은 취련 반응 특성을 나타내고 있다. 즉 L/L_0이 1에 가까우면 하드 블로우(Hard Blow)라 불리우고, 탈탄 반응에 대한 산소 효율이 높게 되어 취지시의 강중 산소량이 평형 농도에 접근하여 과잉 산소량이 저하하고, 슬래그 중의 T-Fe가 낮으며, 석회의 용해가 늦고, 취련 초기에 스피팅(Spitting)이 일어나기 쉽다.

한편 L/L_0가 작게 되면 소프트 블로우(Soft Blow)가 되고, 탈탄 반응에 대한 산소 효율이 낮게 되고, 취지시의 강중 산소량이 평형 농도보다 높게 되어 과잉 산소량이 증가하고, 취련 초기로부터 슬래그 중 T-Fe가 높게 되며, 석회의 재화가 촉진되고, 취련 중기에 슬로핑(Slopping)이 일어나기 쉽다.

L/L_0을 계산하는 데는 강욕 깊이 L0의 추정법과 산소 제트에 의한 오목 깊이 L의 계산식이 필요하다. 처음 보조 랜스(Sub Lance) 또는 주 랜스(Main Lance)를 이용하여 10~수십회 노회수(Charge) 마다 측정한 취련 전의 탕면 높이를 구하고, 또한 노저 용손율은 노회수에 대하여 일정하다고 봄으로써 노저 위치를 산출하고, 탕면 높이와 노저 위치의 차로서 강욕 깊이 L_0를 측정한다. 오목 깊이 L은 시험 전로의 데이터에 의해 계수 결정된 식을 이용하여 계산되는데 다음과 같이 계산할 수 있다.

$$L = L_0 \exp(-0.78h/L_h)$$

$$L_h = 63.0(kFO_2/nd)^{\frac{2}{3}}$$

- L : 오목 깊이(mm)
- h : 랜스 높이(mm)
- L_h : $h=0$일 경우
- L(mm)
- FO_2 : 1시간당 산소유량 m^3(표준상태)
- n : 노즐공수
- d : 노즐 공지름(mm)
- k : 다공노즐의 노즐각도에 의한 보정계수

L/L_0 설정치와 L_0의 추정치로부터 필요한 L의 값을 정하고 윗 식에 대입하여 랜스 높이 h를 구할 수 있다. L/L_0는 보통 0.7~0.8로 설정을 하는데 각 공장에 따라 최적치가 있으며 또한 취련 과정에서 변화시키고 있는 것도 있다. 노회수에 의한 강욕의 깊이와 랜스 높이의 관계를 <그림 2-48>에 나타내었다.

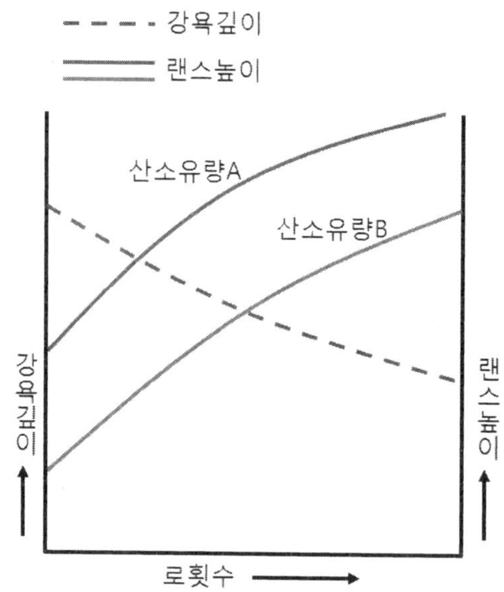

그림 2-48 ▌강욕 깊이와 랜스 높이의 추이

3) 조업 과정

LD 전로 노회수(Charge)의 조업 과정은 장입 → 취련 → 측온 → 샘플링(Sampling) → 출강 → 슬래그 배출로 나뉘고, 소요 시간은 30~40분 정도 걸린다.

가) 장입

노체를 기울여 미리 평량한 용선과 고철을 크레인으로 장입한다. 고철에 부착한 수분의 폭발을 막기 위해 고철을 먼저 장입하는 것이 일반적이다. 주원료의 배합은 고로 출선량, 고철 수급상황 등에 의해 결정된다.

나) 취련

주원료 장입후 노체를 직립하고 산소를 분사시키면서 랜스를 하강시킴과 동시에 밀스케일, 생석회 등 부원료의 일부를 노상 슈트(Chute)로부터 노내에 투입한다. 생석회는 용선량, 용선 성분, 취련 종점의 목표 성분 등을 고려한 석회배합 계산에 의해 그 사용량이 결정되는데, 용강 톤당 40~60kg_f 정도 사용하는 것이 보통이다.

밀스케일, 형석 등의 사용 기준은 생석회 사용량에 맞추어 조정된다. 밀스케일은 취련 초기에 슬래그의 형성을 목적으로 사용량의 전부가 일시에 투입되지만 이것은 매용제로서 뿐만 아니라 철광석과 같이 2차 산소 공급원으로서의 역할도 한다.

또한 형석도 취련 개시 혹은 취련 중에 투입되며, CaO가 다량 투입될 경우 슬래그의 유동성이나 반응성이 나빠지므로 이에 대한 개선을 위해 소량 사용한다. 형석(CaF2)은 또한 칼슘 규산염(Calcium silicate)을 저융점의 상태로 만들어 온도를 상승시키지 않아도 유동성을 좋게 하는 것으로 알려져 있다. 이에 대한 메카니즘은 Hamilton의 이론에서 설명할 수 있다. Hamiton의 이론에 의하면 염기성 슬래그에도 유리상태의 SiO_2가 약간 있어서 이것을 형석(CaF_2)이 융점이 낮은 결합상태로 변화시키기 때문이라고 한다. 반응식은 다음과 같다.

$$3SiO_2 + 2CaF_2 = SiF_4 + 2(CaO \cdot SiO_2)$$
$$3CaO + SiF_4 = 2CaF_2 + (CaO \cdot SiO_2)$$

이 두반응을 정리하면

$$SiO_2 + CaO = CaO \cdot SiO_2$$

또한 형석을 다량 사용하면 슬래그 중의 T−Fe가 증가하여 특히 중탄소강이나 고탄소강의 경우 탈인을 촉진시키고, 거품성(Foaming)이 좋은 슬래그가 만들어지지만 슬래그 양이 증가하여 슬로핑(Slopping)이 일어나기 쉬우며, 더욱 내화물의 침식이 심해져서 노체 사용 회수의 감소를 초래하므로 그 사용량의 제한이 필요하게 되는 것이다. <그림 2−49>는 전로내 취련시 반응을 나타낸 것이다.

랜스가 소정 위치(탕면상 1~3m)에 이르고, 소정 압력(0.6~1.2Mpa)으로 산소가 취입되면 용선에 착화 현상이 발생한다. 착화는 화점 형성에 의한 용선 중의 탄소가 고속 연소되기 시작하는 것을 나타내고, 배가스 색의 변화, 배가스 양의 급증에 의해 확인할 수 있다.

랜스 높이와 공급되는 산소 압력은 취련 중 일정하게 유지하는 것이 관리상 바람직하지만 취련 조건에 의해 탈인, 실수율, 안정된 조업 등을 고려하여 적당하게 변화시키기도 한다. 이 착화로부터 취련 시간이 계산된다. 착화 후 소정의 부원료를 순서대로 일시에 투입하거나 일부분을 투입하고 나머지는 취련 중에 분할 투입하는 방법이 있다. 착화 후 수분간은 광휘도가 낮은 흑색의 염을 노구로부터 배출하고 스피팅(Spitting)을 수반하는 것이 있다.

착화 후 2~3분부터 철광석이 연속적으로 투입되는데 분해열을 흡수하면서 강욕과 슬래그의 온도가 급격히 상승하는 것을 막는 역할을 하고, 보조 랜스(Sub Lance)에 의한 온도 측정 약 1분 전에 투입을 완료한다.

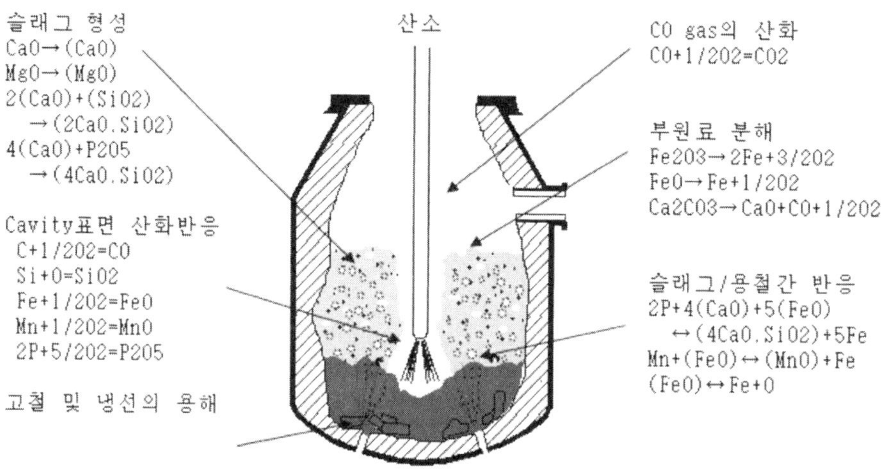

그림 2-49 ❙ 전로내 취련 반응

일반적으로 산화철은 슬래그 중의 T-Fe를 증가시키므로 그에 따라 강중의 산소 함유량도 증가한다고 탈탄 반응의 진행과 더불어 곧 환원된다. 일정 시간이 지난 후에는 대체로 평상시로 다시 돌아가는 것으로 추정된다. 그러나 철광석의 사용량이 극단적으로 많아지거나 취련 종점 직전에 다량 사용하게 되면 철광석의 용해에 의해 증가된 T-Fe가 환원되지 않고 남아있게 된다. 따라서 철광석은 용강 1톤당 10~30kg_f 정도 사용하는 것이 보통이다. 철광석 100kg_f 중에 산소는 20kg_f, 부피로는 약 $20m^3$로 매우 큰 산소 공급원이라 할 수 있다.

Si의 산화가 다 끝날 무렵 C의 연소가 증가되면 노구로부터의 화염은 광휘도가 높아지게 되고, 화염량도 증가한다. 이어서 용융 슬래그 층의 형성과 함께 스피팅(Spitting) 현상은 일어나지 않고 슬래그의 거품화(Foaming) 및 슬로핑(Slopping)이 일어난다.

① 스피팅(spitting)

이 현상은 탈탄 반응에 의한 CO 가스의 격렬한 발생으로 작은 철분이 노외로 비산하는 것을 말한다. 이것은 슬래그 층이 얇은 경우, 슬래그의 거품화(Foaming)가 부족한 경우, 산소 제트의 강욕에의 충동 상황, 강욕 형상 등이 적정하지 않은 경우 일어날 수 있다.

일반적으로 취련 초기에 일어나는 경우가 많지만 취련 조건이 적절하지 않은 경우 취련 말기에도 일어날 수 있다. 말기의 경우에는 특히 실수율의 저하가 현저히 일어난다. 스피팅(Spitting)의 응급처치로는 일반적으로 슬래그 조기 형성을 위하여 석회석, 밀스케일, 형석 등의 매용제를 투입한다.

② 슬로핑(Slopping)

탈탄 반응에 의하여 강욕 내부로부터 CO 가승의 발생과 상부를 덮고 있는 슬래그 등의 상호 작용으로 인하여 슬래그 및 강욕이 노외로 비산하거나 넘치는 현상이다. 주로 탈탄 반응이 활발하고 슬래그의 양이 증가하는 취련 중기에 일어나기 쉬운데, 슬래그와 접하고 있는 강욕 표면에 산소 포화층이 존재하여 이곳에서 활발한 탈탄 반응이 일어나게 되는 것이다. <그림 2-50>은 슬로핑 현상을 나타낸 것이다.

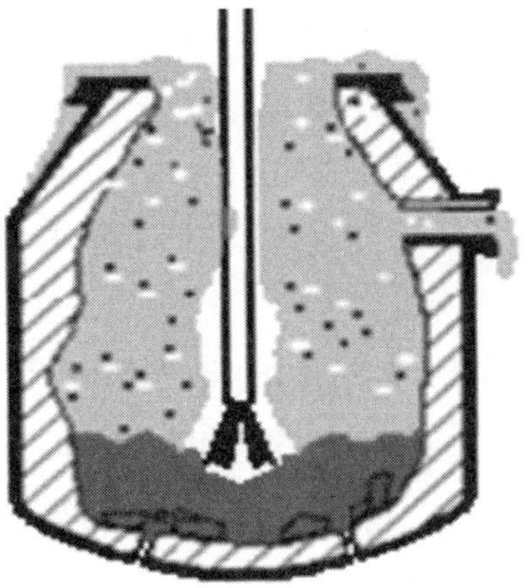

그림 2-50 | 슬로핑 현상

이러한 슬로핑(Slopping)의 대책으로는 취련 중기의 탈탄 반응 조절, 슬래그 상황 조정 등이 있다.

스피팅(Spitting)과 슬로핑(Slopping)은 강욕의 깊이가 너무 얕거나 순환 운동이 불량한 경우, 랜스 높이가 부적당한 경우, 노용적에 비하여 장입량이 많은 경우에 일어나기 쉽고, 분출에 의한 실수율의 저하는 물론 취련 중의 열 정산에도 큰 영향을 주어 종점 온도를 제어하는데도 어려움이 뒤따른다. 따라서 이와 같은 점을 고려할 때 장입량에 대한 노체의 크기 및 강욕의 형상은 양호한 취련성과 작업성을 확보하기 위하여 매우 중요하다.

③ 베렌(Baren)

슬래그 또는 지금이 노외로 비산하는 현상을 분출이라고 하는데 노외로는 비산하지 않고 노구에 도넛 모양의 슬래그나 지금이 존재하여 부착하는 것을 베렌(Baren)이라고 한다. 베렌(Baren)이 발생하여 쌓이기 시작하면 취련 작업에 큰 지장을 초래하기 때문에 별도로 제거 작업을 해야 한다. 이것은 작업 능률에 큰 영향을 주기 때문에 중요한 문제이다.

탈인 반응은 탈탄 반응과 같이 진행하는데 취련 시간의 40~50%까지 강욕 중의 P을 상당히 하강시키다가 그 후 하강이 완만해지는 것이 보통이다. 이렇게 P가 급속히 떨어지는 시작하는 시기는 생석회의 재화가 왕성할 때에 미재화한 생석회가 부유하기 때문이라 할 수 있다. 취련 시간의 50~80% 정도까지는 탈탄 반응이 극심한 시기이며 생석회의 재화도 거의 끝나 이 시기의 P는 슬래그 염기도의 영향을 받는다.

LD 전로의 정련은 상당히 고온에서 이루어지므로 기화 탈황을 어느 정도 기대할 수 있으며 또한 염기도의 영향을 크게 받는다.

강욕 중의 C가 저하하면 배가스량은 천천히 감소한다. 취지 예정 수분전에 보조 랜스를 강하시켜 용강 중의 탄소 농도 및 온도를 측정하고 취지할 시점을 예측한다. 보조 랜스가 없는 전로에서는 미리 컴퓨터로 계산하여 산소의 적정 사용량을 참고로 하여 취지하거나, 노구로부터 배출된 화염의 상황을 관찰하면서 취지한다.

취지 조건은 목표 용강 중의 탄소 농도와 온도의 동시 적중이고 이것이 적종하면 Si, Mn, P, S 등의 불순물 원소가 목표치 이하로 되도록 미리 배합 설정을 하고 있다. 취지는 랜스(Lance)를 상승시켜 산소의 분사를 저감하면서 실시한다.

다) 측온 및 샘플링(Sampling)

랜스를 완전히 상승시킨 후 노체를 장입측 수평 가까이까지 경동시켜 노구로부터 침지(Immersion) 열전대로 측온을 하고 스푼(Spoon)에 의한 샘플링을 실시한다. 보조 랜스(Sub Lance)가 있는 전로에서는 이들의 작업을 무도로 상태에서 자동적으로 실시하며, 목표로 하는 용강 중의 탄소 농도, 온도의 적중을 확인하고 즉시 출강하는 소위 무도로 출강이 실시되고 있다. 취지시 용강 중의 탄소 농도가 목표치보다 높은 경우, 취지 온도가 목표치보다 낮을 때, P와 S의 허용치를 넘은 경우에는 노를 다시 직립하여 재취련하고 탈탄, 승온 등을 한다.

취지 온도가 목표 온도보다 높은 경우에는 냉각용의 고철 또는 부원료를 투입한다. 너무 높지 않으면 노 경동 조작에 의해 강욕의 온도를 내릴 수도 있다. 취지 후 용강 중의 탄소 농도가 목표치보다 낮은 경우에는 레이들 첨가용의 탄소 함유 합금과 가탄제로 조정하는데 조정이 안되는 경우에는 강종을 대체한다. 취지 후의 성분 조정은 능률이나 실수율 면에서 불리하고, 가능한 한 취지에서 용강의 탄소 농도, 온도를 동시 적중시키는 것이 바람직하다.

재취련은 본 취련보다 산소 압력을 저하시켜 분사하는 경우가 많으며, 랜스 높이 또한 재취련의 목적에 따라 변경시키기도 한다. 그러나 이러한 재취련은 강중의 산소량을 증가시키고, 질소 함유량 또한 현저하게 상승시키며, 슬래그의 T-Fe도 증가시켜 출강 실수율의 저하를 가져오고 노체의 내화물에도 악영향을 끼치므로 억제해야 한다.

라) 출강

소정의 성분 온도로 조정된 용강은 노를 출강 측으로 경동시켜 출강구를 통해 레이들로 배출된다. 출강 중의 레이들에는 합금철 및 탈산제가 투입된다. 출강구로부터는 용강과 함께 슬래그가 배출되어 나오는데 레이들에 들어갈 슬래그로부터 복인 현상이 일어날므로 가능한 한 슬래그가 레이들에 들어가지 않도록 해야 한다. 탈산제 의한 복인 현상을 Al, Si의 예를 들어 반응식으로 표현하면 다음과 같다.

$$3(4CaO \cdot P_2O_5) + 10[Al] = 12(CaO) + 6[P] + 5(Al_2O_3)$$

$$3(4CaO \cdot P_2O_5) + 5[Si] = 8(CaO) + 4[P] + 5(SiO_2)$$

그리고 출강 중에 참가되는 합금 원소는 슬래그에 15~20% 정도 함유되어 있는 FeO와 반응하여 결국 합금 원소의 실수율을 저하시킨다. 즉 다음과 같은 반응에 의해 발생한다.

$$M + (FeO) = (MO) + Fe$$

• M : 합금원소

이외에도 복 Mn 현상, 레이들 연와 용손을 일으킨다. 이러한 문제점을 해결하는 방법으로서 출강구 관리를 철저히 하고, 슬래그 볼(Slag Ball)을 사용하기도 한다.

마) 슬래그 배출 및 코팅

출강 종로 후 노체를 다시 장입 측으로 경동하여 노구로부터 배재하며, 슬래그 코팅(Slag Coating)을 위하여 1/3 정도는 노내에 남긴다.

출강 종료후 노체 보호를 위해 슬래그를 노내에 남기고 여기에 생석회, 경소 돌로마이트 등을 일정량 첨가하여 생성된 슬래그를 노체 연와에 코팅이 되도록 한다.

최근에는 코팅 효율을 높이기 위해 랜스로 질소 가스를 분사하여 노벽에 슬래그를 코팅하여 취련 작업 중 내화물과 용강 및 내화물과 슬래그와의 직접적인 접촉에 의한 내화물 침식을 억제시키는 질소 스플래시 코팅(N_2 Splash Coating) 기술이 개발되어 코팅 효율을 높일 수 있으며, 코팅 시간의 단축 및 노체 수명을 연장시킬 수 있다.

<표 2-8>는 종래의 방식인 경동식과 질소 스플래시 코팅 방식의 특징을 비교한 것이다.

<그림 2-51>는 질소 스플래시 코팅 기술을 활용할 경우 종래의 경동식 코팅법과 비교하여 노체의 마모율을 나타낸 것이다. 질소 스플래시 코팅을 실시하면 종래의 방법보다 입구 마모의 경우 24.5% 감소하며, 출강구 마모의 경우 17.8% 감소하고, 트러니언의 경우 33.2% 감소하여 전체적인 노체 수명 연장에 탁월한 효과가 있다.

표 2-8 | 슬래그 코팅 기술의 비교

구분	종전의 슬래그 코팅 방식	N2 스플래시 코팅 방식
코팅 방식		
	전로 경동에 의한 코팅	고압 질소분사에 의한 코팅
코팅 소요시간	6 ~ 8분	4 ~ 6분
코팅재(백운석)	15.3kg_f/T－S	12.0kg_f/T－S
코팅 효율	제한적 코팅으로 효율이 낮음	노체 전부위 코팅으로 효율 우수

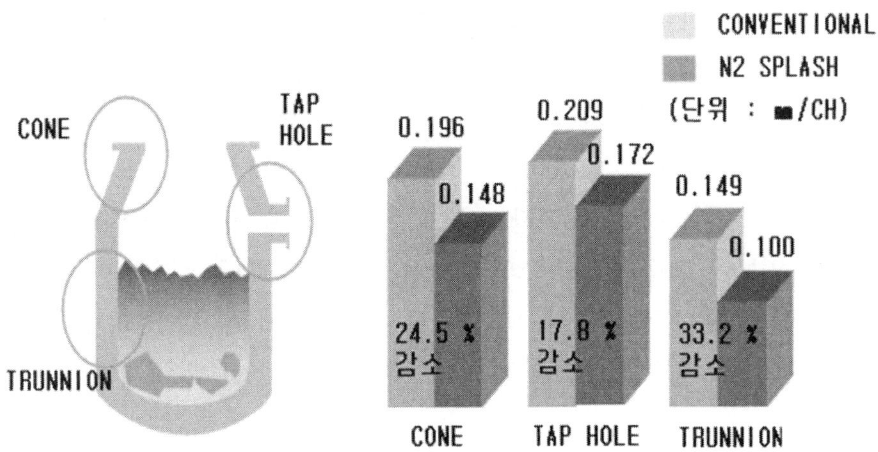

그림 2-51 | 용선의 예비 처리

질소 스플래시 코팅 설비는 <그림 2－52>와 같이 저압 질소를 저장하는 홀더(Holder), 조업에 소요되는 압력으로 승압하는 승압기, 승압된 질소를 저장하여 완충 역할을 하는 고압 홀더 와 압력 및 유량 자동 조절 장치(PCV, FCV) 등으로 구성되며 고압 질소의 분사는 기존의 산소 취입 랜스를 사용한다.

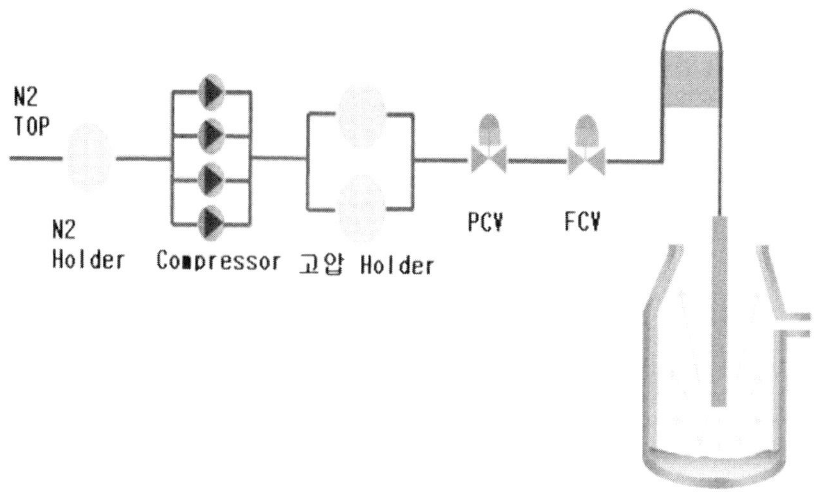

그림 2-52 ❙ N_2 스플래시 코팅 설비

4) 특수 조업

LD 전로의 기초 이론과 통상적인 제강 조업에 관해서는 앞에서 언급한 바와 같으나 LD 전로의 우수성 가운데서도 특히 저탄소강 정련에 있어서는 그 어느 제강법보다 뛰어난 것으로 널리 알려져 있다. 고탄소강의 제조에 있어서도 적당한 조업 방법을 강구함으로써 그 가능성이 있다고 하는 것이 현실적이다.

일반적으로 LD 전로에 의한 고탄소강 제조 기술의 요점은 탈탄과 탈인 및 탈황의 진행 조정에 있는데 그 구체적인 조업 방법을 보면 주원료인 용선의 P 함유량과 제품에 요구하는 P 함유량을 고려한 소프트 블로우(Soft Blow)법과 이중 강재(Double Slag)법, 종점 탄소 성분과 관련된 캐치 카본(Catch Carbon)법 및 가탄법 등이 있다.

가) 소프트 블로우(Soft Blow)법

LD 전로에서의 탈인과 탈탄 반응은 거의 동시에 반응을 진행한다. 특히 고탄소강을 제고하는 경우 또는 P가 많이 함유되어 있는 용선을 사용하는 경우 문제는 탈인을 촉진시켜 저인강을 제조하는 것이므로 저탄소강을 생산하거나 탈인 용선을 처리하는 정련 방법으로는 충분한 탈인을 기대할 수 없다. 제강로의 일반적 탈인 조건으로는 염기도 높고, 산화성이 강한(T-Fe가 높은) 강재가 필요하며, 소프트 블로우(Soft Blow) 상태를 만드는 것이다. 소프트 블로우의 효과를 얻기 위해서는 랜스를 높이거나 산소 압력을 저하시키는데 이러한 경우 단위 시간 당 산소 공급량이 감소하게 되므로 정련 시간을 연장시켜 비능률적이 되므로 탈인에도 불안정한 영향을 주는 것으로 알려져 있다.

따라서 산소 유량은 원래대로 유지하고 정련 후반에 랜스 높이만을 높게 하는 방법을 일반적으로 사용하고 있다. 물론 랜스를 높임에 따라 슬로핑(Slopping)의 경향은 커지나 고탄소강 영역에서 탈인을 촉진시켜 비교적 안정된 작업을 할 수 있다. 즉 이 방법은 탈인 반응에 유익한 저온 상태에서 산소 제트에 의한 강욕 교반을 강화하여 탈인 반응을 촉진시키고, 강욕 온도 상승 후에 랜스 위치를 높게하여 강욕의 탈탄 속도를 억제함으로써 산화성이 강한 강재를 형성시키는 것이다.

나) 이중 강재(Double Slag)법

이 방법은 주원료인 용선의 P가 매우 높은 경우 유용한 방법이다. 일반적으로 1차 정련에서 저인, 저황의 강욕을 만든 후 취련을 중단한 후 P_2O_5를 함유하고 있는 강재를 노구로 배출시킨다. 다음에 새로운 조재제와 매용제를 참가하여 2차 정련을 소프트 블로우로 하는 방법이다. 이중 강재법에 의해 고탄소강을 제조할 경우 목표로 하는 탄소 함유량에서 취지하여 저인의 고온 용강을 얻기 쉽지만 1차 정련에서 취련 종점의 포착, 탈인의 목표치 달성, 강욕 온도의 확보를 위한 배재 시간, 배재 방법 등에 관해서는 주의를 요한다.

다) 캐치 카본(Catch Carbon)법과 가탄법

캐치 카본(Vatch Carbon)법은 목표로 하는 탄소 성분에서 취지하는 방법이고, 가탄법은 탄소 함유량을 목표치보다 낮은 상태에서 취지한 후 목표 탄소량까지 가탄시키는 방법이다. 가탄법은 주로 고탄소강의 제조에 사용하는 방법으로 목표하는 탄소 함유량에서 정확하게 취지하기가 작업상 어려우므로 가장 탈탄하기 좋은 탄소 범위까지 취련 후 레이들에 미리 가탄제를 넣어두고 출강하여 목표 성분을 맞춘다. 그러나 이 가탄법은 가탄제로부터 질소가 혼입되고, 강욕의 산소 농도에 따라서 조업이 불안정할 수도 있다. 이에 비해서 캐치 카본법은 취련 시간의 단축, 산소 사용량의 감소, 철분의 재화 방지, 강중 산소의 감소 등 큰 장점이 있다.

5) 용강의 탈산

LD 전로에서 불순물을 포함한 용선을 목표로 하는 용강 성분으로 산소 정련한 결과 용강 중에는 다량의 산소가 남아있게 되는데 이대로 응고시키면 C와 반응하여 CO 기포로 발생시키기도 하고, 산화철계의 개재물이 많은 강으로 된다.

용강 중의 Si, Mn, P는 FeO와 반응하면 이들의 산화물이 생성되어 슬래그로 들어가게 되는데 분배 정도는 슬래그와 용강간의 평형에 따라 조정되며, 용강 중의 C는 FeO와 반응하여 CO 가스가 생성되는데 용강에 포화한 후 외부로 방출된다.

탈산은 이같은 산소를 제거하여 용강이 응고할때까지 가스를 발생하지 않도록 하며, 탈산 생성물인 개재물량을 저감시키는 것이지만, 특히 개재물의 형태와 분포의 조정도 필요로 하게 되는 경우도 있다.

기본적으로는 FeO가 슬래그에서 용강으로 들어오는 속도보다 급속히 탈산 생성물이 제거되어야 한다. 탈산 방법으로는 다음과 같은 방법이 있다.

가) 석출 탈산(강제 탈산, 화학 탈산)

산소에 대한 친화력이 Fe보다 큰 원소는 탈산제가 될 수 있는데 이러한 탈산제를 용강 중에 투입하면 그 원소의 산화물이 형성되고 FeO는 환원된다.

이 탈산 생성물은 보통 강욕에 용해되지 않고 용강 중에 섞여서 용강과 불균일 혼합물을 형성한다. 그러나 이 두 가지는 비중의 차에 의하여 시간의 경과에 따라 2가지 층으로 분리되어 탈산이 이루어진다. 이 탈산 방법은 균일 용액에 화학 시약을 첨가하면 침전이 생기는 원리와 비슷하므로 석출 탈산이라고 부르는 것이다.

주요한 탈산 원소는 Mn, Si, Al 등이며 Mn, Si는 합금철 또는 Si−Mn의 합금으로 사용된다. 이오에 Fe−B−Al, Fe−C−Ti, Fe−Ti−Al, Ca−Si 등의 탈산 합금과 Al보다 더욱 강력한 탈산 원소인 Zr, Ce, Ca 등이 있다. 이러한 탈산제 가운데 어느 것을 사용하는가는 탈산 능력과 동시에 탈산에 의해 생성물의 상에 따라 결정된다. 액상의 탈산 생성물은 고상의 생성물보다는 쉽게 부상하는 경향이 있다.

석출 탈산을 효과적으로 하기 위한 조건으로는 다음과 같다.

① 탈산제가 강욕 중에 신속히 용해할 것

② 탈산 원소의 O에 대한 친화력이 강할 것

③ 탈산 생성물의 부상 속도가 클 것

탈산 생성물의 부상 속도에 영향을 주는 인자들을 고려하면 다음과 같다.

강욕이 교반하지 않고 정지되어 있으며, 탈산 생성물은 구상이라고 가정하여 Stokes 법칙을 적용할 수 있다.

$$v = \frac{2}{9} \cdot \frac{1}{n} r^2 g(d^2 - d)$$

- v : 탈산 생성물의 부상속도(cm/sec)
- g : 중력가속도(980cm/sec^2)
- $d^2 - d$: 용강과 탈산 생성물의 밀도차(g/cm^2)
- n : 용강의 점도
- r : 탈산 생성물의 반지름(cm)

$$V = \frac{4}{3}\pi r^3 \qquad v = 84\,V^{\frac{2}{3}} \cdot \frac{d^2 - d}{n}$$

- V : 구의 체적

따라서 구상 입자의 상승 속도는 그 반지름의 제곱에, 또는 체적의 2/3제곱에 비례하는 것을 알 수 있다. 또한 액상이면 작은 입자들이 충돌에 의해 응집하면서 부상이 쉬워진다고 볼 수 있다. 그리고 용강의 밀도와 개재물의 밀도 차가 클수록, 용강의 점성이 작을수록 개재물의 부상 분리에 유리하다.

$d' = 7.8g/cm^2$, $d = 4.8g/cm^2$, $n = 0.01$, $v = 100cm/sec$일 때 용강속에서 부상하는 구상 개재물의 반지름을 구하시오.

$$\gamma = \sqrt{\frac{qvn}{2g(d' - d)}} = \sqrt{\frac{100 \times 0.01}{2 \times 980(7.8 - 4.8)}} = 0.41$$

① Mn에 의한 탈산

Mn에 의한 탈산 반응은 다음과 같다.

$$[Mn] + [FeO] = (MnO) + [Fe] \qquad K_{Mn} = \frac{[Mn] \cdot [FeO]}{(MnO)}$$

FeO와 MnO는 저온도에서 전율고용제를 만들고 화합물을 생성하지 않는다. 또 MnO의 용융 온도는 1,243℃이다. FeO를 품으면 그 이하에서도 용융 상태에 있다. Körber-Oelsen은 FeO-MnO 슬래그와 용강 간의 평형 상수 KMn에 대하여 다음과 같은 식이 성립한다.

$$\log K_{Mn} = -6,332/T + 3.026$$

FeO와 MnO는 화합물을 만들지 않으므로 이러한 산화물은 모두 유리상태에 있고, 전 화합물의 농도와 유리 산화물의 농도가 같다고 볼 수 있다. 즉

$$K_{Mn} = \frac{[Mn] \cdot [\Sigma FeO]}{(\Sigma MnO)} = \frac{[Mn] \cdot [\Sigma FeO]}{100 - (\Sigma FeO)}$$

또한 탈산 생성물의 (FeO)와 용강 중의 [FeO]와의 사이에는

$$\text{분배율 } L_{FeO} = \frac{[FeO]}{(FeO)}$$

의 관계가 있으므로 이것을 KMn의 식에 대입하면 다음과 같다.

$$K_{Mn} = \frac{[Mn] \cdot \dfrac{[FeO]}{L_{FeO}}}{100 - \dfrac{[FeO]}{L_{FeO}}} = \frac{[Mn][FeO]}{100L_{FeO} - [FeO]}$$

따라서

$$[FeO] = \frac{100 \cdot K_{Mn} \cdot L_{FeO}}{[Mn] + K_{Mn}}$$

표 2-9 ❙ 온도와 K_{Mn}, L_{FeO}의 관계

온도	1620℃	1627℃	1652℃
K_{Mn}	0.562	0.556	0.614
L_{FeO}	0.0149	0.0164	0.0178

위에 주어진 <표 2-9>에 의하여 각 온도에서 KMn, LFeO를 알 수 있고 이것을 위 식에 대입하면 용강 중에서 평형 상태에 있는 [Mn]과 [FeO]의 관계를 알 수 있다. 1,627℃ 및 1,602℃에서의 [Mn]과 [FeO]의 관계를 <그림 2-53>에 나타내었다.

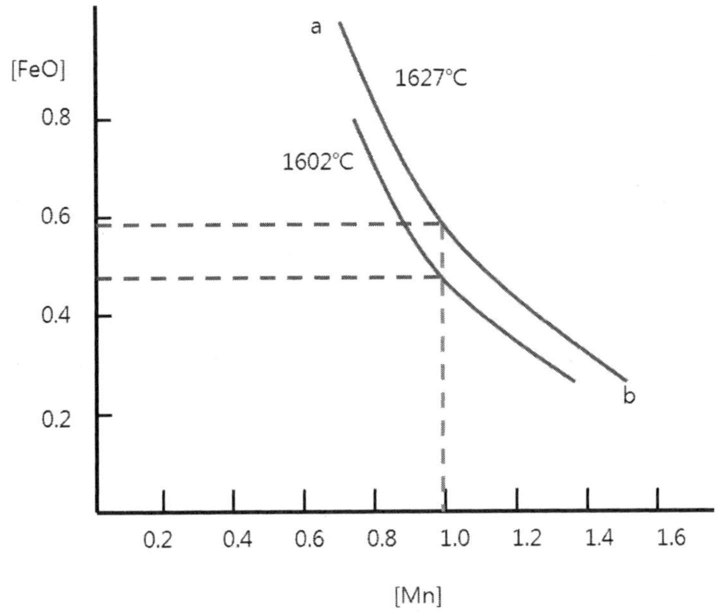

그림 2-53 ▌용선의 예비 처리

그림에서 보는 바와 같이 온도가 1,627℃이면 [Mn]=1%에서 [FeO]=0.59%가 되어 그때의 온도와 [Mn]의 조건에서는 [FeO]는 0.59% 이하로는 감소할 수 없다는 것을 알 수 있다.

온도가 강하하여 1,602℃가 되면 [Mn]=1%에서도 [FeO]는 0.51%까지 감소할 수 있다.

1,627℃에서는 [Mn] 및 [FeO]에 의하여 표시되는 점이 곡선 ab보다 상부에 위치할 때만 [FeO] + [Mn] → (MnO) + [Fe]의 탈산 반응이 진행된다.

[Mn]과 평형 상태에 있는 [FeO]가 고농도인 Mn에 의한 탈산력이 대단히 작다는 것을 나타낸다. 그리고 Mn에 의한 탈산에 미치는 온도 효과는 Si, Al 경우보다 작다. Mn이 용강 중에 용해하는 속도는 비교적 작으며 이것은 탈산의 정도에 상당히 큰 영향을 미친다.

Schleicher에 의하면 고체의 Fe-Mn의 일부는 강욕에 투입된 후 고체 상태로 노저까지 도달한다고 한다.

따라서 고체의 Fe-Mn을 레이들에 첨가할 때에는 Mn의 탈산이 충분히 진해하는 데에 상당한 시간을 요하며, 일반적으로 온도의 강하와 더불어 시간 부족이 생기기 쉽다. Mn을 함유한 강재의 불균일성이 Mn의 강중 농도 차이에 기인하는 일이 가끔 있는데 Fe-Mn을 예열하거나 용융하여 놓은 후 첨가하면 탈산 효과는 커진다.

② Si에 의한 탈산

Si에 의한 탈산 반응은 다음과 같다.

$$2[FeO]+[Si=(SiO_2)+2[Fe] \qquad K_{Si}=\frac{[FeO]^2[Si]}{(SiO^2)}$$

이때에 (SiO_2)가 (SiO_2) 포화 유산염 형태로 되어 있다면 (SiO_2)는 일정한 값을 가져서 다음 식과 같이 된다.

$$K_{Si}^{s'}=[FeO]^2[Si]$$

그런데

$$\log K_{Si}=\log(\Sigma FeO)^2\cdot[Si]=-\frac{19,057}{T}+11,101$$

또

$$K_{FeO}^{s'}=\frac{[FeO]}{(\Sigma FeO)}=3.8\times10^{-5}t℃-0.0512$$

의 관계가 있으므로

$$\log K_{Si}^{s'}=\log[FeO]^2\cdot[Si]=-\frac{32,360}{T}+14,153$$

이 되어 산성 조업시 용강의 탈산 한계로서 다음 표와 같은 결과를 얻을 수 있다.

표 2-10 | 용강의 탈산 한계 값

	1,550℃	1,600℃	1,650℃
$\log K_{Si}^{s'}$	2.7×10^{-4}	7.1×10^{-4}	21.0×10^{-4}
[Si]%	[FeO]%	[FeO]%	[FeO]%
0.01	0.164	0.266	0.458
0.03	0.095	0.154	0.265
0.06	0.067	0.109	0.182
0.10	0.052	0.084	0.150

여기에서 보면 Si의 탈탄 작용은 Mn에 비하여 대단히 강하다는 것을 알 수 있다. Mn만을 사용할 때에는 용강이 응고하기 시작해서 탈산이 일어나는 경향이 있으나 Si에 의하여 용강 상태에서 강력한 탈탄이 진행된다.

Fe-Si 첨가에 있어서는 용해시 발열량이 크고 용해 속도가 크므로 탈산 반응 속도 또한 커진다. 비등 상태에 있는 강에 소량의 Fe-Si를 첨가할 때 즉시 진정해지는 것은 이 때문이다.

③ Al에 의한 탈산

Al에 의한 용강의 탈산 반응은 다음과 같다.

$$2[Al]+3[FeO]-(Al_2O_3)+3[Fe]$$
$$K_{Al}=[FeO]^2\cdot[Al]^2$$

Schenck는 KAl에 대하여 1,627℃에서 6.9×10^{-13}라는 값을 가진다 하였고, Chipman은 1,600℃에서 7×10^{-13}라 하여 거의 일치하는 값을 가진다고 하였다. 1,600℃에서 [Al]%와 [FeO]%는 다음과 같이 대응하며, 이것은 앞에서 언급한 [Si]에 의한 탈탄에 비하여 Al이 대단히 강력한 탈산 효과를 가지고 있음을 보여주는 것이다.

표 2-11 | Al에 의한 탈산 효과

[Al]%	0.01	0.03	0.06	0.10
[FeO]%	0.002	0.001	0.0008	0.0004

다음 <그림 2-54>는 Chipman에 의한 Al의 탈산 평형을 나타낸 것이다. 물론 여기서 [Al]은 강중에 남은 Al을 말하며, 첨가량을 의미하는 것은 아니다. 그러나 Al이 100%의 능률로 탈산에 사용된다고 가정하면 0.15%FeO를 가진 강을 탈산하는데 필요한 Al은 다음과 같다.

$$\frac{0.15\times 2[\mathrm{Al}]}{3[\mathrm{FeO}]}=0.15\times\left(\frac{2\times 27.2}{3\times 71.9}\right)=0.038$$

FeO를 많이 함유하고 있는 용강에 Al을 첨가하면 FeO에 의하여 Al_2O_3-FeO 슬래그를 생성할 가능성이 있다. 탈산에 의하여 생긴 고체의 Al_2O_3는 극히 미세한 침상의 입자가 되므로 용강 위로 부상하기 어렵다.

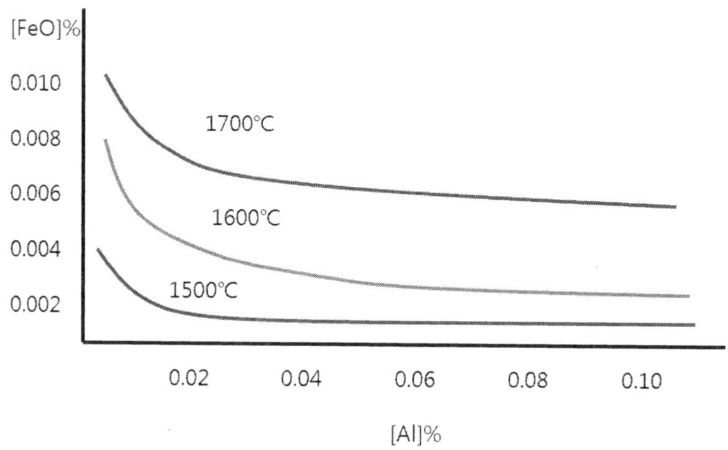

그림 2-54 ❙ [Al]%와 [FeO]%의 관계

따라서 Mn 및 Si에 의하여 미리 탈산하여 놓고 남은 약간의 FeO를 최후에 Al에 의하여 탈산하므로써 Al_2O_3를 가급적 소량으로 하여야 한다. 이러한 방법을 적용할 경우 Mn이나 Si에 의한 탈산 생성물이 부상하는 도중에 첨가된 Al로 말미암아 환원되어 Al_2O_3를 생성할 염려가 있다. 용강에 첨가하여 액상이 응집하기 쉬운 Al_2O_3의 산화생성물을 만들려면 Al과 다른 탈산 원소와의 합금을 생각할 수 있는데 실용으로 사용하고 있는 탈산용 합금으로는 Mn, Si, Al의 농도비가 6 : 3 : 1, 4 : 2 : 1, 3 : 2 : 1, 2 : 2 : 1 등의 것이 있다.

나) 확산 탈산

FeO를 품은 용강을 FeO를 거의 함유하지 않은 슬래그와 접촉시키면 슬래그는 용강에서 FeO를 탈취하여 강중의 산소를 감소시킨다. 이같이 용강-슬래그 간의 산소의 분배를 이용해서 슬래그에 의하여 탈산하는 방법을 확산 탈산이라 한다. 위의 예에 있어서 일정한 온도를 유지시켜주면 (FeO)는 점점 많아지고[FeO]는 점차 적어져 결국 양쪽의 농도 비가 일정하게 되면 평형 상태에 도달하게 된다. 즉

$$L_{FeO} = \frac{[FeO]}{(FeO)}$$

로 정의되는 분배율 LFeO는 특정한 슬래그 및 용강에 대해서 온도가 주어지면 일정한 값을 가지며, 온도가 변화함에 따라서 같이 변한다.

그리고 (FeO)는 슬래그 중에서 유리 상태에 있는 FeO의 농도를 표시한다. 확산 탈산이 일어나기 위해서는 다음 조건을 만족해야 한다.

$$[FeO] > L_{FeO} \cdot (FeO)$$

용강 중의 FeO는 슬래그로 이동하여 슬래그와의 계면 부근에 있는 [FeO]를 감소시킨다. 따라서 용강-슬래그 계면에서 먼 곳의 FeO는 계면으로 확산하여 용강 중의 FeO의 농도를 균일하게 맞추려고 이동한다. 이처럼 위 식에 의한 확산 탈산은 계속 진행하면 용강 중의 [FeO]는 적게되고 슬래그 중의 [FeO]는 증가한다.

이 반응이 계속 진행되면 마침내 용강 중의 [FeO]와 슬래그 중의 (FeO)의 농도는 같아지게 되어 다음 식과 같이 평형에 도달하게 되고 용강-슬래그 간의 FeO의 이동은 완료하게 된다.

$$[FeO] = L_{FeO} \cdot T(FeO)$$

그러나 C나 Si에 의해 슬래그 중 FeO가 분해되어 농도가 감소하면 평형은 다시 깨지고 확산 탈산이 진행한다.

O를 특히 저감하려면 슬래그 중에 FeO뿐만 아니라 MnO 또는 SiO_2와 같이 환원되기 쉬운 산화물을 포함하지 않도록 하는 것이 중요하다.

다) 탄소에 의한 탈산

탄소에 의한 탈산은 감압 또는 진공 탈가스 시에 C에 의한 탈산이 이루어지는 것이다. 이 탈산에서는 탈산 원소의 농도에 제한이 있는 경우, 예를 들면 Al을 사용하지 않는 경우나 Si를 저농도로 하는 경우에 유효하여 개재물을 적게 할 수 있는 특징도 가지고 있다.

6) 합금철 및 탈산제의 첨가 방법

합금철 및 탈산제의 첨가 순서는 산소와의 친화력이 강한 원소일수록 나중에 하는 것이 원칙이다.

흔히 탈산에 이용하는 원소를 산소와의 친화력이 강한 순서로 나열하면 다음과 같이 나타낼 수 있다.

Zr → Al → Ti → Si → V → Cr → Mn

합금철, 탈산제, 가탄제로서 주로 사용되는 것은 Fe−Mn, Fe−Si, Si−Mn, Ca−Si, Al, 분 코크스 등이 있다.

노내에서의 취련 작업이 끝나고 온도 및 성분이 적합하면 요구하는 성분 및 강의 품질에 맞추기 위하여 위에 첨가제를 첨가한다. 즉 부족 성분의 부여와 탈산 작용이 그 목적이라 할 수 있다.

탈산제를 노내에 투입하면 레이들에서만 탈산한 용강보다 청정도가 높다. 또한 탈산제에 의한 탈산은 개재물이 상승하는 거리가 짧고 또 그러한 개재물의 부상(Floating) 기회가 많아져 미립자가 성장하여 용강 중을 급속히 부상하게 되지만, 레이들에 의한 탈산은 탈산제에 의한 탈산 만큼 효과를 기대하기는 어렵다.

그러나 노내 첨가의 경우에는 탈산제의 일부가 슬래그와 반응하기 때문에 실수율이 나빠지게 된다. Al같은 강력한 탈산제는 슬래그를 환원하여 복인의 원인이 되기도 한다.

한편 출강시 레이들에 합금철, 탈산제를 첨가하는 방법으로 아주 일반적인 사용하고 있는 방법이다. 전로의 경우 출강하는 경우에도 실수율을 비교적 좋게할 수 있다. 합금철, 탈산제는 출강 중에 노상 호퍼에서 레이들 투입 슈트를 통해 레이들 내에 첨가시킨다. Al을 투입할 경우에는 슈트를 사용하지 않고 손으로 투입하는 경우도 있다.

Mn, Si의 실수율은 비교적 안정되어 있지만 Al의 경우는 크게 변동이 심하다. 이것은 Al과 용강과의 커다란 비중차에 의하여 Al을 강욕의 충분히 깊은 위치까지 도달하게 하는 것이 곤란하므로 일부의 Al은 강욕에서 반응을 하지 않고 부상하여 대기나 슬래그에 의해 산화 소모되기 때문이다. 따라서 용강 중의 탈산도나 Al 농도 범위를 좁혀서 조절하고, 강의 품질을 안정화시키기 위해 Al 첨가법의 개선이 이루어지고 있다.

탈산제 원소의 실수율을 올리고 레이들에서의 복인을 방지하고, 또한 슬래그에 기인하는 개재물의 생성을 억제하기 위해서 출강시에 슬래그의 유출을 방지하는 기술이 개발되었으며 <그림 2-55>와 같은 Slag Ball에 의한 전로 출강시의 Slag Cutting 법이다.

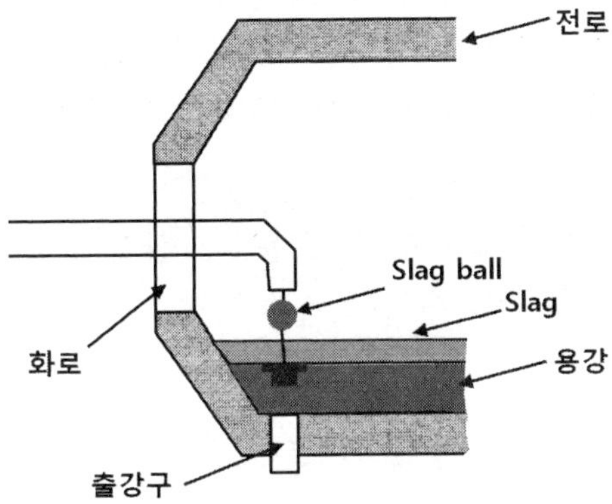

그림 2-55 ❙ Slag Ball에 의한 전로 출강시의 Slag Cutting 법

이방법은 내화물의 입구를 상부에 띄우면 그 비중에 의해 용강과 슬래그 사이에 위치하게 되므로 용강의 유출이 끝났을 때에 출강구가 자연히 막히게 되는 기구를 이용하는 것이다.

그리고 출강 후의 레이들에의 첨가법으로는 Al-Wire를 고속으로 첨가하는 Al-Wire 첨가법이 있다. 출강시의 용강 교반은 이용할 수 없기 때문에 용강에의 가스 취입에 의해 인위적으로 교반을 해 주어야 한다.

이 방법에 의해 탈산에 필요한 Al 전량을 첨가하는 것도 가능하지만 많을 경우에는 출강시에 Al을 조금 첨가해 놓고 강중 Al 분석 값에 의해 부족분을 이 방법에 의해 첨가하는 조업법이 일반적으로 사용하고 있다.

탈산법의 결정은 제조하는 강재의 재질적 요구, 실수율, 탈산제의 가격 등을 고려해야 하며, 탈산도의 차이에 의해 림드강(Rimmed Steel), 세미킬드강(Semi-Killed

Steel), 킬드강(Killed Steel)이 제조되고 있다. 림드강의 탈산 정도가 가장 낮고 출강시에 Mn과 소량의 Al을 레이들에 첨가하여 탈산하고, 주형내에서 발생하는 리밍 액션(Rimming Action)을 조정하기 위해서 미량의 Al을 투입할 수도 있다. 세미킬드강은 중간 정도의 탈산도이고, 출강시에 Mn과 Si 또는 Mn과 소량의 Al을 레이들에 첨가해서 탈산하고, 보조적으로 주형내에 미량의 Al을 투입하는 수도 있다. 킬드강은 Mn, Si 등을 대부분 Al으로 완전하게 탈산하는 것으로서 탈산제의 첨가 방법, 탈산에 의해 생성하는 산화물계 개재물의 저감을 위해 여러 가지 방법이 취해지고 있다.

[합금철 계산법]

최종 목표로 하는 조성의 용강을 얻기 위해서는 레이들에 투입해야 하는 합금철량을 정확하게 계산해야 한다. 각 성분의 종점 분석치가 판명되거나, 추정되는 시점에서 미리 설정하고 있거나, 조업 상황에 입각해 얻어진 각 합금마다의 실수율을 사용해서 계산한다.

$$\text{합금철투입량} = \frac{\text{출강량} \times (\text{목표성분} - \text{종점성분} - \text{타합금철에 의한 성분증가})}{(\text{합금철 품위} \times \text{합금철 실수율})}$$

출강량 = 전장입량 × 출강실수율

7) 출강구 관리

출강구 관리의 양호성 여부는 출강 중에 탈산 조정, 합금 원소 첨가를 실시하기 때문에 강의 품질 및 합금철 실수율 등에 커다란 영향을 끼친다. 일반적으로 출강구 관리에서는 출강 시간을 길게 유지하면 Slag Cutting이 잘되고, 레이들 내 슬래그 두께가 얇아지고, 참가제의 실수율이 향상되며, 복인량도 감소한다고 할 수 있다.

그러나 단지 출강 시간을 연장하기만 하면 출강구 관리가 충분하다고는 말할 수 없다. <그림 2-56>에 출강구 형상과 출강류의 퍼지는 정도를 나타내주고 있는데 (b), (c)는 레이들 내에서의 불충분한 교반 및 전로 슬래그의 혼입을 초래하기 때문에 출강구 형상, 길이의 관리도 중요한 사항이다.

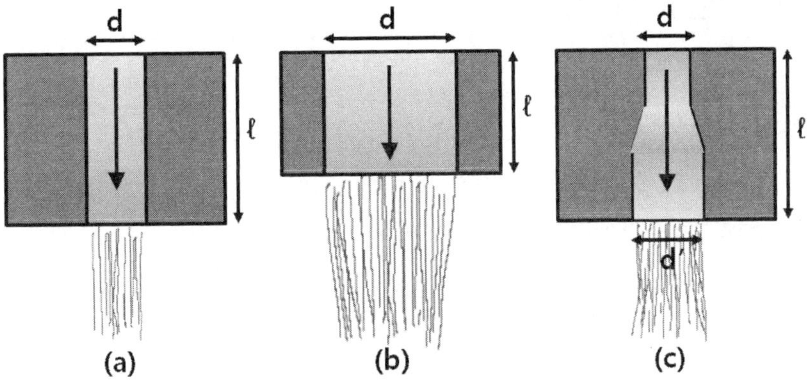

그림 2-56 ▎출강구 노즐 내부 형상과 출강류

또한 출강 시간이 길어지면 작업 능률이 저하하고, 노체 연와가 용손되며, 용강 온도가 떨어지므로 강종에 따라 적당한 출강 시간 관리가 필요하다. 이외에도 출강류가 흩어지면 질소의 혼입 가능성이 커지므로 주의해야 한다.

제6절 | 컴퓨터 제어

전로 공장의 컴퓨터는 당초 종점 제어 계산을 목적으로 도입되었는데 그 후 주변 기기의 진보와 자동화에 부응하는 취련 전반의 제어에 관여하였으며 전로 조업과는 필수 불가결의 밀접한 관계를 가지게 되었다.

컴퓨터 제어 시스템의 기능을 정리하면 다음 <표 2-12>와 같다.

표 2-12 | **컴퓨터 제어 시스템 기능**

<table>
<tr><th colspan="3">기 능</th><th>내 용</th></tr>
<tr><td colspan="3">생산 관리</td><td>중앙 컴퓨터의 지령에 따른 제조 강종, 량, 순서의 지시</td></tr>
<tr><td rowspan="13">프로 세스 제어</td><td rowspan="4">장입 제어</td><td>고철</td><td>적입량, Brand 배합의 지시, 평량치 읽음</td></tr>
<tr><td>용선</td><td>장입량 지시, 성분분석치 · 온도치 읽음, 재선관리</td></tr>
<tr><td>부원료량</td><td>종류별 장입량 지시 · 평량치 읽음, 재고관리</td></tr>
<tr><td>산소량</td><td>Static 모델에 따른 필요 산소량 지시</td></tr>
<tr><td rowspan="7">취련 제어</td><td>랜스높이</td><td rowspan="2">설정 패턴에 따른 제어(탕면 계산 포함)</td></tr>
<tr><td>산소유량</td></tr>
<tr><td>부원료투입</td><td>분할 투입 패턴에 따른 투입 제어</td></tr>
<tr><td>OG제어</td><td>LDG 회수 개시와 종료 제어</td></tr>
<tr><td>보조랜스</td><td>측정 타이밍 · 측정 위치 제어, 측정치 읽음</td></tr>
<tr><td>Dynamic 종점제어</td><td>샘플링 측정치 읽음, Dynamic 모델에 의한 냉각재량 · 산소량 제어</td></tr>
<tr><td rowspan="2"></td><td>출강 판정</td><td>종점 [%C], 온도에 따른 재취산소량 · 냉각재 투입량 지시</td></tr>
<tr><td>합금량</td><td>종점 분석치에 따른 최적 합금 명칭 · 투입량 제어</td></tr>
<tr><td colspan="3">Data Logging</td><td>조업표 · 각종 통계 · 기술 데이터의 수집과 인쇄</td></tr>
<tr><td colspan="3">후공정 Matching</td><td>탈가스와 주조 공정과 가동 상황의 상호 연락 취련 · 출강 지시</td></tr>
</table>

또한 <그림 2-57>에는 전로 조업 가정과 대비시켜 컴퓨터 제어 시스템 시퀀스를 나타낸 것이다.

컴퓨터 제어의 중심은 종점에 대해서는 용강 중의 탄소 농도, 온도 제어 이다. 종점 제어에는 Static Control과 Dynamic Control이 있다.

Static Control은 취련 개시 전에 반응에 관련하는 물질수지, 열수지에 근거하는 관계식으로부터 필요 냉각재량 및 필요 산소량을 계산하고, 그 계산치를 이용하여 취련 중의 수정 조작은 하지 않고 취지 시점을 결정하는 방법이다. 그러나 Static 모델 계산치의 신뢰성은 그다지 높지 않으므로 조업자는 이 값을 참고로 하면서 Flame 판정에 의해 취지하는 것이 보통이다. 한편 Dynamic Control은 취련 개시전의 추정 계산은 Static 모델에서 실시하고 다시 취련 중의 계측 정보에 의거하여 취련 수정을 행하고 취지 시점을 예측하는 방법이다.

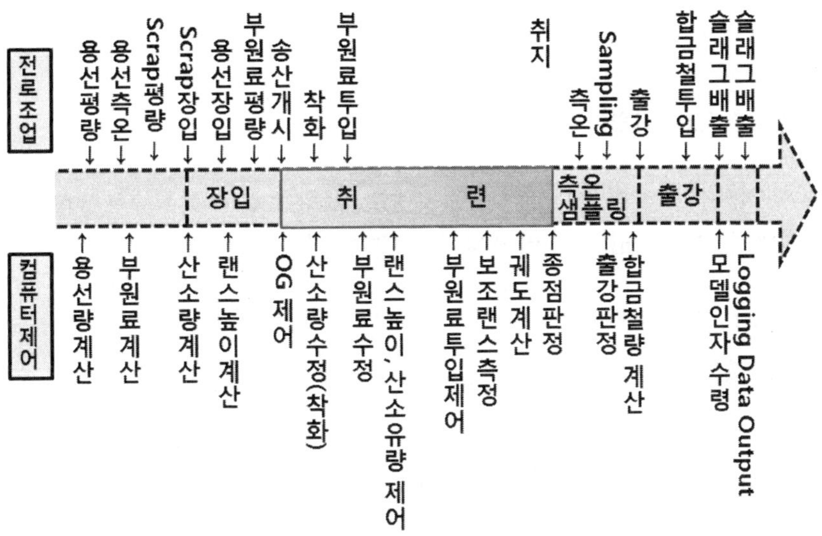

그림 2-57 **전로 조업과 컴퓨터 제어 시퀀스**

1 Static Control

Static 모델은 그 구성으로부터 분류하여 이론 모델, 통계 모델, 경험 모델로 나눌 수 있는데 일반적으로는 경험 모델이 이용되고 있다. 경험 모델은 열수지, 물질수지를 경험적으로 간단한 형에서 수식화하고, 수식중의 계수는 과거 Charge, 또는 근접한 과거 Charge 데이터의 통계적 처리에 의해 보정되는 모델인데 공장에 따라 보정항과 보정 방법이 다를 수 있다.

Static Control에 의한 종점 탄소 농도와 온도의 동시 적중률은 보통 50% 정도이다. Static Control의 적중률이 낮은 이유로는 다음과 같은 것을 들 수 있다.

① Charge마다 예측되지 않은 변동을 하는 요인이 있다. 특히 슬래그의 생성 형태 영향이 크다고 할 수 있다. 또한 슬로핑과 고철의 용해 형태 등의 영향도 있다고 볼 수 있다.

② 원료 조건, 취련 조건이 크게 변할 때 Static 모델의 연속적 적용이 곤란하다.

2 Dynamic Control

Static 모델에 의한 종점 적중률의 향상에는 한계가 있으므로 Dynamic Control이 개발되게 되었다. Dynamic Control에는 다음과 같은 방식이 있다.

1) 취련 조건 제어 방식

종점을 직접 제어하는 것은 아니고, 취련 전기에 걸쳐 제어 조건을 조작하는데 따라 슬래그 생성을 제어하고, 그의 결과로서 취련을 안정시켜 강욕 중의 탄소 농도 및 온도의 추이를 현실성 있게 하고자 하는 방식이다.

2) 궤도 수정 방식

취련 중 강욕의 탄소 농도 및 온도를 보조랜스 등 다른 기구를 동원하여 측정 또는 추정하고, 이들의 값이 예정의 궤도로부터 벗어난 때에는 수정 조작을 더하여 궤도 수정하고 종점에서의 동시 적중을 목표로 하는 방식이다.

어느 경우의 방식에 있어서도 강욕에 대한 정보를 검출하는 검출단이 중요하다. 최근에는 보조랜스가 실용화되고, 궤도 수정 방식에 의한 종점 동시 적중률이 크게 향상되었다.

3) 보조랜스에 의한 Dynamic Control

Static Control 모델에 의해 계산된 취지 예정의 1~수분 전에 보조랜스를 강하하여 강욕의 탄소 농도 및 온도를 측정한다. 이 측정치를 기점으로 하는 탄소 농도-온도 궤도의 추이를 Dynamic Control에 의해 예측한다. Dynamic 모델로는 외관상의 추이 곡선에 의한 적합한 식으로는 다음의 식이 이용되고 있다.

용강 중의 탄소 농도에 대해서는

$$-\frac{d[\%]}{dt} = \alpha + \beta \exp(-\gamma[\%C])$$

온도에 대해서는

$$\frac{d\theta}{dt} = \delta$$

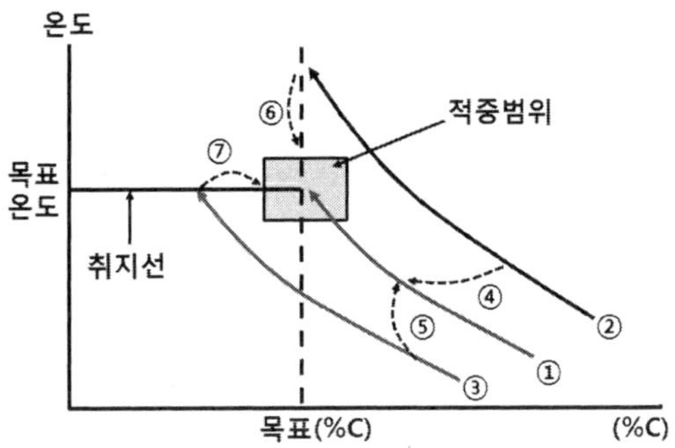

그림 2-58 ▌용강 온도-탄소 농도 궤도

α, β, γ, δ는 정수로서 취련 조건과 강종별로 근접한 과거 Charge의 데이터를 기초로 하여 통계적으로 결정된다.

<그림 2-58>은 용강 탄소 농도-온도 궤도를 나타낸 것이다. 궤도가 ①에 있으면 그대로 취련을 계속하여 동시 적중 영역에 다다를 때 취지하면 좋다.

궤도 ②, ③의 경우에는 동시 적중시키기 위해서는 ④, ⑤의 궤도로 수정을 하지 않으면 안된다. 궤도 수정 ④는 냉각제 투입에 의해 비교적 용이하게 실현될 수 있다.

궤도 수정 ⑤에서 랜스의 위치를 높임으로써 취입 산소를 C보다는 발열량이 큰 Fe와 반응시켜 승온률을 높이는 방법이 취해지든가, 그대로 취련하여 적정 온도대로 적중시켜 취지 후 출강시에 가탄제 또는 고탄합금철에 의해 수정 ⑦을 행하는 방법이 취해진다. 실제로는 종점에서의 탄소 농도 또는 온도가 목표치에 이르지 않을 때 실시하는 재취련은 생산 능률 및 품질에 악영향을 주므로 이를 피하기 위해 Static 모델에서는 온도가 높은 궤도 ②를 취하도록 하고 있고 수정 궤도 ④만을 행하는 것이 일반적이다.

탈탄 속도 및 탈탄 효율은 취련 말기가 되면 저하하는데 이 저하곡선과 용강 중의 탄소 농도와의 관계를 모델화하여 용강 중의 탄소 농도를 추정하는 방법이 사용하는 경우도 있다. 탈탄 속도 저하율을 배가스 데이터로부터 얻고 보조랜스의 정보와 합해서 정확한 취련 말기의 강욕 및 슬래그의 상태를 파악하여 종점을 제어할 수 있다.

제7절 | LD 전로의 열정산과 물질정산

1 열정산(Heat Balance)

열정산이란 어느 한 계(System)에 대한 입열량과 출열량의 동시 관계를 에너지 보존법칙에 따라 항목별 열량으로 산정한 것이다.

어느 제강로의 경우에나 열효율이 양호한 조업을 하는 것은 대단히 중요한 문제이어서 각 노의 열정산을 하는 것은 조업의 합리화나 정련설비의 개선 등을 위한 자료로서 반드시 필요한 것이다.

열정산을 하기 위해서는 많은 기초 데이커가 필요하며 시스템에 출입하는 전물질에 대한 온도, 비열, 조성, 양 등을 알고 시스템내에서 일어나는 반응에 따른 열량도 구할 필요가 있다.

LD 전로의 열정산을 하는 경우 대략 다음 <표 2-13>과 같은 항목을 필요하다.

표 2-13 | 열정산에 필요한 입열과 출열 항목

입열	출열
용선의 현열 C, Fe, Si, Mn, P, S 등의 연소열 CO의 잠열 복염 생성열 Fe_3C의 분해열 고철, 매용제의 현열 순산소의 현열	용강의 현열 슬래그의 현열 연진의 현열 밀스케일, 철광석의 분해 흡수열 폐가스의 현열 폐가스 중의 CO의 잠열 석회석의 분해 흡수열 냉각수에 의한 손실열 기타 발산열

C, Fe, Si, Mn, P, S 등의 연소 반응, Fe_3C의 분해 반응 및 $(CaO)_3 \cdot P_2O_5$, $(CaO)_2 \cdot P_2O_5$ 등의 복염 생성시의 반응은 <표 2-14>와 같으며, CD의 잠열 즉 전로 장입물 중의 C는 전로내에서 CO 또는 CO_2로 연소되므로 이때의 CO 발생이 CO 잠열이 된다.

표 2-14 ▌복염 생성 반응

반응식	반응열(Cal/Mol)	반응열(Kcal/kg_f)
1. $(CaO)_3 \cdot P_2O_5$의 생성		
$2Fe_3P = 6Fe + 2P$	+ 78,400	+1,265
$2P + 5O = P_2O_5$	−370,000	−5,973
$P_2O_5 + 3CaO = (CaO)_3 \cdot P_2O_5$	−164,000	−2,648
$2Fe_3P + 5O + 3CaO = 6FeO + (CaO)_3 \cdot P_2O_5$	−455,600	−7,356(P)
2. $(CaO)_2 \cdot SiO_2$의 생성		
$Fe_3Si = 3Fe + Si$	+ 12,600	+ 488
$Si + O_2 = SiO_2$	−210,000	−7,483
$SiO_2 + 2CaO = (CaO)_2 \cdot SiO_2$	− 30,200	−1,075
$Fe_3Si + 2O + 2CaO = 3Fe + (CaO)_2 \cdot SiO_2$	−227,800	−8,109(Si)
3. MnO의 생성		
$Mn + O = MnO$	− 96,500	−1,756(Mn)
4. FeO의 생성		
$Fe + O = FeO$	− 64,250	−1,150(Fe)
5. Fe_2O_3의 생성		
$2Fe + 3O = Fe_2O_3$	−195,200	−1,748(Fe)
6. (CO) 및 CO_2의 생성		
$Fe_3C = 3Fe + C$	− 5,400	− 450
$C + O = CO$	− 26,230	−2,186
$C + 2O = CO_2$	− 94,030	−7,836
$Fe_3C + O = 3Fe + 86\%CO + 14\%CO_2$	− 41,112	−3,426(C)

철광석과 석회석의 분해 흡수열은 <표 2-15> 및 <표 2-16>과 같다.

표 2-15 ▌철광석의 분해 흡수열

항 목	Cal/Mol	Fe_2O_3 Kcal/kg_f
Fe_2O_3의 25℃로부터 1,378℃까지의 열용량	46,305	290
Fe_2O_3 +Fe → 3FeO 반응의 반응열	−1,314	−8
3FeO의 용융열	22,200	139
액체 FeO의 1,378℃로부터 1,600℃까지 열용량	10,857	68
3FeO +3[C]Fe =3Fe +3CO의 반응열	68,901	431
합 계	146,949	920

표 2-16 | 철광석과 석회석의 분해 흡수열

항 목	Cal / Mol	$CaCO_3$ Kcal / kg_f
$CaCO_3$의 25℃로부터 900℃까지의 열용량	23,723	237
$CaCO_3 = CaO + CO_3$ 반응의 반응열	39,565	396
CaO의 900℃로부터 1,600℃까지의 열용량	12,679	127
CO_2의 900℃로부터 1,600℃까지의 열용량	9,623	96
$CO_2 + [C]Fe = 2CO$ 반응의 반응열	30,000	300
합 계	115,590	1,156

위의 표와 같은 열정산의 경우 LD 전로는 다른 제강로와 달리 입열의 대부분이 장입물(주로 용선)의 현열, 잠열로 되어 있다.

이것은 용선의 현열, 잠열이 대단히 크기 때문이며 고철을 냉각제로 사용하는 것도 이 때문이다. 또한 고철에 의한 냉각이 부족한 경우에는 고철이외에 밀스케일, 철광석, 석회석 등이 냉각제로 사용된다. 용선이외의 특별한 열원을 공급하지 않을 경우 고철 배합율의 한계는 노의 크기, 용선 온도, 용철 성분 및 제품 강종에 따라 다르나 일반적으로 25~30%정도이다. 이 이상 고철 배합율을 증가시키려면 다른 방법으로 입열을 증가시켜 주어야 한다.

이러한 입열을 증가시켜 주는 방법에는 첫째, 출열의 약½을 차지하는 폐기가스 현열, 잠열 등을 이용하는 방법, 둘째, 코크스, Fe-Si 등의 발열제를 장입하는 방법, 셋째로 고철의 예열에 의하여 고철의 현열을 증가시키는 방법, 넷째로, 랜스 노즐로부터 순산소와 동시에 연료를 분사 및 취련하는 방법 등이 있다. 반면에 고철 배합율을 감소시키려면 여분의 열발생을 흡수하기 위하여 밀스케일, 철광석, 석회석 등의 냉각제를 첨가해주지 않으면 안된다. 그러한 냉각제의 사용에 의하면 100% 용선 조업도 가능한 것이다.

LD 전로의 열효율은 평로의 30~40%에 비하여 매우 높으며, 열정산의 예의 경우 54.85%가 된다.

$$\text{열효율} = \frac{46.69 + 8.14}{100} \times 100 = 54.85\%$$

이 차이의 원인은 첫째, 방산열의 차이로서 LD 전로의 방산열은 약 3% 정도임에 대하여 평로의 방산열은 20% 정도에 달하기 때문인데 이것은 평로 노벽의 면적이 전로보다 크고 제강 시간도 LD 전로보다 5~6배가 소요되는 데에 기인한다. 둘째 원인은 손실되는 열의 차이이다. LD 전로의 폐가스 열손실이 약 35%인데 비하여 평로는 약 45%나 된다.

그러나 LD 전로의 폐가스 손실은 80% 이상이 CO의 잠열인데 비하여 평로의 가스는 CO와 같은 가열 가스는 거의 포함되어 있지 않는 폐가스 현열이 그 열손실의 대부분을 차지하고 있다. 따라서 LD 전로의 폐가스 현열, 잠열은 위와 같이 출열의 ⅓정도를 차지하고 있다.

그것은 용선 중의 C(보통 4.0~4.5%)의 10% 정도가 노내에서 CO_2로 연소되고 그 나머지 90% 정도가 CO 가스로서 노내로부터 배출되기 때문이다. 따라서 폐가스 중 CO의 잠열은 대단히 크기 때문에 폐열 보일러로 그 보유열을 회수하거나 미연소 가스를 회수하여 연료로서 사용하는 방법 등이 많이 이용된다.

2 물질정산(Material Balance)

물질정산이란 하나의 정련 공정의 전장입물, 전산출물의 정확한 화학량론적 자료로부터 주요 원소(또는 화합물)의 수지 균형을 계산해 내는 것을 말한다. 이것은 그 정련 공정의 평가 및 개선을 하는데 중요하다.

물질정산은 들어가고 나가는 전물질의 원소 혹은 화합물에 관해서도 실시가 가능하지만 일반적으로 정련공정에서 아주 중요하다고 생각되는 한 두가지의 원소 또는 화합물에 대해 실시하는 것이 보통이다. LD 전로의 경우 Fe정산과 O_2정산이 중요하다.

1) 철정산

LD 전로의 입물질로서는 주원료, 부원료, 기타 여러 종류가 있지만 그중에서도 Fe 정산에 고려되는 물질로는 주원료인 용선과 냉선, 고철, 매용제 및 냉각제로서의 밀스케일, 철광석, 성분조정용으로 사용되는 합금철 등을 들 수 있다.

출물질은 Fe를 함유하는 일반적인 모든 것이다.

다음 <표 2-17>은 저탄소 림드강에서의 철정산의 예를 나타낸 것이다.

표 2-17 ▌ 저탄소 림드강에서의 철정산

물질명	중량 (kgf/CH)	Fe(%)	Fe (kg/CH)	(%)	물질명	중량 (kg/CH)	Fe(%)	Fe (kg/CH)	(%)
용선	74,300	93.90	69,770	82.59	출강	80,930	99.55	80,620	95.44
고철	13,080	99.40	13,000	15.40	노구부착제	770	63.50	490	0.58
밀스케일	600	67.25	400	0.47	노화분출재	840	46.50	390	0.46
철광석	2,000	63.20	1,260	1.49	전로재	8,500	23.70	2,010	2.38
합금철	300	10.00	40	0.05	조괴재	1,580	19.40	310	0.37
					철분진	1,020	64.20	650	0.77
계	90,280	333.75	84,470	100	계	93,640	316.85	84,470	100

출물질 가운데 노구 부착의 슬래그 및 노하 분출 슬래그는 고압 순산소를 강욕에 불어넣을 때 노내의 용강과 슬래그가 물리적, 화학적인 힘에 의하여 노외로 배출되는 것이며 이것들이 노구 주위나 노하에 쌓인 것들이다.

이것은 LD 슬래그, 조괴재의 슬래그 둘다 본질적인 차이는 없지만 조괴재의 슬래그의 경우는 용강과 동시에 레이들에서 빠져나온 것으로 용강 속으로 전로내에 남아 있는 LD 슬래그 보다는 Fe 함유량이 낮다. 이 값은 철정산에 의해 산출된 철분의 실수율인 95.44%보다 낮다.

Fe 분진은 강욕에 불어 넣은 고압의 순산소와 Fe가 반응하여 생기는 열에 의하여 Fe가 증발, 산화한 것이다. 이러한 노구에 부착된 슬래그, 노하의 분출재, 전로 및 조괴재, Fe 분진 등에 의한 Fe 손실이 생기지만 그 비율은 앞에서의 열정산 예에서 본봐와 같이 약 4.5%나 된다. 그 중 가장 큰 비율을 차지하는 것은 LD 슬래그 및 조괴재 슬래그는 보통 폐기되기 때문에 이러한 슬래그 중의 Fe 함유량을 가능한 한 낮추는 것이 중요한 의미를 가지고 있다.

그러나 LD 슬래그 중에 Fe는 통상 FeO 혹은 Fe_2O_3의 산화물로 존재하고 있지만 이러한 산화철은 탈탄 및 탈인 반응 등 중요한 역할을 하기 때문에 LD 슬래그 중의 Fe 함유량 및 슬래그 양을 무조건 적게 하는 것도 취련 반응상 유리한 것이 아니다. 그러나 이러한 슬래그 중의 Fe 함유량은 분출재가 전로재나 조괴재보다도 다소 높다. 따라서 LD 전로의 분출이 적을수록 Fe의 손실이 적어진다.

랜스의 형태에 있어서도 단공 노즐보다는 다공 노즐의 경우가 분출 정도에 있어서 훨씬 유리하다.

일반적으로 LD 전로의 출강 실수율은 전출강량을 주원료인 용선과 고철의 합으로 나눈 것이다.

$$\text{출강 실수율} = \frac{\text{출강량}}{(\text{용선} + \text{고철})} \times 100$$
$$= \frac{80,930}{(74,300 + 13,080)} \times 100 = 92.62\%$$

이 값은 철정산에 의해 산출된 철분의 실수율 95.44%보다 낮다.

2) 산소 정산

LD 전로의 산소 정산에 있어 입물질로서는 랜스로부터 분출되는 순산소, 철광석 및 밀스케일 중의 산소 등이 있다. 또한 석회석이 노내에서 분해 반응을 일으킬 때 CO_2가 생성되는데 이것은 용선 중의 C와 산소와의 반응에 의하여 발생되는 CO_2와 구별할 수 없기 때문에 입물질로서 고려할 필요가 없다.

출물질로서는 C, Si, Mn, P, S, Ti 등의 불순물 원소의 산화 생성물 및 강재, Fe 분진 중의 FeO나 Fe_2O_3 등이 있다. 이외에도 폐가스 중에 산소 상태로 날아가는 것이 있다. 다음표에서 보는 바와 같이 공급 산소의 70% 가까이 C의 산화에 소비되고 나머지 30%가 Si, Mn, P, S, Ti 등의 산화에 소비된다. 또 LD 전로의 경우 폐가스 중의 손실 산소는 매우 적어 공급되는 산소의 거의 대부분이 반응에 기여하는 즉 산화효율이 대단히 높은 것이 특징이다.

LD 전로에서의 산소 정산의 예를 다음 <표 2-18>에 나타내었다.

표 2-18 ▌LD 전로에서의 산소 정산(예)

입물질				출물질			
물질명	O_2 (kg_f/CH)	O_2 (Nm^3/CH)	(%)	물질명	O_2 (kg_f/CH)	O_2 (Nm^3/CH)	(%)
랜스의 순산소	5,882	4,120	85.99	C(88%) → CO	3,730	2,610	54.48
철광석의 산소	550	385	8.04	C(12%) → CO_2	1,018	713	14.88
밀스케일의 산소	116	81	1.69	Si → SiO_2	526	368	7.68
석회석의 산소	293	205	4.28	Mn → MnO	205	143	2.98
				P → P_2O_5	141	99	2.06
				S, Ti → SO_2, TiO_2	146	102	2.13
				Slag 중 FeO, Fe_2O_3	713	499	10.42
				철진 중 FeO, Fe_2O_3	286	204	4.26
				기타	76	53	1.11
계	6,841	4,791	100	계	6,841	4,791	100

제8절 | 전로 기술의 발전

1 개요

LD 전로법은 대용량의 순산소 제조 기술에 힘입어 고도의 생산성 및 품질을 추진력으로 발전하여 왔고, 그러한 가운데 많은 기술 발전이 이루어져왔다.

토마스(Thomas) 전로에서 발전한 저취 전로(Q－Bop)가 개발되고, 그것의 야금학적 특성이 밝혀짐에 따라서 상취 전로의 결점이 명확하게 나타나게 되었다. 이러한 상취 전로의 결점을 저취 전로와 비교하여 보면 다음과 같다.

① 강욕의 교반을 상취 산소 제트의 에너지만으로 일으키기 때문에 저탄소 영역에서 탈탄 반응이 저하함과 동시에 교반이 부족하여 그 결과 철의 산화 손실이 증대하고, 유효 성분인 Mn의 산화 손실도 증대한다.
② 슬래그의 온도가 강욕의 온도보다 높아서 탈인 반응이 억제된다.
③ 강욕내의 성분, 온도가 불균일하게 된다.

한편 저취 전로는 위의 결점을 해결하고 있지만 다음과 같은 문제가 있다.

① 강욕내의 교반이 강하고, 그 결과 조재성이 나빠져 탈인에 문제가 있다. 따라서 저취구를 통해 석회를 취입할 필요가 있다.
② 설비개조가 대폭으로 필요하다.

따라서 이상과 같은 배경으로 상취 전로의 저탄소 영역에서의 교반 부족을 해소하기 위하여 상취 전로에 저취 가스를 불어 넣는 상하취 전로법(복합취련법)이 검토되게 되었다. 이 방법은 상취 랜스의 취입하는 산소는 조재 조정, 탈탄 및 교반의 일부분에 기여하게 하고, 교반의 대부분을 처취 가스로 실시하는 프로세스이다.

2 상하취 전로의 설비와 그 특징

약교반 상하취 전로의 설비는 상취 전로를 약간 개조한 것인데 그 저취구의 구조, 저취가스 종류, 가스량에 의해 특징이 달라진다. 저취구는 사용하는 저취 가스의 종류에 의해 크게 2가지로 나눌 수 있다.

하나는 산소 가스를 사용하는 취구이고, 다른 하나는 불활성 가스(CO_2 포함)를 사용하는 취구이다. 산소 가스를 사용하는 경우 2중관 구조를 가지는데 내관으로 부터는 주로 산소 가스를 취입하고, 외관보다 취구의 용선을 막기 위하여 냉각용 가스로서 탄화수소가스(LD－OB법), CO_2(STB법)를 취입할 필요가 있다. 한편 불활성 가스를 저취할 경우에는 냉각용 가스를 사용할 필요가 없고, 단관(LD－KG) 또는 세관을 수가닥으로 묶어 주위를 내화물로 둘러싼 취구(NK－CB) 등이 있다.

이 취구는 취구의 막힘을 방지하기 위한 최저 유량과 야금특성 개선에 어느 정도의 가스량을 필요로 하는가에 의해 결정된다. <그림 2－59> (C)의 경우 파이프의 단면적이 작기 때문에 표면 장력의 효과로 <그림 2－60>에 나타낸 바와 같이 매우 넓은 범위의 유량 조절이 가능하게 된다.

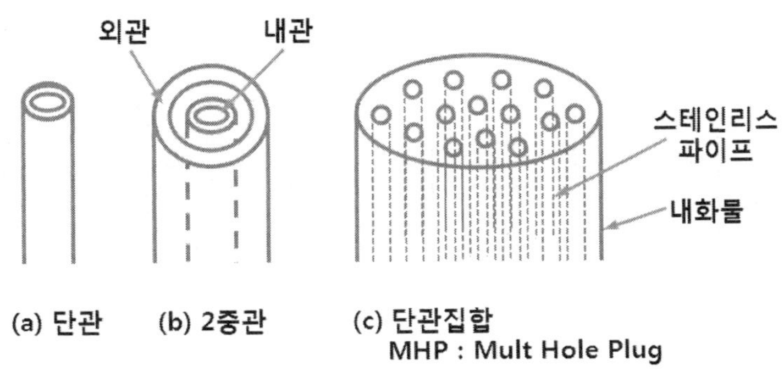

그림 2－59 ▌ 저취 노즐의 개략도

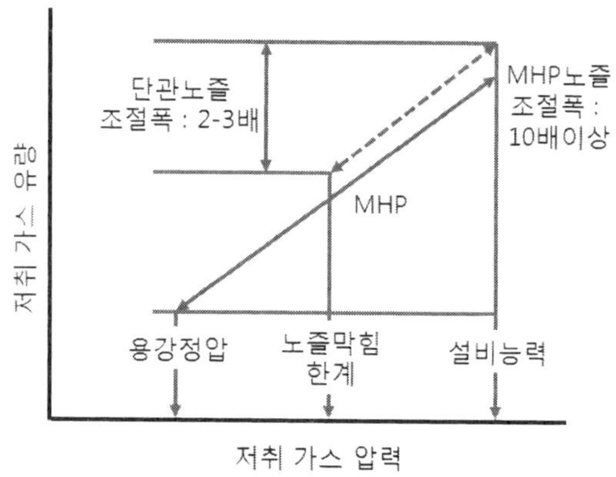

그림 2-60 ▎세관집합 노즐의 유량 특성

용강의 교반은 같은 수준의 가스 유량에서 저취 노즐의 수가 증가함에 따라 개선되지만 NK－CB의 예를 든다면 노즐 마모와 노저 보전을 고려하여 4개의 노즐이 표준으로 설정되었다. 그 노즐들은 <그림 2－61>에 나타낸 수모델로부터 얻은 결과를 기초로 하여 노저 중심에서 직경의 4정도 되는 곳에 취지한다. 즉 노즐을 비대칭적으로 분산시킴으로써 교반을 더 좋게 할 수 있다.

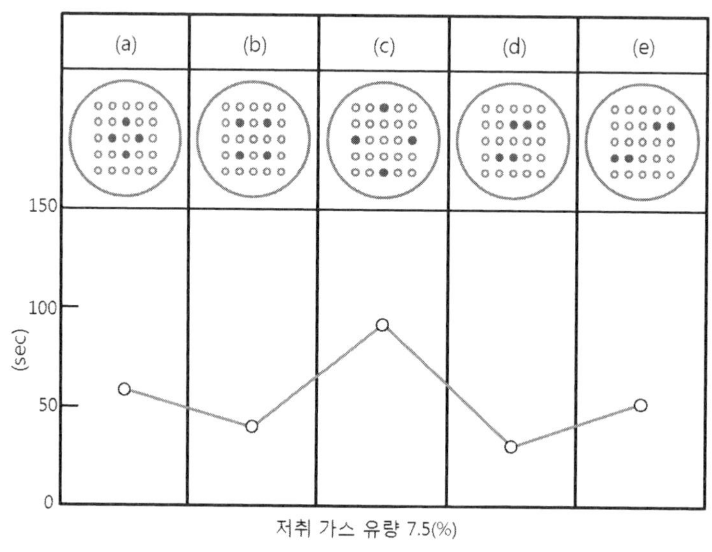

그림 2-61 ▎노즐의 모양과 유량

3 약교반 상하취 전로에서의 야금 특성

약교반 상하취 전로의 야금 특성의 향상은 저취 가스에 의해 교반력이 향상되고, 저탄소역까지 탈탄반응이 활발하게 계속하는 것과 Slag−Metal 간의 반응 및 온도 분포가 평형 상태에 근접하는 것에 기인한다.

1) 강중 산소(T−Fe)

용강의 과산화는 상취 전로의 결점인 불충분한 교반에 의해 일어난다. 저취 가스는 강욕을 교반하여 그중의 [C]의 이동을 활발하게 한다. 그 결과 탈탄효율이 커져서 강욕에의 산소 용해가 탈탄경과에 미치지 못하게 되는 것이다.

2) Mn 손실의 감소

슬래그의 과산화가 감소하는 것과 같이 강중 [Mn]의 산화 손실도 감소한다. 강중 [Mn]은 상취 전로에 비교해 볼 때 약 0.05∼0.07% 정도 증가한다. 이것을 이용하여 취련 중 노내에 Mn 광석을 투입하여 강중 [Mn]을 높이는 조업이 적극적으로 실시되고 있고, Fe−Mn 등의 합금철의 삭감에 효과가 있다.

3) 탈인 반응

상하취 전로에서는 전술한 바와 같이 슬래그의 산화가 억제된다는 점에서 탈인에 불리하다고 생각할 수 있지만 교반력의 향상과 슬래그의 용강에 대한 과열이 억제되기 때문에 충분히 탈인이 가능하다.

상하취 전로의 문제점으로서 고탄소 영역에서의 탈인을 들 수 있는데 이 경우 슬래그 중의 T−Fe를 충분히 확보할 수 없고, 또한 강중 산소도 낮기 때문이다. 이를 해결하기 위한 대표적인 방법으로서 NK−CB에서와 같이 취입하는 가스량을 극력 저하시켜 상취 전로에 접근시킴으로써 T−Fe를 확보하여 탈인을 실시하는 것을 들 수 있겠다. 이는 설비적으로 취구 구조와 깊은 관련이 있다.

4) 탈질 및 탈수소 반응

탈인 반응은 취련 중 탈탄 반응에 의해 발생하는 CO 가스 기포내에 강욕 중의 질소가 흡수되어 진행하는 것이라고 생각할 수 있다.

상하취 전로에서는 강욕의 교반이 향상하여 취련 말기에 탈탄이 진행하기 때문에 저질소 용강을 얻을 수 있다.

그러나 저취 가스로 질소를 사용하는 경우 탈탄 반응이 격렬한 기간은 비교적 [N]의 상승은 작지만 저탄소역에서는 [N]의 상승을 알 수 있다. 이 때문에 질소의 사용은 용제하고자 하는 강종에 의해 한정된다.

탈수소 반응도 탈질소 반응과 같은 기구에 의해 일어난다.

Chapter 03

전기로 제강법

제1절 | 전기 및 화학의 기본 지식

1 오옴과 주울의 법칙

1) 오옴의 법칙(Ohm's Law)

전구에 전원을 연결하면 불이 켜지게 된다. 이때 우리는 흔히 +극에서 −극으로 전기가 흐른다고 말한다. 즉 전자가 이동하는 것을 전류(기호 : I, 단위 : A)라 하고, 이때 전기적인 높이의 차이를 전압(기호 : E, 단위 : V)이라하며, 전류를 흐르게 하는 근원을 전원이라 한다. 또한 전류를 잘 흐르게 하는 물질을 도체라하고, 거의 전류가 흐르지 않는 물질을 부도체(절연체)라 하며 이의 중간에 속하는 것을 반도체라 하여 규소(Si), 게르마늄(Ge) 등이 있다. 도체에 전류의 흐름을 방해하는 것을 저항이라 하며, 저항이 없으면 우리 주위에서 흔히 볼 수 있는 전기 장판, 전기 곤로 등의 전기 제품을 사용할 수 없다. 저항의 단위는 Ω, 기호는 R을 사용한다.

1오옴(Ω)이라 하면 단면적 1mm^{2}인 길이 106.3cm 수은주가 0℃에 있어서의 저항이다. 저항 R인 도체에 I의 전류를 흐르게 할 때 V볼트와의 관계를 다음과 같은 식으로 표시할 수 있다. 이것을 오옴의 법칙이라고 한다.

$$R = Rt + Rb + Rc + Rx + Rh + Re + Ra + Rm$$

여기서 R=총저항, Rt=반압기 내의 저항, Rb=부스바의 저항, Re=케이블의 저항, Rx=케이블과 홀더(Holder)간의 저항, Rh=전극 홀더의 저항, Re=전극의 저항, Ra=아크의 저항, Rm=용강의 저항이다.

우리가 통상 2차 전압이라고 하는 것은 위 식에 R에서 Rt를 뺀 저항에 대한 전압인 것이다.

실제로 유효하게 이용된 것은 아크의 저항뿐이므로, 기타의 저항은 가급적 적은 것이 좋다. 도체의 저항은 길이에 비례하고 단면적에 반비례하므로 저항을 적게 하려면 도체를 굵게 하면 좋다.

예를 들면, 전극의 천정에서 외부가 빨갛게 된 것은 주로 저항에 의한 열이므로 전극을 더욱 굵게 하면 좋다.

홀더가 타는 것은 주로 홀더와 전극과의 접촉 면적이 작거나, 또는 면이 거칠기 때문이다. 케이블이 탄 것은 주로 케이블의 가닥수를 많이 하면 좋다.

전기 저항은 길이에 정비례하고 단면적에 반비례하므로 길이 1m, 단면적 Amm^2, 저항 R 오옴인 도체가 있다고 가정하면, 다음과 같은 관계가 성립된다.

$$R=\rho\frac{1}{A},\ \ Rt=Ro(1+\alpha t)$$

ρ는 비저항이라고 하는데, 도체의 종류와 온도에 따라 달라진다. Rt는 온도 t도 때의 저항, Ro는 온도 0℃일 때의 저항, α는 온도 계수이다.

<표 3-1>은 각종 도체의 비저항과 온도 계수를 표시한 것이다.

표 3-1 ▌각종 도체의 비저항과 온도 계수

도체	ρ(15℃에서)	α(15℃에서)
알루미늄	0.03~0.05	+0.0039
철	0.10~0.12	+0.0045
구리(순동)	0.018~0.019	+0.0037
황동	0.07~0.08	+0.0015
강	0.10~0.25	+0.0052
용강	1.65	–
탄소	100~1000	−0.0003~0.0008

α값에 +부호가 붙어 있는 것은 온도가 상승함에 따라 저항이 커지며, 탄소는 -이므로 온도가 상승함에 따라 저항이 적어진다. 즉 전극은 냉각되어 있을 때보다 열이 적을수록 전기가 잘 통한다는 것이다. 전극은 대부분 인조 흑연 전극으로 보아도 무방하다. 인조 흑연 전극의 전기 저항은 온도가 상승한 만큼 감소하나, 540℃가 되면 감소가 중지되고 그 이상이 되면 오히려 반대로 증가한다. 즉 온도계수가 +로 되고, 약 1,370℃가 되면 상온 때와 같은 비저항이 된다.

2) 주울의 법칙(Joule's Law)

전류가 저항을 통해서 흐르면 열이 발생한다. 열 W는 전압 V에 전류 I를 곱한 것이다. 이것을 주울의 법칙이라고 한다.

$$W = VI$$

이 식에 오옴의 법칙 V = IR을 대입하면 $W = I^2R$가 된다.

즉 전기가 흘러서 발생한 열은 전류의 제곱과 저항을 곱한 것이다. 예를 들면 케이블의 단자가 타서 위험한 상태가 되었으나 출강 전이므로 전기를 끊을 수 없을 때, 어떻게 하면 좋을 것인가를 생각해 보면 W = VI이므로, 전압을 낮추면 좋을 것으로 생각할지 모른다. 그러나 우리가 보통 생각하고 있는 2차 전압이라는 것은 하나의 부스바아로부터 전극 등을 통해서 다음 부스바아에 이르는 전극이며, 여기서 문제가 된 것은 국부적인 전압은 아니므로, 2차 전압을 낮추어도 효과가 적은 것이다. 현장에서 2차 전압을 낮추면 좋다고 생각하는 경우도 있으나 이것은 큰 잘못이다. 이때 전류 I는 어디에서나 같기 때문에 I를 낮추어야 한다. $W = I^2R$이므로 I의 제곱이 작용하고 있다. 예를 들면 2,000암페어의 전류를 흐르게 하고 있는 것을 1,000암페어로 낮추면 열의 발생은 $\frac{1}{4}$로 감소된다. 전기로에서는 전극과 지금과의 사이에 아주 작은 입자의 탄소가 생겨, 그것을 통해 전류가 흘러 아크가 되며, 이 입자들은 저항이 크므로 거기에 큰 열이 발생하는 것이다.

2 전력과 전극

1) 전력

전류가 일을 하는 정도를 전력이라고 한다. 직류에서는 1암페어(Ampere)의 전류가 1볼트(Volt)의 전압으로 1초간 흐르면 1와트(Watt)의 일을 한다. 1,000와트를 1킬로와트(KW)라고 한다. 전류를 I로, 전압을 V로, 전력을 P로 표시하면, 직류에서는 P = IV가 되고, 교류에서는 P = IVcosφ로 표시된다. 여기서 cosφ를 역률이라고 한다. 역률은 사용하는 설비에 따라서 변하지만, 전기로에서는 대체로 0.80∼0.90이 보통이다. 극히 나쁠 때는 0.75 정도가 될 때도 있고, 좋을 때는 0.95가 될 때도 있다.

예를 들어 설명하면 10t의 전기로에서, 225V, 12,000A의 전류를 흐르게 하면, 3상 교류이므로 전력은

$$225 \times 12{,}000 \times \sqrt{3} = 4{,}671{,}000\text{VA} = 4{,}671\text{kW}$$

4,671kVA가 되며, 역률은 0.85라고 하면, 4,671 × 0.85 − 3,970kW의 전력이 공급되는 것이다. 변압기의 용량을 표시하는데는 보통 kVA를 사용한다.

전기로 기타 각종 전기 설비는 각각의 그 구조, 부하 상태에 따라 역률이 변하므로, 이것을 사용한 변압기의 용량을 kW로 표시하는 것은 불가능하다.

전력량은 kW에 시간(h)를 곱한 것이므로 kWh로 표시된다. 예를 들어 3,970kW로 80분에 걸쳐 용해하였다면, 용해에만 소요된 전력량은 3,970×80 ÷ 60 = 5,293kWh이며, 14t을 장입하였다면, 톤당 5,293 ÷ 14 = 378kWh가 소요된 것이다. 그러나 실제는 전압 강하도 있고 12,000A를 일정하게 흐르게 할 수 없으므로, 80분으로는 녹일 수 없고, 90∼100분 정도가 소요된 것으로 본다. 용해부터 출강까지 142kWh가 소요되었다고 하면, 378 + 142 = 520kWh/t가 된다. 이렇게 되면 대체로 성적이 양호한 작업이라고 할 수 있다.

2) 전극

전극은 아크로에서 필요 불가결한 것으로 전기의 양도체이고, 용융점이 높고, 노내의 물질과 화학 반응을 일으키지 않으며, 강에 유해한 원소가 포함되어 있지 않고, 기계적으로 강해야 하는 등의 성질을 갖고 있어야 한다. 이러한 목적을 달성하기 위해 제강용 전기로에는 주로 인조 흑연 전극이 사용되고 있다. 인조 흑연 전극을 만들려면

무연탄·피치 코크스·오일 코크스 등을 콜타르와 피치를 잘 혼합해서, 형틀에 넣은 후 강력한 수압기로 압축한 것을 전기 저항로에 넣어, 2,000℃의 고온도로 4~6시간 가열해서 흑연화시킨 것이다.

인조 흑연 전극의 안전 전류 밀도는 굵기에도 상관이 있으나, 대체로 12~18A/cm^{2}이다. 즉 전극의 단면적 1cm^{2}에 대해서 12~18A 이상의 전류를 통과시키면, 열을 받아 전극이 빨갛게 되어 산화 소모가 많으며 전력이 허비된다.

예를 들면, 10t의 전기로에 355mm의 전극을 사용해서 12,000A의 전류를 통과시켰다고 하면, 단면적은

$$\frac{3.14}{4} \times 35.5^2 = 990\text{cm}^2$$

이므로 전류 밀도는

$$\frac{12,000}{990} = 12.1\text{A/cm}^2$$

가 된다. 즉 전극에서는 12,000A를 통과시켜야 안전하다는 것이다. 이것을 만일 305mm의 전극으로 바꾸었다고 하면,

$$\frac{3.14}{4} \times 30.5^2 = 730\text{cm}^2 \qquad \frac{12,000}{730} = 16.4\text{A/cm}^2$$

가 되므로 이것도 별지장이 없다고 할 수 있다.

전극을 필요 이상으로 굵게 하면 산화 소모가 많아지며, 너무 가늘게 하면 전기 저항에 의한 전력 손실이 많아진다. 전극의 직경을 결정하려면, 전력의 손실, 전극의 기계적 강도, 산화에 대한 저항, 취급의 난이성, 홀더와의 관계 및 기타 여러 가지 사항을 고려해야 한다. 이러한 것들에 대한 이론 연구가 진행되고 있으나 현재는 전류 밀도를 기본으로 하여 경험에 의해 결정되고 있다. 이것에 관해 파킨스(Parkins)는 적당한 전류 밀도로서 다음과 같은 경험식을 제시하고 있다.

$$C = \frac{K}{\sqrt{d}}$$

• C : 전류밀도(A/cm^2) • d : 전극의 직경(IN) • K : 상수

인조 흑연 전극에 대한 K의 값은 다음 <표 3-2>과 같다.

표 3-2 ‖ 인조 흑연 전극의 K값

전극 직경	10in 이하	12~20in	20~24in	30~45in
K 값	388	450	425	325

위 식으로 10t의 예를 들어 계산해 보면, 355mm는 14in, 305mm는 12in이므로 K=450으로 계산하면 된다.

즉, 14in 전극에서는

$$C = \frac{450}{\sqrt{14}} = 120\text{A}/\text{IN}^2 = 18.6\text{A}/\text{cm}^2$$

12in 전극에서는

$$C = \frac{450}{\sqrt{12}} = 130\text{A}/\text{IN}^2 = 20.1\text{A}/\text{cm}^2$$

가 되며, 전류 밀도는 약간 크게 취하고 있다. 이것으로 미루어 보아 앞에서 예로 들었던 10t로에서는 305mm 직경의 전극을 쓰는 것이 적당하다고 생각된다.

전극의 밀도는 종전에 비해 최근에는 크게 취하는 경향이 있으며, 따라서 비교적 가는 전극이 사용되고 있다. 전기로 용량과 전극 직경과의 관계는 <표 3-3>과 같다.

이것으로 보면 10t로에서는 305mm나 또는 355mm가 좋다는 것이다.

표 3-3 ▌전기로 직경과 전극 직경과의 관계

전기로 용량	전극 직경(mm)	
	구형로	신형로
5	305	255
8	355	305
10	355~405	305~355
15	405	355
20~25	405	355~405
30	455	405~455
50~100	–	510
120~200	–	610

3 2차 전압

전기로용 2차 전압은 점차 고압이 사용되고 있으며, 미국은 550V, 일본의 250t 전기로의 최고 전압은 700V나 된다. 독일에서는 일반적으로 2차 전압이 낮아 대체로 300V 이하이다. 2차 전압 E는 다음과 같은 식으로 표시된다.

$$E = 34 + 15P, \text{ 및 } E = 180 + 9.4P$$

여기서 P는 1,000kW 단위로 표시된 전력이며, 이 식에 의해서 계산하면 다음과 같은 값을 얻을 수 있다.

5,000kW 노의 경우 : 209~227V
10,000kW 노의 경우 : 284~274V
20,000kW 노의 경우 : 434~368V
30,000kW 노의 경우 : 584~462V

변압기의 2차 측에는 많은 탭(Tap)이 있으나, 어느 시기에 탭을 쓰는 것이 적당한가를 결정하는 것이 어려운 일이지만, 일반적으로 경험에 의해서 결정하고 있다. 30t로에서 변압기의 용량이 15,000kVA일 경우 예를 다음 <표 3-4>에 나타내었다.

표 3-4 ❙ 변압기의 용량

2차 전압(V)	2차 전류(A)	2차 전압(V)	2차 전류(A)
390	22,200	246	25,300
374	23,100	230	25,300
358	24,200	214	25,300
342	25,300	198	25,300
326	25,300	182	25,300
310	25,300	166	25,300
294	25,300	150	25,300
278	25,300	134	25,300
262	25,300		

이 전기로 조업에서는 제1회 장입 후 5분간 294V, 5분간 326V, 40분간 374V로 어느 것이나 25,000로 하며, 제2회 장입 후 5분간 294V, 2분간 374V로 모두 25,000A로 용락을 시킨다. 용락 후 230V, 20,000A로 산화 정련 25분, 슬래그 제거 후 198～166V, 15,000～12,000A로 약 30분 후에 출강하고 있다.

이 예에서 보면 최고 전압은 390V이나, 그것을 사용하지 않고 374V를 사용하여 정격보다 약간 많은 전류를 보내고 있다. 390V로 하면 암페어를 낮추어야 되므로 전력을 많게 할 수 없다. 2차 전압이 높으면 전력의 진폭, 즉 플리커(Flicker)가 커져 트립(Trip)하는 것도 많아져 결국 용해 시간이 길게 된다. 그러나 전압을 높이고 전류를 적게 하면 역률이 커지는 이점이 있다. 실제로 이러한 관계를 비교 검토하여 용해 전압을 결정해야 된다. 정련 중의 전압을 높이면 벽이나 천정의 용실이 많아진다. 또한 너무 낮추면 전극이 슬래그 속에 들어가 전극의 소비가 많아진다. 이 예는 보통강의 경우이지만, 특수강의 경우는 주의하여 정련할 필요가 있으므로, 전련 중의 전압·전류를 더욱 낮추어야 한다.

4 전력과 열과 온도

1 L의 물을 1℃ 상승시켰다고 하면, 여기에 소모되는 열은 1kcal이다. 다시 말해서 1kcal의 열을 가하면 1 L의 물의 온도를 1℃ 상승시킬 수 있다는 것이다.

니크롬 선에 전류를 보내면 빨갛게 되는데, 이것은 전력이 열로 변화한 것이다.

전압 V, 전류 I를 보내면 주울의 법칙에 의하여 VI 만큼의 전력이 열로 된다.

보통 강 1kg_f을 1℃ 상승시키는데 0.16kcal의 열이 필요하게 된다. 이 강을 용해시킬 때는 1kg_f당 32kcal의 열이 필요하게 된다. 따라서 1kg_f의 강을 용해시켜서 1,650℃까지 상승시키는데 소요되는 이론상의 열량은,

> **용해에 소모되는 열량** : 32×1 = 32kcal
> **1,650℃까지 상승시키는 데 필요한 열량** : 0.16×1,650 = 264kcal
> **합계** : 296kcal

1톤의 강이면 296 × 1,000 = 296,000kcal/t, 이것을 전력으로 환산하면 296,000 ÷ 800 = 344kWh/t이다. 이것은 이론적인 전력 필요량이지만, 어떠한 방법으로 사용해도 이 전력량 이하로는 1,650℃로 용해를 시킬 수 없는 것이다. 실제로는 슬래그를 만드는 전력, 벽이나 천정 기타 손실되는 열량, 냉각수 및 기타에 의한 손실 등이 있으므로 상당히 많은 전력을 필요로 하게 된다. 전기로의 작업 중 톤당 전력 소비량을 적게 한다는 것은 매우 중요한 일이다. 이 전력을 적게 하려면 우선 전기로에 공급된 열이 어떻게 소비되고 있는가를 알 필요가 있다. 보통 강의 제조에 있어서 이것은 특히 중요하다. 출강구는 될 수 있는 대로 적게 하고, 또한 용해 및 정련 시간을 가급적 단축하고, 가능하다면 슬래그를 긁어 내지 않는 원 슬래그(One Slag)법을 사용하여 슬래그의 양을 정련에 지장이 없을 정도로 가급적이면 적게 한다. 슬래그 1kg_f의 온도를 1℃ 상승시키는데 0.28kcal의 열이 필요하다. 따라서 1,650℃까지 상승시키려면 0.28 × 1,650 = 462kcal가 필요하다. 용해 중인 슬래그의 양은 강의 4% 정도가 적당하여, 강 1톤에 대하여 40kg_f의 슬래그가 필요하다고 할 수 있다. 즉, 강 1톤당 462 × 40 = 18,480kcal이며, 이것을 전력으로 환산하면 18,480 ÷ 860 = 21.5kWh가 된다. 만일 슬래그의 양을 6%로 하였다고 하면, 32.3kWh가 되어 차이는 10.7kWh가 된다. 그러므로 슬래그의 양을 적당히 조절하는 것이 매우 중요하다고 할 수 있다.

5 화학 반응

전기로가 작업하는 동안에 각종 성분 사이에서는 화학 반응이 진행되고 있는데, 이 상태를 정확하게 알고 있는 것이 중요하다.

물을 전기 분해하면 수소와 산소로 나누어지며, 또 수소와 산소에 열을 가하면 수증기가 된다. 이와 같이 2개 또는 그 이상의 물질이 작용해서 성질이 다른 물질로 되는

것을 화합한다고 말하며, 화학에 의하여 생긴 물질을 화합물이라고 한다. 이때의 변화를 화학 변화 또는 화학 반응이라 하고, 화합물을 이루는 성분을 원소라 한다.

물이나 수소나 산소는 어느 것이나 분자라 하는 매우 작은 입자로 되어 있다. 18g의 물은 약 6×10^{23}개의 분자로 이루어져 있으며, 물의 분자를 다시 화학적으로 쪼개 보면 수소 원자 2개와 산소 원자 1개로 이루어져 있음을 알 수 있다. 또 산소의 분자는 산소 원자 2개로 되어 있고, 수소 분자도 수소 원자 2개로 되어 있다.

철이 산화하면 FeO, Fe_2O_3, Fe_3O_4 등의 화합물이 된다. 스케일(Scale)은 대체로 FeO에 가까운 것이며, 적철광은 Fe_2O_3이고, 자철광은 Fe_3O_4이다. 산소 원자 1개의 무게를 16으로 정하고 이를 표준으로 하여 모든 원자 1개의 비교 무게를 측정하여 원자량이라 하고, 또 분자 1개의 비교 무게를 분자량이라 한다. 산소의 원자량을 16으로 정했으므로 산소의 분자량은 32이다. 수소의 원자량은 정확하게 측정한 결과 1.008로 밝혀졌다. 따라서 수소의 분자량은 2.016이라할 수 있다. 즉 물의 분자식이 H_2O이므로 $1.000 \times 2 + 16 = 18.016$이 물의 분자량이 된다. 또 원자량, 분자량에 그램(g)이라는 중량의 단위를 붙인 것을 그램 원자량, 그램 분자량이라고 한다.

화학 방정식 $2H_2 + O_2 = 2H_2O$에서, $2.016 \times 2 = 4.032$g의 수소와 32g의 산소로부터 36.032g의 물이 생성함을 알 수 있다.

석회의 분자식은 CaO이다. 석회는 수분을 흡수하면 소석회가 된다. 이것을 화학 방정식으로 나타내면, $CaO + H_2O = Ca(OH)_2$가 된다. Ca의 원자량은 약 40, 산소의 원자량은 16, 수소의 원자량은 약 1이므로, $CaO = 40 + 16 = 56$, $H_2O = 2 + 16 = 18$로, 56g의 석회가 18g의 물을 흡수해서 74g의 소석회를 만든다. 이와 같은 화학 반응을 일으킬 때에는 동시에 열을 발생하게 된다. 즉,

$$CaO + H_2 = Ca(OH)_2 + 15,640cal$$

이 식의 뜻은 56g의 석회가 18g의 물을 흡수하여 15,640cal의 열을 발생한다는 것이다.

한편 산지에서 생산되는 석회석은 $CaCO_3$로 되어 있다. 석회석에 열을 가하면 다음 반응식과 같은 반응에 의해 석회로 된다.

$$CaCO_3 = CaO + CO_2 - 41,520cal$$

이 식의 뜻은 $CaCO_3=40+12+16\times3=100$g의 석회석에 열을 가하면, 56g의 석회가 생기는데, 그러기 위해서는 42,520cal의 열을 흡수함을 알 수 있다. 즉 1,000kg_f의 석회석을 전기로에 투입하면 425,200kcal의 열을 흡수하게 된다.

전기로 속에서 장입 재료가 녹으면 용강의 슬래그 중에도 많은 양의 산화철(FeO)가 존재하게 된다. 이 FeO가 용강 중의 C와 반응해서 탈산이 일어나게 된다.

$$FeO+C=Fe+CO$$

철광석 Fe_2O_3를 용강에 투입하면 다음의 반응이 진행된다.

$$Fe_2O_3+3C=2Fe+3CO-115,560\text{kcal}(\text{흡열 반응})$$

Fe의 분자량은 55.85이므로 $Fe_2O_3=55.85\times2+16\times3=159.7$, 또 C의 원자량은 약 12이므로 $3C=12\times3=36$이다. 즉 철광석 159.7kg_f이 전부 반응하면 36kg_f의 C를 산화해서 115,560kcal의 열을 흡수한다. 바꾸어 말하면, 1kg_f의 C를 제거하기 위해서는 이론상으로 $115,560\div24=2,212.5$kcal의 열을 발생한다. 실제 전기로에서 Fe_2O_3가 전부가 반응하는 경우는 거의 없고 일부는 FeO라 되며, 또 규소나 망간과의 반응도 있으므로 이 계산대로는 이루어지지 않겠지만, 철광석을 사용하면 열을 흡수하므로 노내의 온도는 저하되며, 산소 가스를 사용하면 열을 발생하므로 온도가 높아진다는 것을 알 수 있다.

6 산과 염기와 염기도

수소 원자는 양자라고 하는 미립자와 전자로 되어 있다. 양자는 플러스(+)전기를 띠고 있으며, 전자는 마이너스(−) 전기를 띠고 있다. 수소는 이와 같이 +와 −의 전기를 띠고 있으므로, 전기적으로는 제로(0)로 되어 있다. 원자에서 전자를 제거한 것을 원자핵이라 하며, 수소의 원자핵을 H^+로 표시한다. 이것은 +의 전기를 갖고 있는 것을 나타내며, H^+를 수소 이온(Ion)이라 한다. 예를 들어 염산은 수소와 염소의 화합물인 수용액으로 HCl로 표시되는데, 이 수용액은 수소 원자의 전자(−)를 염소가 잡아, $HCl \rightarrow H^++Cl^-$와 같이 되어 있다. Cl^-는 −전기를 띠고 있는 것을 나타내는 것으로 염소의 이온이라고 한다. 이와 같이 모든 화합물의 수용액은 이온의 상태로 존재한다. 화합물의 분자가 이온으로 나누어지는 것을 전리라고 한다. 이 수소의 이온 H^+가 나타내는 반응을 산성 반응이라 하며, 전리하면 수소 이온이 생길 수 있는 물질을 산 또는 산성 물질이라고 한다. 수소 이온 OH^-가 나타나는 반응을 알칼리 반응이라 부르며, 전리하면 OH^- 이온이 생기는 물질을 염기 또는 염기성 물질이라 한다. 수소 이온과 산소 이온이 반응하면 $H^+ + Cl- \rightarrow H_2O$로 물이 생기는데 이를 중화라 한다. 산과 염기가 중화하면 물과 염이 생긴다. 석회를 물에 녹이면 $CaO + H_2O = Ca(OH)_2$가 되는데, 이 $Ca(OH)_2$는 Ca^{++}와 $2OH^-$로 전리된다. 이 OH^-가 알칼리성이므로 석회는 염기성이라고 부른다.

산화규소(SiO_2)는 물에는 녹지 않지만, H_2SiO_3라는 화합물이 있다. 이 속에서 H^+가 산성을 나타내므로 SiO_2는 산성이라고 한다. 산성 물질과 염기성 물질과는 매우 잘 반응하여 화합물을 만든다. 과거에는 염기성 전기로의 벽에 산성인 규소 벽돌을 사용하였으나, 이것을 사용하면 석회 분말이 튀어 규석 벽돌을 침식하거나, 규석 벽돌이 마그네시아를 침식하는 등의 문제가 발생하므로 현재에는 거의 염기성 재료로 벽돌을 만들게 되었다.

슬래그를 구성하는 성분 중에서 SiO_2와 P_2O_5는 강한 산성이며, CaO와 MgO는 강한 염기성이다. 기타의 성분은 약산성 또는 약염기성이며, 중성이거나 또는 그 양이 일반적으로 적으므로, 흔히 이들을 제외하고 염기도를 계산하여 슬래그의 성질을 나타내는 하나의 목표로 삼고 있다. 염기도 계산식은,

$$\text{염기도} = \frac{CaO\% + MgO\%}{SiO_2\% + P_2O_5\%}$$

그러나 실제로 MgO와 P_2O_5는 비교적 적으므로, 편의상 CaO와 SiO_2만으로 염기도를 나타내는 경우가 보통이며 이 염기도는 V로 표시하고 있다.

$$\text{염기도}(V) = \frac{CaO\%}{SiO_2\%}$$

V가 1.0보다 적을 때는 산성 슬래그라 하며, V가 1.3보다 클때를 염기성 슬래그라고 부르고 있다. 염기성 전기로의 슬래그는 항상 염기성이며, 산성 전기로의 슬래그는 항상 산성이어야 한다. 전기로의 슬래그는 산화 정련에는 V=2.0~2.5, 환원 정련에서는 V=3.0~3.5 정도가 좋다고 알려져 있다. 이 SiO_2는 고철(Scrap) 중에 포함된 실리콘이 산화된 것이며, 또한 파괴 중에 부착된 모래나 벽돌 조각 등에서 나온 것이다.

CaO는 조재제로서 투입하는 석회나 석회석, 또는 노상 보수에 사용하는 돌로마이트 등에서 나온 것이다. 탈인이나 탈황에는 염기도가 높을수록 좋지만, 너무 높아지면 슬래그의 유동성이 나빠져서 탈인이나 탈황 반응이 잘 진행되지 않는 나쁜 점도 있다. 또 염기도가 너무 낮으면 탈인이나 탈황이 진행하기 어려울 뿐만 아니라, 노상이 침식될 위험이 있다. 그러므로 염기도가 적당한지 여부가 제강 작업에 있어서 가장 중요한 것이며, 따라서 현장 작업자의 주의와 숙련을 가장 필요로 하는 것이라 할 수 있다. 현장에서는 슬래그의 온도와 유동성에 의해 염기도를 판정하고 있다.

7 정련 중의 화학 반응

우리가 보통 사용하고 있는 전기로는 거의가 염기성 조업을 하고 있다. 산화 정련에는 고철에 부착된 산화철이나, 노내 공기 중의 산소 또는 기타 불순물 때문에 산화 작용이 발생하는데, 그 외에도 철광석, 스케일 등을 투입하거나 산소 가스를 불어 넣음으로써 산화 반응 작용을 촉진하고 있다. 이 산화 정련의 목적은 우선 Si를 산화 제거하고, C를 적당한 정도까지 낮추고, P를 제거하는데 있지만, 동시에 용강 중에 포함된 수소나 질소를 제거하고, 비금속 개재물을 부상시키는 것도 아울러 중요한 목적이라고 할 수 있다. 또한 때로는 Cr 등을 제거하는 일을 목적으로 하는 경우도 있다. 그리고 어느 정도의 탈항도 이루어진다. 이들의 화학 반응 방정식은 다음과 같다.

$$2FeO + Si = 2Fe + SiO_2$$
$$O_2 + Si = SiO_2$$
$$Fe_2O_3 + 3C = 2Fe + 3CO$$
$$FeO + Mn = Fe + MnO$$
$$O_2 + 2Mn = 2MnO$$
$$5Fe_2O_3 + 6P = 10Fe + 3P_2O_5$$
$$FeS + Mn = Fe + MnS$$
$$2Fe_2O_3 + 3Si = 4Fe + 3SiO_2$$
$$FeO + C = Fe + CO$$
$$O_2 + 2C = 2CO$$
$$Fe_2O_3 + 3Mn = 2Fe + 3MnO$$
$$5FeO + 2P = 5Fe + P_2O_5$$
$$5O_2 + 4P = 2P_2O_5$$
$$FeS + 2FeO = 3Fe + SO_2$$

이와 같은 과정으로 발생한 SiO_2, MnO, P_2O_5 등은 즉시 슬래그가 되지만 그 반응은 매우 복잡한다. 그 중에서 간단한 예를 들어 보면 다음과 같다.

$$SiO_2 + CaO = CaO \cdot SiO_2$$
$$4CaO + P_2O_5 = (CaO)_4 \cdot P_2O_5$$
$$2CaO + SiO_2 = (CaO)_2 \cdot SiO_2$$
$$MnO + SiO_2 = MnO \cdot SiO_2$$

$(CaO)_4 \cdot P_2O_5$는 CaO가 적을 경우 또는 온도가 매우 높을 경우에는 불안정하며, P_2O_5가 분리되어 C에 의해 환원될 때가 있다. $5C + P_2O_5 = 2P + 5CO$의 반응에 의해서 분리된 P는 즉시 용강으로 침입해서 복인이 진행된다. 그러므로 탈인에는 될수록 염기도를 높게 하고, 온도를 너무 높지 않게 하는 것이 좋다. 그러나 그와 같이 하면 슬래그의 유동성이 나빠져 반응 속도가 늦어지게 되므로 스케일 또는 형석을 투입해서 슬래그의 유동성을 좋게할 필요가 있을 경우도 있다. 산화 정련의 제2목적인 탈가스, 그리고 비금속 개재물 제거에는 강력한 비등이 필요하다. 약한 비등을 장시간 진행하면 효과가 적어지므로 단시간에 강력한 비등을 시키기 위해서는 슬래그의 유동성이 좋아야 하고 온도도 높여야 한다. 이런 것들은 탈인의 경우와 반대가 되므로 특수강 등의 정련에는 탈인과 탈가스를 서로 분리해서 작업하는 경우가 대부분이다. 환원 정련은 전기로의 작업으로써, 가장 큰 목적은 탈황과 탈산이다. 이 목적을 탈성하기 위해서는 용강의 온도와 슬래그의 염기도를 가능한 높이고, 동시에 유동성이 좋고 환원성이 강한 슬래그를 만드는 것이 필요하다. 환원 슬래그는 카바이드 슬래그와 화이트 슬래그가 있다. 탄분말을 많이 배합하면 카바이드 슬래그가 생기며, 적게하여 규소를 많이 배합하면 화이트 슬래그가 생성된다. 카바이드 슬래그는 탈산력도 강하고 탈황력도 강하지만, 탄소가 용탕 속에 들어가는 경우가 많으며, 또 산소나 수소를 흡수할 위험이 있다.

제2절 | 전기로 제강 설비 및 원료

1 전기로 설비

제강용 아크 전기로는 <그림 3－1>과 같이 교류 아크 전기로와 직류 아크 전기로로 구분할 수 있다. 전통적인 방식으로는 제강용 아크 전기로는 주로 3상 교류 아크 전기로가 사용되고 있으나, 최근에는 설비의 대형화에 따라 대전력 투입이 가능한 직류 아크 전기로가 개발되어 빠르게 확산되어 사용하고 있다. 교류 아크 전기로와 직류 아크 전기로의 차이는 전력 공급 방식을 제외한 대부분의 설비 구조는 유사하다 할 수 있다.

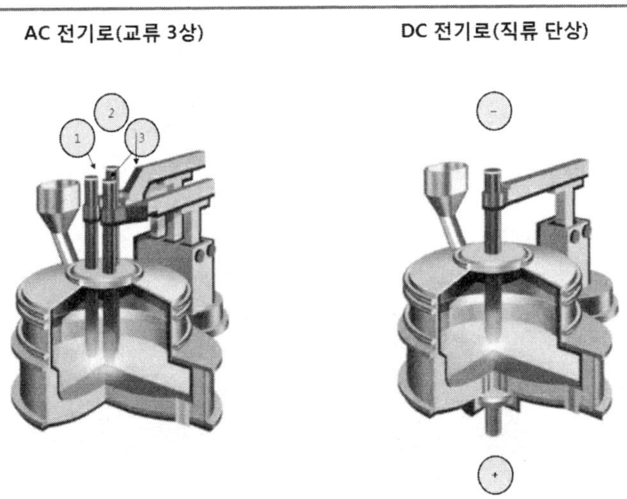

그림 3－1 | 사용 전원에 의한 분류

가장 일반적으로 사용하고 있는 전기로는 에루(Heroult)식 3상 교류 아크 전기로라 할 수 있으며 그 구조는 <그림 3－2>와 같다. 전기로 노체와 전력 공급 설비, 그리고 부원료 투입 장치와 집진 설비 등의 부대시설로 구성되어 있다.

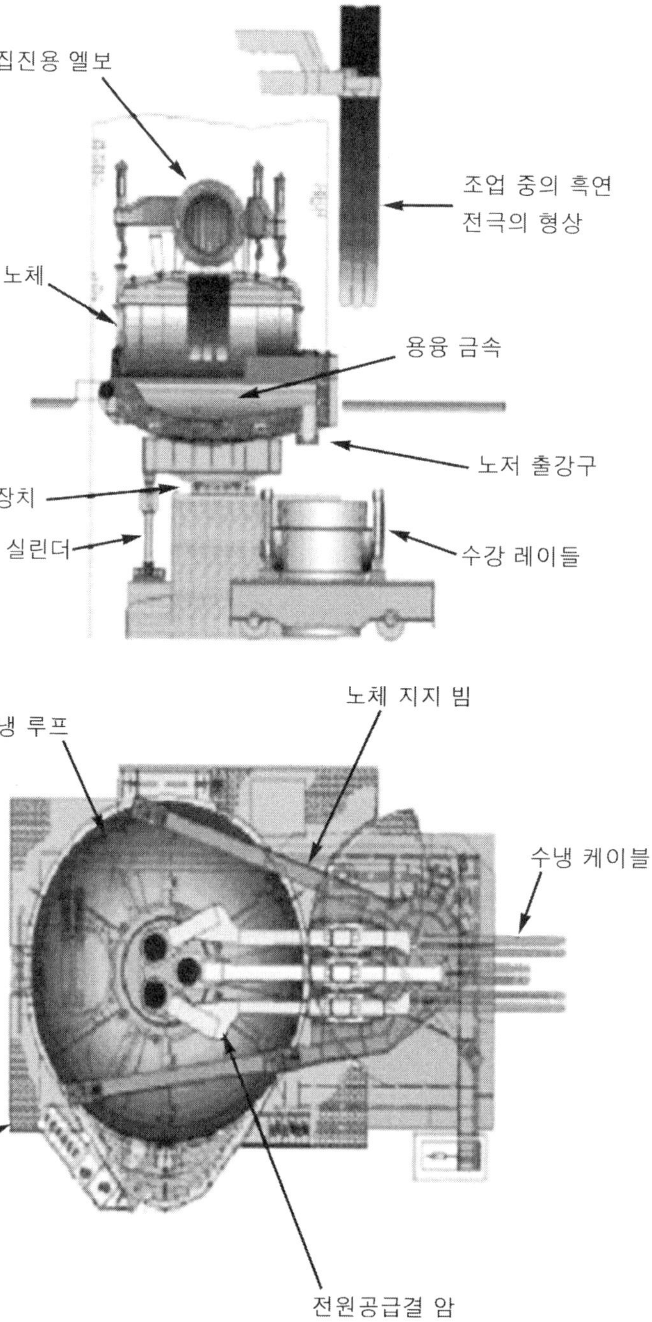

그림 3-2 ▎에루식 전기로의 구조도

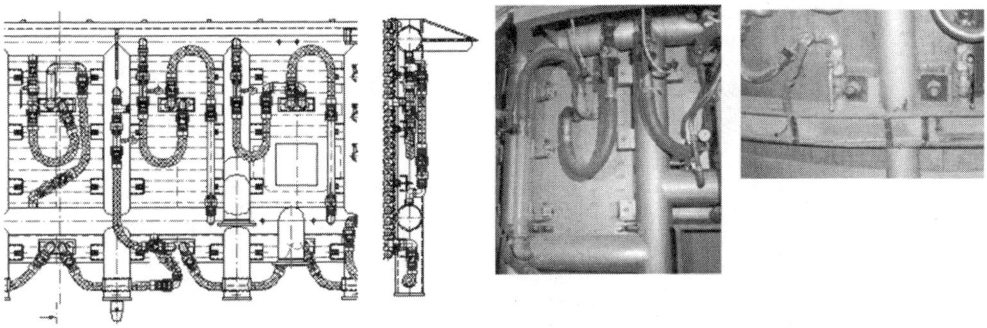

그림 3-3 ▎전기로의 노체 상부의 수냉 패널

2 노체의 구조

노체는 노저부와 측벽부, 그리고 노 덮개로 구성되어 있다. 노체의 철피는 약 30mm 두께의 강판을 용접하여 제작한다. 철피 내면의 용강과 접촉하는 부위는 내화물을 시공하고, 용강과 직접 접촉하지 않는 부분은 수냉 패널(Pannel)을 설치한다. 대형 전기로의 노저부는 측벽부의 철피가 용접되어 있으며 통상 반구형이다. 반구형의 형상은 열방산이 적고 구조적 강도가 높은 것이 장점이다.

측벽부 철피는 원통형이며, 외부에는 열변형을 방지하기 위하여 보강용 형강이 용접되어 있다. 종전에는 측벽부 내면에 내화 연와를 시공하였으나, 최근에는 수냉 패널로 대체하는 추세이다.

용탕면 상부 100~150mm 이상은 대부분 수냉 패널을 설치하는 것이 일반적이다. <그림 3-3>은 전기로 노체 상부의 수냉 패널을 나타낸 것이다. 수냉 패널은 철강 또는 구리 재료를 사용하며, 자켓(Jacket)형과 파이프(Pipe)형으로 구분할 수 있다. 열부하가 큰 탕유부는 열전도성이 우수한 구리 제품의 수냉 패널을 사용하고, 열부하가 적은 부위는 철강 수냉 패널을 설치하고 있다. 최근에는 수냉시 물의 누수에 의한 사고를 줄이기 위해 냉각수의 순환방식 대신 냉각수를 철피 표면에 분사하는 스프레이(Spray) 방식이 사용되기도 한다.

노체 측벽에는 조연 버너 설치용 구멍이 있으며, 출강구 반대편에는 <그림 3-4>과 같은 슬래그 배출과 시편 채취를 위한 작업구가 있다. 또 직류 아크 전기로의 경우는 노저부 중앙에 전극을 매설하기 위한 구멍이 있다. 최근에는 노체 보수 작업의 편리성과 시간 단축을 위해 노저부를 분리할 수 있는 전기로도 개발되고 있다.

그림 3-4 **슬래그 배출구(Slag Door)**

전기로는 주로 원료를 노상부로부터 장입 버켓(Bucket)을 이용하여 낙하, 장입한다. 이를 위해서는 노의 덮개를 열고 닫을 수 있어야 하며, 일반적으로 개폐 시간과 공간을 적게 차지하는 선회식 덮개가 활용되고 있다. <그림 3－5>는 선회식 덮개의 구조를 나타낸 것이다. 노 덮개도 수냉화 되어 있으며, 역시 패널 방식과 파이프 방식이 있다. 노 덮개는 노벽에 비하여 열부하가 적기 때문에 중량이 가벼운 강재를 사용한다. 그리고 노 덮개에는 전극을 삽입할 수 있는 구멍이 있다. 이 구멍 주변을 소천정이라고 하며 전기 절연을 위해 내화물로 제작한다.

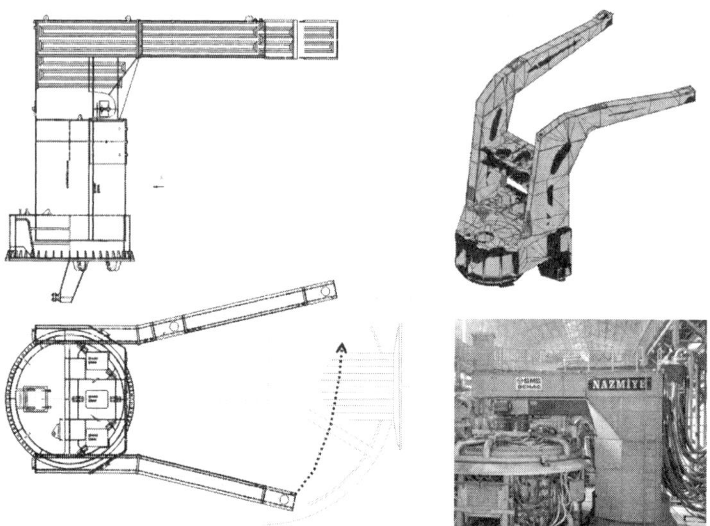

그림 3-5 **켄트리의 구조도**

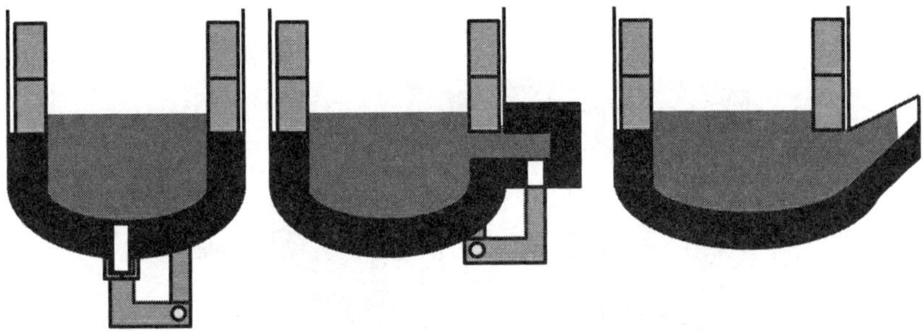

그림 3-6 | 전기로의 다양한 출강 방식

용강을 출강하는 방식은 <그림 3-6>에 나타낸 바와 같이 Tea Spout 방식과 노저 출강(CBT 또는 EBT) 방식이 있다.

Tea Spout 방식은 노체 측벽에 출강구가 있으며, 출강할 때 용강과 슬래그가 함께 배출된다. 이 방식은 구조가 간단하고 보수가 용이하며, 출강할 때 슬래그가 함께 유출되므로 레이들 내에서 출강류에 의한 강력한 교반으로 용강과 슬래그의 반응이 촉진되는 장점이 있지만, 용강의 2차 정련 과정에서 환원성 슬래그를 제조할 필요가 있을 경우는 오히려 악영향을 미치는 단점이 있다.

용강의 2차 장련 기술이 일반화됨에 따라 청정도를 높인 강을 제조하기 위해서는 슬래그의 유출을 최대한 억제하는 것이 바람직하다는 사실이 입증되면서 출강 과정에서 슬래그의 유출을 방지하기 위한 노저 출강법이 개발되어 급속히 보급되고 있다. 노저 출강법은 1970년대 초 독일에서 개발된 방법으로, 처음에는 노저 중앙에서 출강하는 CBT(Center Bottom Tapping) 방식이 개발되었으나, 그 후 <그림 3-7>과 같은 구조의 편심 출강(EBT : Eccentric Bottom Tapping)법으로 발전하게 되었다. EBT법은 출강측 바닥 부위에 수직 하향의 출강구를 설치하고 외측에 설치한 스토퍼(Stopper)를 열어서 출강하는 방식이다.

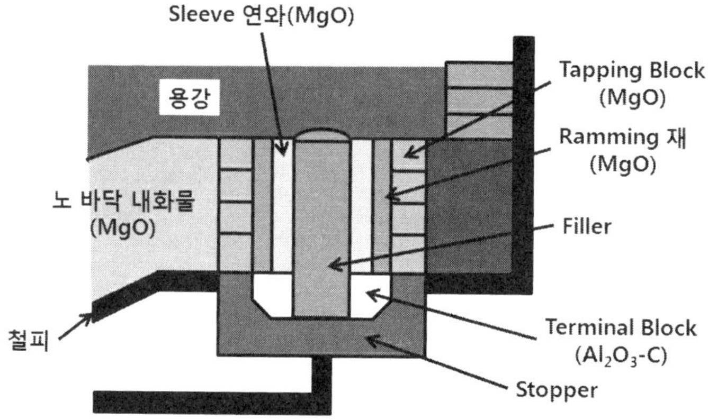

그림 3-7 ❙ EBT의 구조

EBT 방식은 정련중에는 용탕면이 출강구보다 높지만, 출강구를 올리빈사(Olivin Sand)가 주성분인 필러(Filler)로 충진하여 용강의 유출을 방지한다. 노체를 경동하여 출강구 직상의 용강 깊이가 증가하면 철정압에 의해 출강구를 충진한 필러가 밀려나가며 출강이 시작된다. 출강 초기에는 비중이 무거운 용강이 먼저 유출되고, 출강 말기에 슬래그가 혼입되는 시점에서 노체를 직립하여 슬래그 유출을 억제한다. 따라서 통상적으로 출강 후에도 5~20톤 정도의 용강이 노내에 잔류한다. 이러한 잔탕은 후속 작업 과정에서 고철의 용해 속도를 상승시키고, 용해기에 아크의 조기 안정과 랜스를 통해 공급되는 산소의 이용율을 향상시키며, 노내 반응을 촉진하는 효과가 있다. EBT 방식은 종래의 Tea Spout 방식에 비해 출강시 노체 경동 각도가 감소하므로 노벽의 수냉화율을 증가시킬 수 있어서 내화물 원단위를 절감할 수 있고, 출강 시간 단축에 의한 생산성 향상과 출강 과정에서의 용강 온도 강하 정도가 감소하는 효과가 있다. 또한 슬래그 유출을 억제함으로써 합금철과 탈산제의 실수율이 증가하며, 따라서 용강의 청정성이 개선된다. 그리고 전기로에서 단재법(Single Slag)을 사용하는 경우는 산화성 슬래그 유출이 억제되므로 후속 공정인 LF(Ladle Furnace) 조업에서의 전력 원단위가 감소하고 레이들 내화물의 용손 저감에 따라 수명이 연장된다. <그림 3-8>은 출강 방식과 레이들 수명의 관계를 나타낸 것이다.

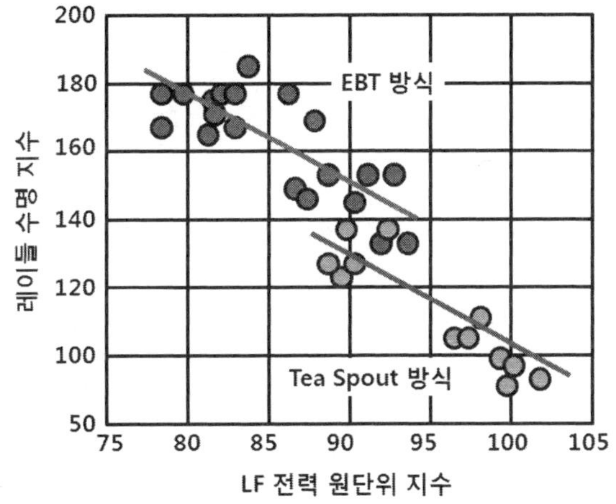

그림 3-8 ‖ LF 전력 원단위와 레이들 수명의 관계

전기로의 경동 장치는 출강을 위해 노체를 기울이는 장치로서 유압 실린더 방식과 전기 구동 방식이 있으며, 신속한 경동과 유지 보수에 편리한 유압 실린더 방식이 일반화되어 있다. <그림 3-9>는 전기로의 경동 장치의 구조도를 나타낸 것이다.

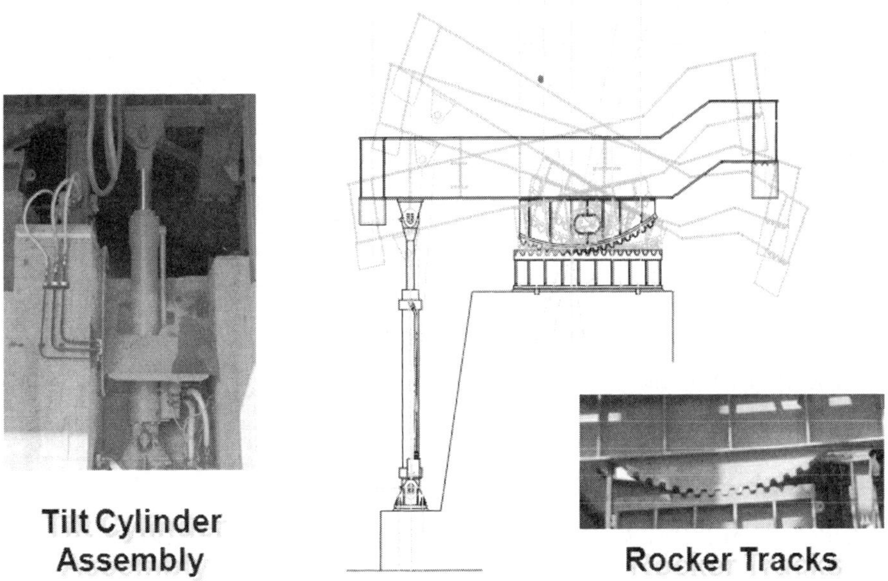

그림 3-9 ‖ 경동장치의 구조

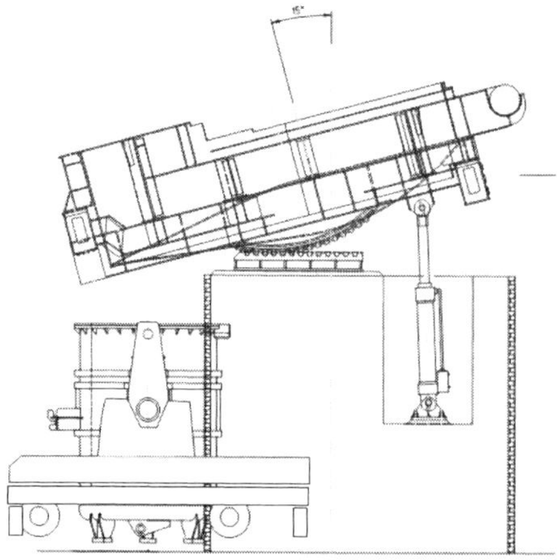
(b) 20° 출강시

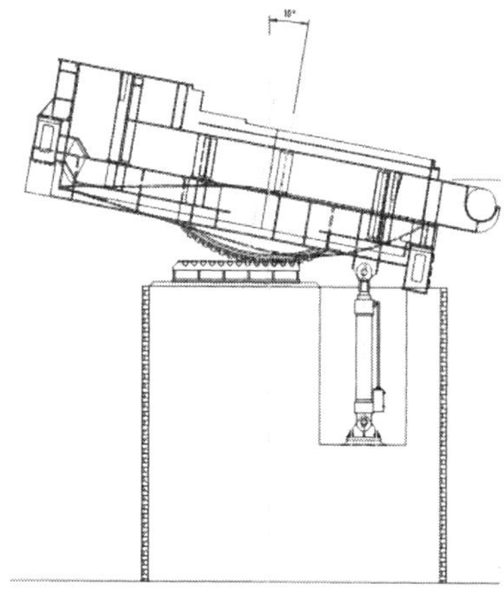
(c) 10° 배재시

그림 3-10 ▌ 출강 및 배재시의 전기로의 경동 각도

일반적으로 전기로의 출강측 경동 각도는 Tea Spout 방식의 경우는 42~45°, EBT 방식은 15° 정도이고, 출재구측으로는 10~20° 정도 기울일 수 있으며, 경동 속도는 1초당 0.6~1° 정도가 보통이다. <그림 3-10>은 경동 장치의 출강 및 배재시 경동 각도의 예를 나타낸 것이다.

3 전기 설비

1) 변압기

전기로용 변압기는 변압기 용량의 약 30%에 해당하는 대용량의 유도 저항(Reactance)을 내장 또는 병용하여 노내에 대전류가 흘러도 외부의 송전선에는 충격 전류가 흐르지 않아야 한다. UHP 전기로의 출현으로 인하여 변압기 용량이 비약적으로 증대되고 있다. 대형로의 경우 변압기 용량은 용강 1톤당 200~400kVA에서 400~700kVA까지 증가하였다.

변압기의 1차 전압은 22~33kV의 고전압이며, 2차 전압은 300~800V의 저전압, 30~70kA의 대전류를 사용한다. 또한 변압기는 용해기, 정련기 및 승온기 등 조업 조건에 따라 용이한 Tap 전환으로 광범위한 2차 전압을 얻을 수 있어야 한다. Tap 전환은 조작 패널의 전환 스위치를 이용하여 조작한다. 변압기는 유입 옥내형이 보통이며,

냉각 방식은 자냉식, 송유 풍냉식, 송유 수냉식이 있으나, 용량이 10MVA 이상인 변압기에는 일반적으로 송유 수냉식이 채택되고 있다. 송유 수냉식은 펌프로 절연유를 강제 순환시켜 권선 코어(Core)에서 발생하는 열을 냉각하고, 절연유의 열은 오일 냉각기(Oil Cooler)를 이용하여 외부 냉각수로 냉각하는 방식이다. <그림 3−11>은 변압기와 냉각 장치를 나타낸 것이다.

(a) 변압기 (b) VCB (c) 수냉 케이블

그림 3−11 ▎전기로 변압기 및 냉각 설비

2) 전극 지지 장치

전극 지지 장치는 전극을 기계적으로 수직 정위치에 유지시키는 장치로서 전극 암(Arm)과 전극 승강용 지주로 구성된다. 전극 승강용 지주는 노체 바닥에 고정되어 있어 노체와 함께 경동되는 방식 또는 전기로와 독립적으로 설치되는 경우가 있다. 전극 승강용 지주 상단에는 전극을 지지하는 암이 고정되어 있고, 이 암은 일반적으로 각형의 파이프 형태인 철강 구조물로서 선단에는 전극을 잡아주는 파지기가 연결되어 있다. 전기는 변압기로부터 수냉 케이블과 연결된 수냉 모선과 전극 파지기를 통해서 전극으로 흐른다. 일반적으로 모선과 전극의 접점은 저항이 매우 크고 발열 가능성도 높기 때문에 전극 파지기는 접촉 전기 저항을 낮게 유지할 수 있도록 구리 주물 또는 비자성강으로 제조하여 수냉식 라이너(Liner)를 부착한 구조로 되어 있다.

<그림 3−12>는 대표적인 전극 암의 구조를 나타낸 것으로, 철강재료로 제작된 각형의 파이프 형상인 암 본체 선단에는 구리제품의 전극 파지기가, 그리고 암 상부에는 여러 개의 수냉 구리관(수냉 모선관)이 설치되어 있다.

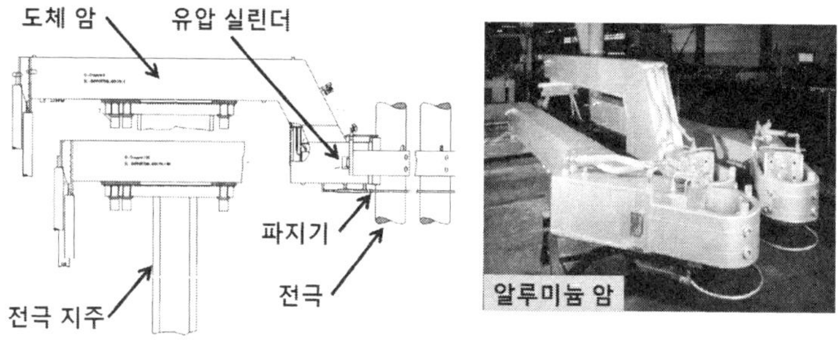

그림 3-12 | **전극 암의 구조**

파지기에 의한 전극의 지지는 암 상부에 설치된 공압 실린더와 스프링을 조합하여 정전 시에도 전극이 낙하하지 않게 되어 있다. 그런데 교류 아크 전기로에 대해서는 고역률 조업을 지향함에 따라 유도 저항을 저감하기 위해 다양한 도체배열 방법이 검토 되었으며, 최근에는 구조물을 도전체로 구성한 도체 암 방식을 사용하는 추세이다. 금속 도체 암은 종래의 수냉 모선 대신에 강도가 높은 구조물을 도전체로 활용함으로써 설비가 훨씬 간단할 뿐만 아니라, 도전면적이 대폭 증가하여 유도 저항과 저항치가 감소함으로써 유효전력이 3~6% 상승하는 효과를 거둘 수 있다.

또한 차지기의 클램프 실린더를 암 내부에 설치하면 전극의 피치 사이클 직경이 작아지고, 전극의 유도 저항과 노벽 침식지수가 저감된다. 그리고 암 외측에 모선관이나 클램프 실린더가 없어서 보수 및 작업성이 개선되는 효과도 얻을 수 있다. 도체는 철강제 각형 파이프 주변에 구리판을 설치한 구리제품 또는 알루미늄 합금을 주로 사용하고 있으나, 암의 무게 증가에 따른 전극 승강 모터의 부하 경감을 위해 주로 알루미늄 합금으로 제조한다. 상간의 밸런스를 유지하는 방안으로서 암을 3각형으로 배열하는 방법 또는 비교적 유도 저항이 큰 수냉 케이블 부분에서 좌, 우상의 유도 저항을 저감하는 방법이 활용되고 있다.

3) 전극의 승강장치

출강, 노체 보수 및 원료를 장입할 때는 전극을 완전히 상승시킬 필요가 있지만, 용해 및 정련 작업 과정에서는 안정한 아크를 발생시키기 위해서 전극을 소폭으로 올리고 내릴 필요도 있다. 전극을 대폭 상승 또는 하강할 경우는 수동 조작이 편리하지만, 용해기로부터는 자동 승강 장치를 이용하여 전극 높이를 자동 제어한다. 일반적으로 전극의 자동 승강 장치는 아크 전류와 전압을 검출하여 그 비가 일정하도록 전극을 자동으로 승강하는 장치로서 자동 전류 조정 장치를 겸하고 있다. 이 장치는 전극 승강기구와 조합한 전동식과 유압식이 있다. 유압식은 전기 신호에 따라 작동하는 제어 밸브을 이용해서 유압 실린더로 전극 암을 구동하는 방식이며, 전극의 직경이 큰 직류 전기로에는 유압식 구동 장치가 사용된다.

전동식은 전극 암을 지지하는 와이어 로프(wire Rope)로 매달아 전동기에 직결된 윈치(Winch)로 감아올려 전극을 승강시킨다. 이 방식에는 다양한 방법이 있으며 <그림 3-13>은 전자 커플링(Coupling) 식 자동 전극 제어 장치의 회로도를 나타낸 것이다. 이 방식은 전동기의 동력을 이용하여 전극을 상승시키고, 전극 장치의 자중을 이용하여 하강하며, 전동기는 항상 전극의 상승 방향으로만 회전하고, 전극의 승강 속도 및 방향은 전자 커플링의 전류량으로 제어한다. 이 장치의 특징은 응답 속도가 매우 빠르고, 승강 속도는 암 전압과 전류의 편차에 대응하는 속도로 자동 제어된다는 것이다.

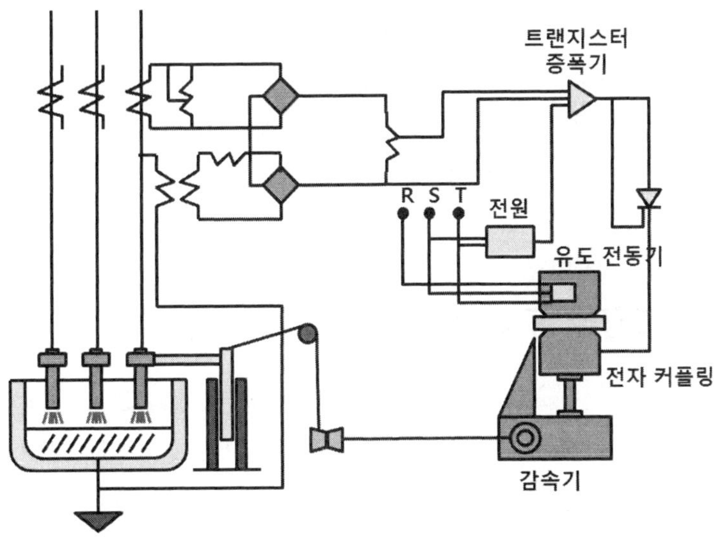

그림 3-13 **전자 커플링식 자동 전극 제어 장치의 회로도**

4) 차단기

전력이 변압기에 유입되기 직전에 차단기가 설치되어 있다. 아크 전기로의 차단기는 사고가 발생할 경우 기기를 보호하기 위한 목적 외에도, 고철의 용해기에 가끔 발생하는 재료의 붕괴에 따른 과전류의 차단은 물론 작업 과정에서 필요에 따라 수시로 전원을 개폐할 필요가 있다. 따라서 전기로용 차단기는 충분한 용량과 빈번한 개폐 과정에서의 내구성이 요구된다. 과거에는 일반적인 전력용 차단기를 사용하였으나, 최근에는 수명이 길고 유지 보수가 간편할 뿐만 아니라, 소음도 적은 진공 차단기가 주로 사용되고 있다. 경우에 따라서는 일반적인 진공 차단기와 고 빈도형 부하 개폐기를 병용하여 통상의 부하 개폐 시에는 개폐기를 사용하고, 사고 발생 시에는 보호용으로 차단기가 작동하도록 기능을 분담하는 설비가 사용되기도 한다.

5) 도체

변압기와 전극 장치는 전력 공급용 2차 도체로 접속되며, 저전압 대전류가 흐르므로 단면이 큰 도체가 필요하다. 유도 저항 저감으로 전력 손실을 최소화하기 위해서는 노체와 변압기를 전극의 승강에 지장이 없는 범위 내에서 가급적 근접하도록 배치할 필요가 있다. 대형 전기로의 도체는 두께가 얇은 공냉 또는 수냉 구리 모선을 사용한다. 도체는 유지 보수성이 우수해야 하며, 빈도는 매우 낮지만 점검과 보수 상태가 불량할 경우는 큰 단락 사고가 발생할 수도 있다.

4 부원료 및 합금철 투입 장치

노외 정련설비(LF)의 보급으로 전기로에서 사용하는 부원료는 석회석, 탄재, 탈황제 정도이며, 그 종류가 대폭 감소하고 있다. 통상 부원료는 옥외에서는 덤프 트럭으로 운반하여 부원료 저장 호퍼(Hopper)에 저장한 후, 필요에 따라 정량 절출하여 사용한다.

<그림 3－14>는 전기로의 합금철 및 부원료 투입 설비의 개략도를 나타낸 것이다. 부원료 저장 호퍼는 노체부에 위치하고 있으며, 노 덮개에 설치된 부원료 투입구를 통하여 노내에 투입한다. 부원료 투입 장치는 계량을 비롯한 이송 장치 등이 완전 자동화되어 있다. 출강 전, 후에 레이들에 첨가하는 합금철 및 부원료도 별도의 슈트를 통해 투입된다.

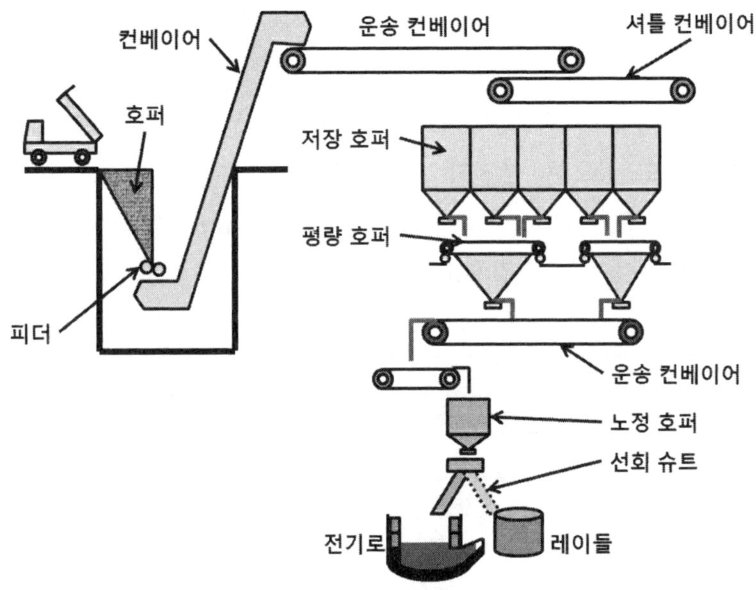

그림 3-14 ▌부원료 및 합금철 투입 장치

5 집진 설비

아크 전기로는 고철을 장입할 때와 용해기, 그리고 출강 과정에서 많은 분진과 가스가 발생한다. 따라서 작업장의 환경 보호와 공해 물질의 배출을 억제하기 위하여 집진기가 설치되어 있다. 최근에는 공해 방지 차원에서 전기로의 집진 설비에 대한 관심이 증대되고 있다.

집진 방법은 직접 집진 설비, 건물 집진 설비, 스카이 하우스(Sky House) 집진 설비 등이 있다.

직접 집진 방법은 노내에서 발생하는 분진과 가스를 직접 흡입하는 방식으로, 출강구 또는 출재구에 후드(Hood)를 설치하는 로컬 후드(Local Hood)식과 노덮개 또는 노벽 부위에 후드를 설치하는 방법이 있으며, 가스 흡인 용량은 적고, 정압이 높은 송풍기가 필요하며, 배가스 중의 분진 함유량이 많은 것이 특징이다.

건물 집진 방식은 고철 장입시 또는 출강시와 같이 다량의 분진과 가스가 발생하여 국부적인 직접 집진 방법으로는 불충분하여 건물 내부로 배출되는 분진과 가스를 흡인하는 방법이다. 이 방법은 정압은 낮지만 흡인 능력이 높으며, 배가스 중의 분진 함량이 적은 것이 특징이다. 실제로 가동되고 있는 집진 설비는 직접 집진 방식과 건물 집진 방식을 병행하고 있다. <그림 3-15>는 일반적인 전기로 집진 설비의 구조를 나타낸 것이다.

최근에는 전기로 주위를 박스 형태로 밀폐하여 집진하는 Dog House(Sky House) 집진 방식이 채택되고 있으며, 분진과 가스의 흡입 효율과 방음 효과가 우수한 장점이 있다. 배가스 중의 분진 여과 장치로서는 백필터(Bag Filter) 방식이 주종을 이루고 있지만 전기 집진기를 사용하는 경우도 있다.

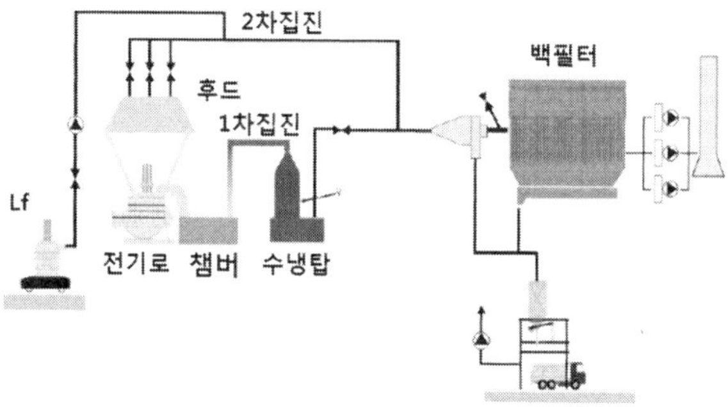

그림 3-15 | 전기로 집진 설비 구조

6 전극 자동 접속 장치

1) 전극 제조

전기로 조업 기술은 전극의 사용 조건이 가혹해지고 품질에 대한 요구 특성도 엄격해지는 방향으로 발전해 왔다. 특히 전기로의 대형화에 따라 고전압, 고전류에도 사용할 수 있도록 내열 충격성이 우수하고 직경이 큰 대형 전극이 필요하게 되었다. 그런데 1960년대 후반에는 고전류 짧은 아크(Short Arc)에 의한 UHP 조업이 전극의 원단위 상승 요인이 되었지만, 전기로 설비의 개량으로 고전압 긴 아크(Long Arc) 조업도 가능하게 되었으며, 최근에는 노외정련, 산소 부화조업, 보조연료 취입 기술 등이 적용됨에 따라 전력 사용 원단위가 감소하고 조업부하가 경감됨에 따라 전극의 원단위도 현저히 감소하게 되었다.

전극 재료는 전극과 고철 사이에서 발생하는 3000℃ 이상의 아크열과 전류 변화에 의한 진동과 충격에 견딜 수 있어야 하며, 고온에서의 내산화성이 우수하고, 전기 전도도와 강도가 높고, 열팽창성이 낮아야 한다. 전극은 제조 원료에 따라 탄소 전극, 천연 흑연 전극, 인조 흑연 전극으로 구분되며, 현재는 주로 전기 저항이 작은 인조 흑연 전극이 주로 사용되고 있다. <그림 3-16>에 일반적인 전극 제조 공정을 나타내었다. 아크 전기로용 흑연 전극은 급속 가열에 의한 내열 충격성이 우수하여 흑연화가 용이한 침상 코크스를 사용하며, 석탄 건류시에 얻어지는 피치 코크스(Pitch Coke) 또는 석유 정제시에 얻어지는 석유 코크스가 주원료이고, 타르 및 피티를 접합재로 사용하여 제조한다. 원료를 가열 혼합 및 가압 성형하여 1,000℃ 내외로 가열 소성과 피치 함침 처리를 반복한 후, 직접 통전하여 약 3,000℃의 고온으로 가열하여 흑연화 처리한다. 피치의 함침 처리에 따라 전극의 기공율이 감소하고 밀도가 증가하여 고유저항이 감소할 뿐만 아니라 강도와 탄성율도 향상된다. 흑연화 열처리 온도가 높을수록 흑연의 결정 구조가 조대화되어 고유저항이 감소한다. 흑연화 열처리로는 Acheson로와 LWG(Length Wise Graphitization)로가 사용되고 있으며, LWG로는 전극의 길이 방향으로 전류가 직접 흐르기 때문에 전극의 균질한 흑연화가 가능한 특징이 있다.

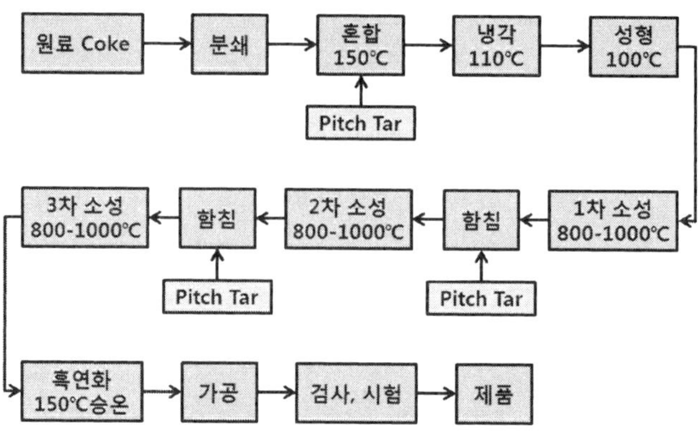

그림 3-16 ▌ **인조 흑연 전극 제조 공정**

전극의 길이는 통상 1.5～2m 정도이며, 전극 사용 원단위는 전기로 조업 기술의 발전에 따라 용강 1톤당 약 2.5kg_f 수준까지 감소하였다. 전극 제조 기술이 발전함에 따라 고전압, 고전류에 사용하여도 내충격 특성이 우수한 18, 20 및 24인치의 대구경 전극이 개발되었다. 또한 니플(Nipple)의 접속 강도가 향상되어 테이퍼 니플이 개발되면서 접속 작업이 쉬워지고 접속 강도가 증가하였으며, 접속부의 전기 저항 감소로 전류 용량도 대폭 증대되었다.

2) 전극 자동 접속 장치

흑연 전극의 선단은 산화 소모나 승화의 반복적인 소모로 점차로 감소하게 되어 있다. 하지만 전극은 그 제조 공정 관계상 2～3m의 기로 제약하여 제조하고 있다. 따라서 전극은 소모가 많아져서 길이가 짧아지면 전극을 교체를 해야한다. 전극을 교체하려면 많은 시간이 소모되므로 공정의 효율화를 위해 전극 자동 접속 장치를 사용하여 새로운 전극을 공급을 해야 한다. 전극 자동 접속 장치는 전극의 소모량에 따라 전극을 아래 방향으로 보내면서 부족한 부분을 상단에 접속할 필요가 있다. 단상의 전극에 대하여 연결은 10Charge에 1회 정도를 실시하는 것이 일반적이다. 송전 직후나 출강 직후의 조업 도중에도 악조건에서도 실시할 수 있도록 설비가 개선되고 있다.

<그림 3-17>과 <그림 3-18>은 전극 자동 접속 장치의 구조 및 순서를 나타낸 것이다. 전극 자동 접속 장치 본체는 신 전극을 꽉 물은 상태로 노상까지 반송되어, 위치를 결정한 후 무선 조작으로 접속 작업을 실시하게 된다.

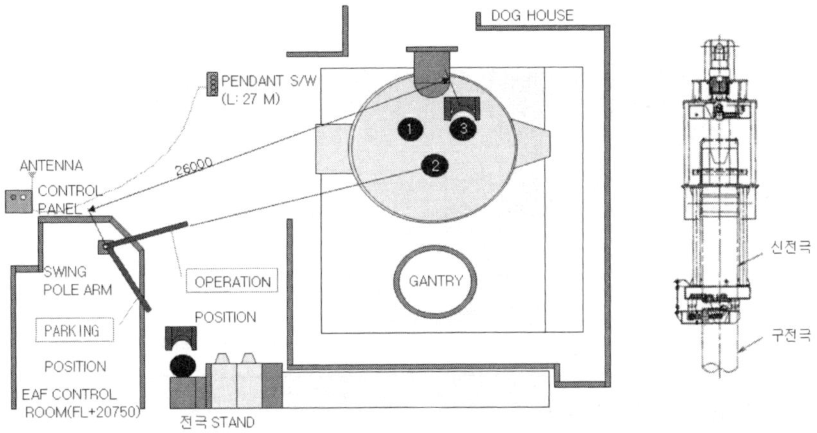

그림 3-17 ▌ **전극 자동 접속 장치의 배치도 및 구조**

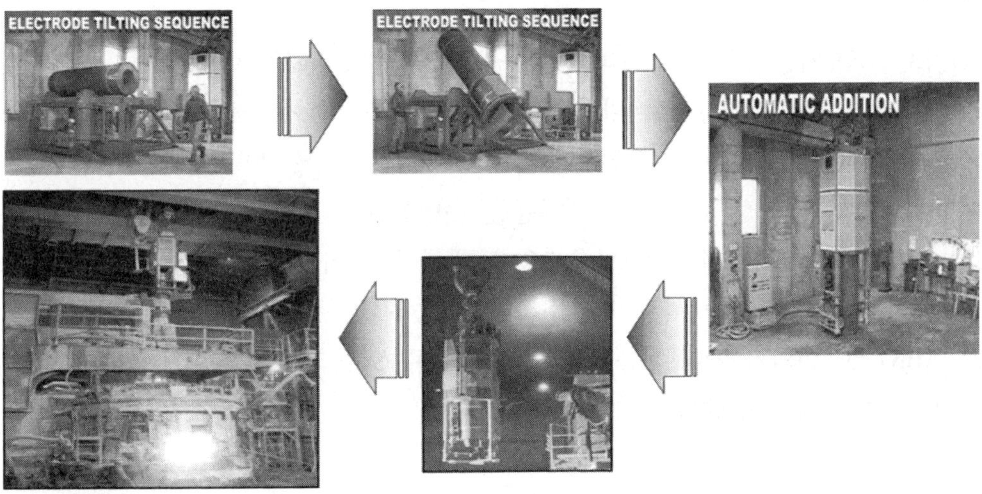

그림 3-18 ▌ **전극 자동 접속 순서**

전극의 접속부는 상단부의 소켓(Socket)에 니플(Nipple)을 돌려 끼워 넣는 방식으로 진행한다. <그림 3-19>는 니플과 소켓의 구조를 나타낸 것이다. 사용 중의 전극의 상단 외벽 주위를 장치가 클램프한 상태에서 신 전극을 니플에 맞추어 유압 모터로서 회전시켜 구 전극에 접속을 하게 된다. 자동 전극 접속 장치를 사용하게 되면 빠르고, 정확하고, 안전하게 전극을 접속할 수 있으며, 작업자간의 접속 편차를 최소화하여 이로 인한 조업 문제점을 미연에 방지하고, 전극봉 접속 작업으로 인한 사고 방지 효과도 있다는 장점이 있다.

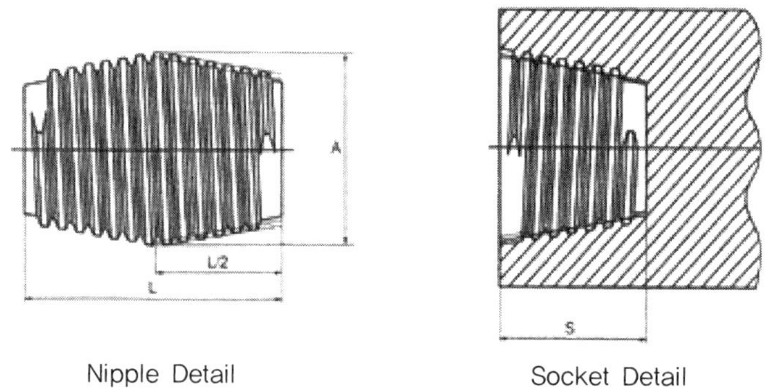

그림 3-19 | 니플과 소켓의 구조

7 전기로 내화물

전기로 조업 기술의 발전에 따라 내화물 사용 기술도 현저히 변화하였다. 특히 UHP 조업에 의한 생산성 향상으로 내화물 사용 조건은 더욱 가혹해졌지만, 조업 기술의 향상과 노체의 수냉화 기술이 확대 보급됨으로써 전기로용 내화물 사용 원단위는 현저히 감소하였다. 천정 및 노벽의 대부분을 수냉화할 수 있게 되었으며, 노덮개는 절연이 곤란한 소천정을 제외한 모든 부위에 대해서, 그리고 노벽은 노저 출강 기술의 채용에 따라 노체의 경동 각도가 감소하여 수냉화율이 증가하였다. 전기로 내화물로서는 MgO-C 연와가 확대 적용된 것이 특징이며, 노바닥의 부정형 내화물도 MgO-C 연와로 대체되는 경향이다.

1) 천정 내화물

1960년대의 천정용 내화물은 규석 연와가 주종을 이루었으나, 1960년대 후반부터 산소부화 조업과 UHP 조업으로 고온 내식성이 우수한 고 알루미나 또는 $MgO-Cr_2O_3$ 연와로 대체되었다. 그러나 1970년대부터 노 덮개의 수냉화 기술이 개발되어 천정부의 내화 연와가 수냉 방식을 대체되었으며, 현재는 소천정부를 제외한 대부분이 수냉화되어 수냉화 율이 약 70%에 이르고 있다. <그림 3-20>에 전기로 천정의 외주부 수냉화 및 소천정의 내화물 시공 예를 나타내었다. 소천정부는 일반적으로 연와와 부정형 내화물로 구성되어 있으며, 부정형 내화물은 Al_2O_3가 80~90%인 고 알루미나질 내화물을 사용한다. 소천정부의 전극 삽입구 주위는 전극 및 노내부로부터의 복사열에 의한 침식이 심하여 노덮개 수명의 율속 과정이 되고 있다. 최근에는 소천정부의 내화 연와 대신에 70∼90%의 Al_2O_3와 약 10%의 MgO를 혼합한 첨정석(Spinel)질 내화재를 대형으로 예비 축조(Pre－Cast)한 후 블록화하여 시공함으로써 축로 작업의 인력과 시간을 절감할 수 있게 되었으며, 노덮개 수명도 현저히 향상되는 것으로 알려져 있다. 점차로 천정 부위는 전극 삽입구 주위를 제외한 모든 부분이 수냉화됨에 따라 내화물 사용량이 더욱 감소할 것으로 예상되며, 불가피하게 내화재를 사용하는 경우도 예비 축조 블록화하고, 알루미나－첨정석 재질이 사용될 것으로 전망된다.

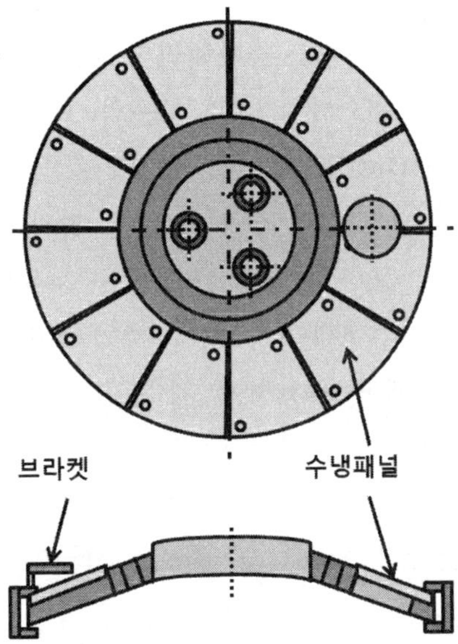

그림 3-20 ▌천정부 수냉화 및 연와 축조 예

2) 노벽 내화물

종래의 노벽용 내화물은 불소성 $MgO-Cr_2O_3$ 연와가 주로 사용되었으나, UHP 조업으로 노벽의 열부하가 증대되면서 소성 또는 전용 $MgO-Cr_2O_3$ 연와로 교체되었으며, 1970년대부터는 MgO－C 연와가 급속히 보급되었다. 그렇지만 노벽부에도 수냉화가 급속히 확대되어 슬래그 라인 상부, 즉 노벽부의 70~80%는 수냉 패널로 대체되었으며, 슬래그 포밍(Foaming) 기술과 숏아크 조업 기술 등이 적용되면서 노벽부 내화물의 부하도 크게 경감되었다.

열부하가 큰 Hot Spot 부위는 Cu 수냉 패널을, 그리고 열부하가 적은 부위는 철강재 수냉 패널을 설치하여 사용하고 있다. 수냉 패널을 사용하지 않는 경우는 Hot Spot 부위에는 MgO－C 연와를, 그리고 저열부에는 불소성 $MgO-Cr_2O_3$ 연와를 사용한다. <그림 3－21>에 노벽부의 축로 예를 나타내었다. 노벽부의 내화물 사용 부위는 슬래그 라인 상부 5~6단 까지 감소하였으며, 최근의 노체 내화물 침식의 Neck Point는 출강구 및 출재구 부근의 Hot Spot 부위인 것으로 알려져 있다. 최근에는 용강의 2차 정련 기술의 보급으로 전기로의 조업 부담이 경감되어 내화 연와의 소모량도 현저히 감소하였으며, 따라서 보다 저렴한 내화물을 사용하는 방법이 활발히 검토되고 있는 추세이다. 앞으로는 수냉화율이 더욱 증가하여 내화물은 슬래그 라인부와 출강구 등 극히 제한된 부위에만 사용하게 될 것으로 전망된다.

내화물 재질은 MgO－C 연와가 주류를 이룰 것으로 전망되지만, 원가 절감을 위해 저렴한 연와 사용 기술도 적극적으로 검토될 것으로 예상된다. 또한 가까운 장래에는 다양한 기능의 부정형 내화재가 개발되어 필요에 따라 수시로 노벽을 보수함으로써 정형 내화물을 사용하지 않고 노벽을 영구적으로 사용할 수 있는 Endless 시공법이 실현될 것으로 기대된다.

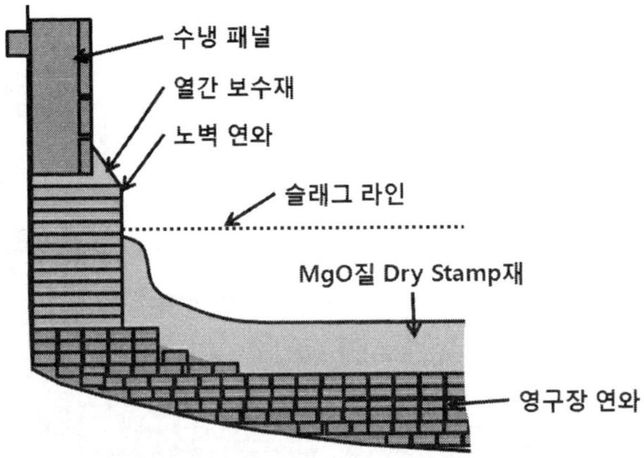

그림 3-21 ▎노벽부의 내화물 축로 예

3) 노상 내화물

<그림 3-22>는 노상부 내화물의 시공 예를 나타낸 것이다. 노상부는 일반적으로 소성 MgO 연와를 축조하고, 그 위에 부정형 MgO 스탬프(Stamp)재를 다진다.

노상용 내화재는 주로 MgO가 85~95%인 해수 마그네시아 클링커(Clinker)를 사용하고 있으며, 충진율이 높도록 입도를 조절하고, 수분을 함유하지 않는 드라이 스탬프 방식이 주류를 이루고 있다. 노상 내화물의 경우는, 용강의 2차 정련 기술이 보편화됨으로써 전기로 조업의 열적 부하가 경감되고, 노보수 작업을 정기적으로 실시하기 때문에 큰 문제는 없다. 열간 보수재로서는 슬래그 라인 상부의 노벽측은 MgO질을, 하부 노상부는 MgO-돌로마이트(Dolomite)계 내화재를 사용한다. 성력화를 위해 열간 보수재는 자동 열간 보수기를 이용하여 투입하는 것이 보통이다. 노상부의 수명 연장을 위해 MgO-C 연와를 적용한 사례도 있다.

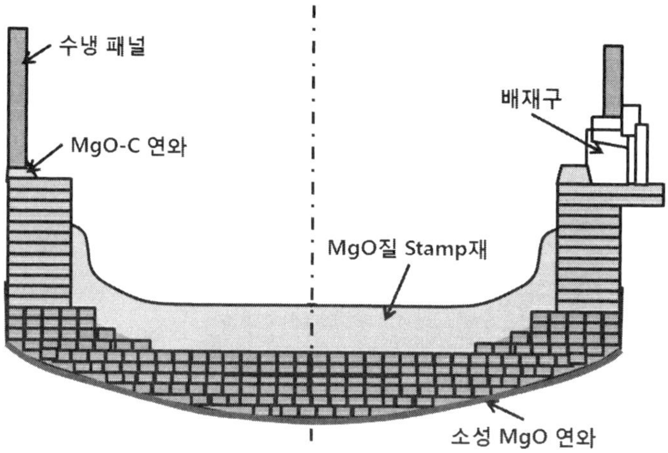

그림 3-22 | 전기로 노상부의 내화물 시공 예

4) 출강구 내화물

출강구의 내화물은 용강에 의한 마모 저항, 슬래그에 대한 내식성, 내열적 스폴링성, 지금 부착 저항성 등 다양한 특성이 요구되지만, 그 중에서도 가장 중요한 요구 조건은 사용 중 균열이 발생하지 않고, 내마모성이 우수해야 한다. 출강구용 내화물은 주로 Al_2O_3 또는 ZrO_2에 SiC, Si_3N_4, C 등이 첨가된 내화재가 사용된다. 시공법은 부정형 내화재를 다지는 것이 보통이지만, 소형 벽돌을 축조하거나, 부정형 내화물을 미리 성형한 블록을 사용하기도 한다.

5) 전기로의 수냉화 기술

1980년대 이후, 생산성 향상을 위한 UHP 조업과 산소 다량 사용 기술이 적용되면서 전기로 내화물의 사용 여건은 더욱 가혹해졌으며, 노체 수명 저하를 방지할 수 있는 대책 마련이 절실해졌다. 그 방안으로서 1960년대부터 Hot Spot 부위에 국부적으로 적용하던 수냉 장치(WCP ; Water Cooling Panel)의 활용 방안을 적극적으로 검토하기 시작했으며, 노덮개와 노벽부에 폭넓게 활용하기에 이르렀다. 초기에는 노벽부의 내화물 침식 속도를 저감하기 위하여 철피와 내화 연와 사이에 수냉 패널을 매립하는 방식이 시도되어 좋은 효과를 거두었으나, 내화물이 완전히 소모되어 수냉 패널이 노출되어도 조업에 지장이 없다는 사실을 확인하게 된 이후부터는 아예 내화 연와를 축조하지 않고 냉각 패널만으로 노벽을 구성하는 방법이 착안하게 되었다. 또한 수냉 패널의 냉각능에 의한 열손실을 저감하기 위하여 수냉 패널의 노내측 표면에 다양한 형상의 돌기물을 설치함으로써 조업 중에 금속 또는 슬래그가 두껍게 응착하여 단열재 역할을 하도록 하는 방안이 개발되었다. <그림 3-23>은 수냉 패널의 형태 및 구리 수냉 파이프의 모양을 나타낸 것이다.

그림 3-23 ▌수냉 패널의 형태 및 구리 수냉관의 형상

수냉 패널의 확대 적용은 단순히 내화물 사용량 저감뿐만 아니라, 내화물을 대체하여 반영구적으로 사용함에 따라 노체 보수 작업 시간의 대폭적인 단축으로 생산성 향상 효과도 기대할 수 있다. 그런데, 수냉 패널은 반복적인 열응력에 의한 피로 현상으로 크랙이 발생하거나, 아크 또는 산소 제트와의 충돌 및 용강과의 접촉에 따라 국부적으로 용손될 수도 있다. 크랙 발생의 경우 어느 정도 수명 예측이 가능하지만, 아크나 산소와의 충돌 및 용강과의 접촉은 돌발적인 사고 연결될 수 있다. 그러나 다행히도 수냉 패널의 수명을 결정하는 주요인은 열응력에 의한 파손이 지배적인 것으로 알려져 있다. 따라서 가급적 열전도성이 우수한 구리 제품을 사용하고, 국부적으로 열응력이 집중되지 않도록 적절한 구조로 설계, 제작하는 것이 바람직하다. 그리고 수냉 패널의 내구성을 향상시키기 위해서는 냉각수 유속을 높여 난류 흐름을 유지함으로써 냉각 효과를 개선하는 것도 효과적이다.

8 부대 설비

1) 자동 측온 장치

자동 측온 장치는 전기로의 용해가 완료되면 용해 중에 용강의 온도 및 성분을 정확하고 신속하게 측정하기 위한 장치로서, 전기로 공정의 자동화 및 조업의 안정화, 설비의 대형화에 따른 측온 및 샘플링의 신뢰성 향상, 조업자의 안전 사고 예방을 위해서 필수 설비라 할 수 있다. <그림 3-24>는 자동 측온 장치를 나타낸 것이다.

공정 작업의 원활화, 전기로 작업 내용을 파악하여 후속 작업의 데이터 및 참조 사항으로 적용하기 위함이다. 전기로의 조업 결과 출강 온도 및 출강 성분 데이터를 확보하기 위한 샘플링을 실시한다.

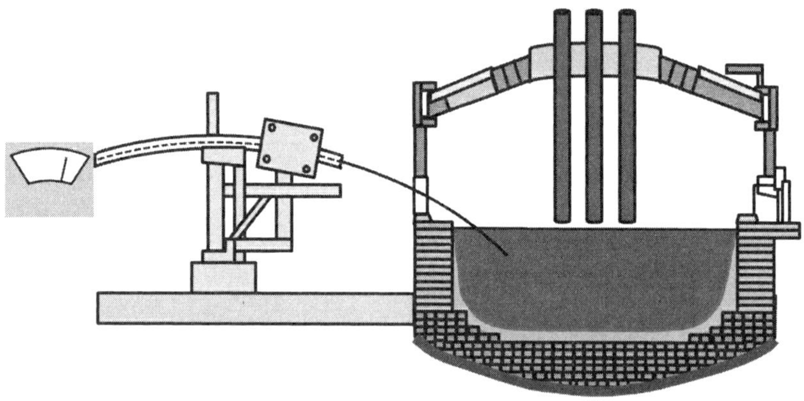

그림 3-24 ▎전기로용 자동 측온 장치

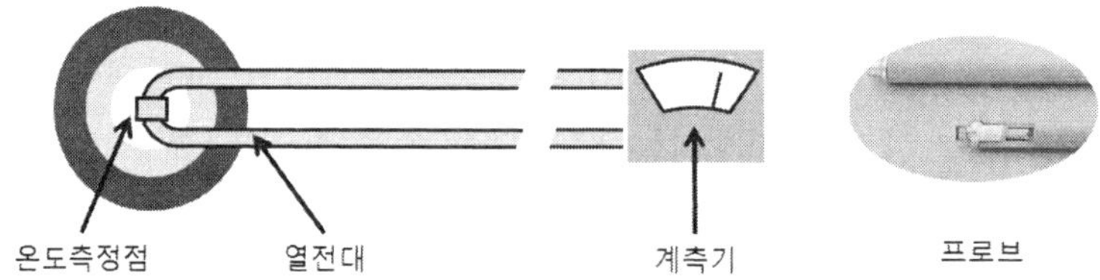

그림 3-25 ▎프로브를 이용한 측온

측온은 프로브(Probe) 열전대를 직접 용탕에 직접 침지하여 측정한다. 이 방식은 측정 시간이 3~4초로 짧으며, 비접촉 방식의 광고온계 등에 비해 재현성 및 정확도가 월등히 높고, 분진이나 슬래그 등의 외부 환경적 영향을 받지 않는 장점이 있다.

<그림 3-25>에 온도 측정 및 프로브의 모양을 나타내었다. 프로브는 세라믹 파이프에 열전대가 삽입되어 있어 용탕의 온도를 직접 측정할 수 있으며 용탕과 접촉하는 관계로 소모성으로 사용하고 있다. 일반적인 제강 공정에서의 온도는 1,250~1,750℃인데 1,554℃에서 허용 오차는 ±1.5℃ 정도이므로, 프로브를 통한 직접 측온은 이 오차를 최대한 만족시킬 수 있는 가장 효율적인 방법이다.

용강 중의 산소를 측정하는 목적은 용존 산소 관리, 용해 Al 추정, 탈산재 양의 결정, 탄소 농도 추정 등이 있다. 용강의 산소 농도를 측정하는 방법으로는 직접 측산과 간접 측산이 있다. 간접 측산법은 샘플러를 이용하여 시료를 채취한 다음 성분을 분석하는 방법으로 전산소 측정에는 유리하지만, 분석 시간이 많이 소요되는 단점이 있다. 직접 측산법은 산소 프로브를 용탕에 직접 담가서 측정하는 방법으로 실시간으로 산소 농도를 측정이 가능하다는 장점이 있지만 프로브가 많이 소모된다는 단점이 있다.

<그림 3-26>은 산소 농도를 측정하기 위한 프로브의 센서 구성도를 나타낸 것이다. 센서의 측정 범위는 일반적으로 1~1,500ppm 정도이다.

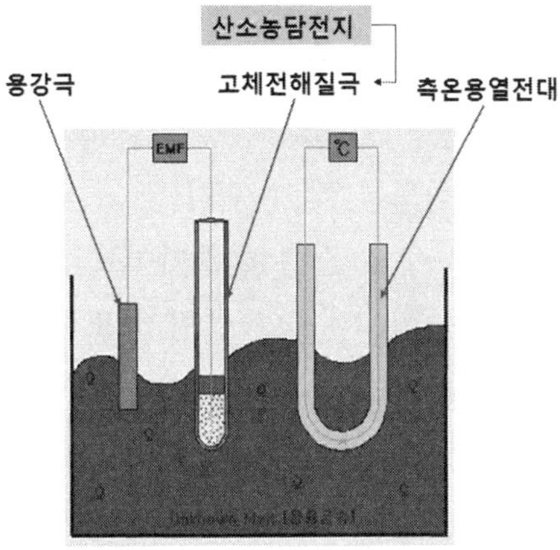

그림 3-26 | 산소 센서 구성도

샘플러(Sampler)를 이용하여 용강에서 일정량의 시료를 채취한 후 분석을 실시하면 모든 성분 분석이 가능하지만 분석에 소요되는 시간이 수분 정도 걸린다는 단점이 있다. 성분 분석 방법으로는 형광 X-선 분석법, 발광 분석법, 가스 분석법 등이 있다.

최근에는 용강의 온도 측정 또는 산소, 탄소, 질소 등을 측정하고 시료도 채취할 수 있는 복합 프로브를 사용하는 추세이다. 복합 프로브를 사용하면 기계적 장치를 이용하여 1회 측정으로 여러 가지 정보를 얻을 수 있는 장점이 있다.

<그림 3-27>은 샘플러 및 복합 프로브를 나타낸 것이다.

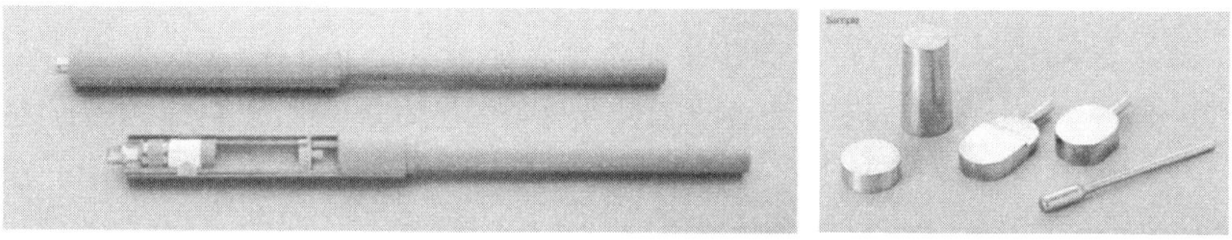

그림 3-27 **복합 프로브 및 샘플러**

2) 열간 보수기

전기로에서 슬래그 라인은 유동성이 좋은 슬래그에 의해 용손이 많이 되는 곳이므로 필히 매회 조업시 관찰하여 보수가 필요하다. 보수 작업은 출강 후 신속히 이루어져야 하며, 안전한 보수 작업이 이루어지는 것이 다음 장입에서 중요하며, 보수 시간의 단축이 생산성 향상에 영향을 미치므로 항상 관찰을 해야 해서 특별한 보수가 필요할 시에는 즉시 보수를 실시하도록 해야 한다.

보수재로는 세립 돌로마이트, 세립 소성 돌로마이트와 소성 마그네시아를 섞어서 사용하며, 용손이 심할 경우에는 마그네시아 클링커 또는 소성 돌로마이트와 마그네시아 클링커를 혼합한 것을 사용하기도 한다.

효율적인 보수를 통하여 노체 수명의 향상을 위해 열간 보수기를 이용하여 열간 보수 작업이 안정적으로 이루어져야 한다. 주로 사용하는 장비로는 건닝 머신(Gunning Machine)이 있다. 건닝 머신은 재료 공급기(Material Feeder)에서 정량 공급되는 내화물을 첨가수와 함께 혼합하여 압축 공기에 의해 이송시켜 보수 부위에 스프레이 코팅하는 기능을 가지고 있으며, 장비의 작동 및 구동은 유압 콘트롤 유닛(Control Unit)에서의 유압으로 인하여 경동 및 회전을 한다. 또한 핸스 헤드 부위의 경동과 노즐이 360° 회전을 하여 전기로의 소손 부위를 보수할 수 있는 설비이다. 건닝 머신은 각종 공기 및 수냉 조정 장치와 전기 조정 장치의 유기적인 조합으로 구성되어 있다. <그림 3-28>은 건닝 머신에 의한 열간 보수의 예를 나타낸 것이다.

열간 보수기를 사용하면 항상 최적의 노상 용적 및 프로파일을 유지가 가능하여 정기 보수 시 로상 과잉 보수가 불필요하고, 보수 후 초기 조업 시에도 적정 노상 용적을 유지할 수 있으며, 보수 후 초기에 조업이 안정되고, 안정 조업으로 인한 전력 원단위 개선에도 효과적이며, 최적의 노상 프로파일 유지로 조업 안정에 의한 각종 지표를 개선하는 것이 가능하다. 또한 필요 시 수시로 노상 보수가 가능하므로 정기 보수 시 노상 보수 최소화 또는 생략이 가능하고, 보수 시간 단축으로 노체 냉각 시간, 내화물 투입 및 시공 시간을 감소하거나 생략이 가능하며, 내화물의 절감으로 필요한 양만 적기에 보수를 실시할 수 있고, 작업 환경 개선으로 고열 및 분진 작업 최소화할 수 있으며, 에너지가 절감되어 노체 냉각 최소화로 열손실을 억제할 수 있는 장점이 있다.

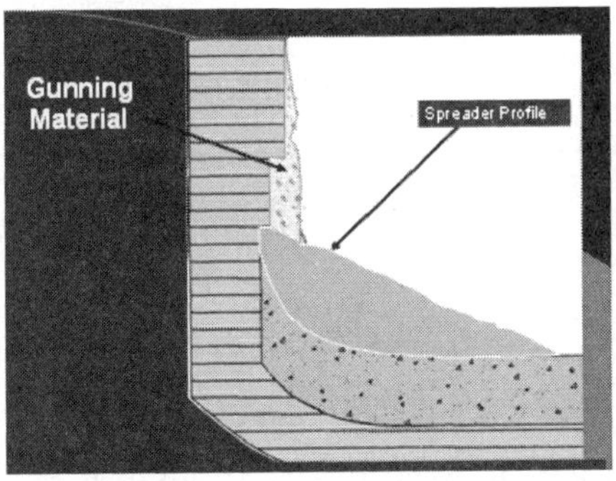

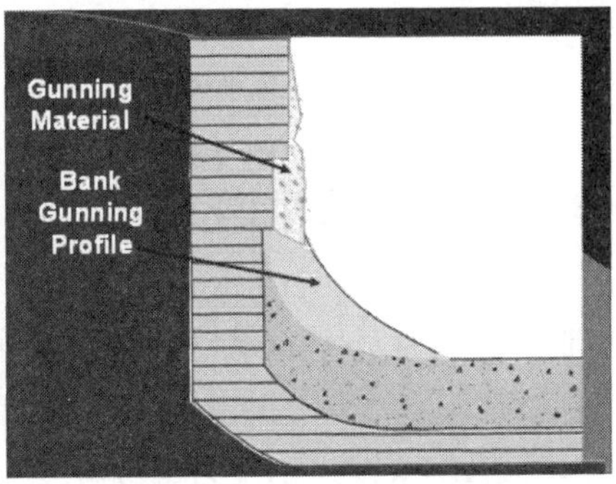

(a) 열간 보수법의 예

(b) 열간 보수기(건닝 머신)

그림 3-28 ∎ 건닝 머신에 의한 열간 보수

3) 레이들 예열기(Ladle Preheater)

레이들 예열기는 신축 레이들의 내화물 건조 혹은 용강의 수강을 위해 레이들을 예열하는 용도로 사용된다. 레이들 예열기는 <그림 3-29>와 같이 수직형과 수평형 레이들 예열기가 있다. 수직 레이들 예열기는 신축한 레이들의 내화물 건조 혹은 출강 대기 시 레이들의 예열에 이용하며, 수평 레이들 예열기는 레이들 내화물의 건조 완료 후 혹은 사용 중인 레이들의 예열에 사용한다.

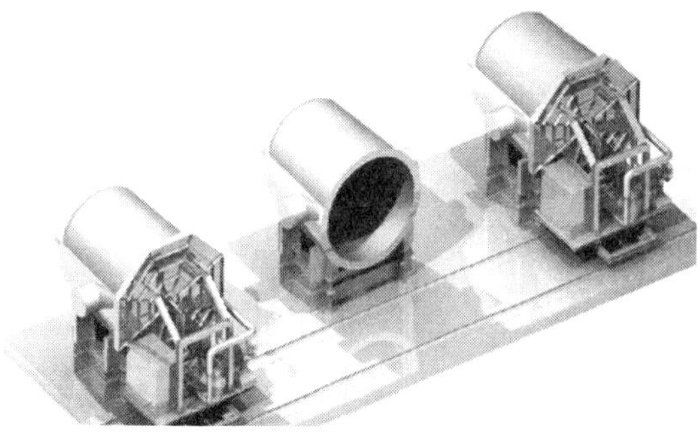

(a) 수평 레이들 예열기

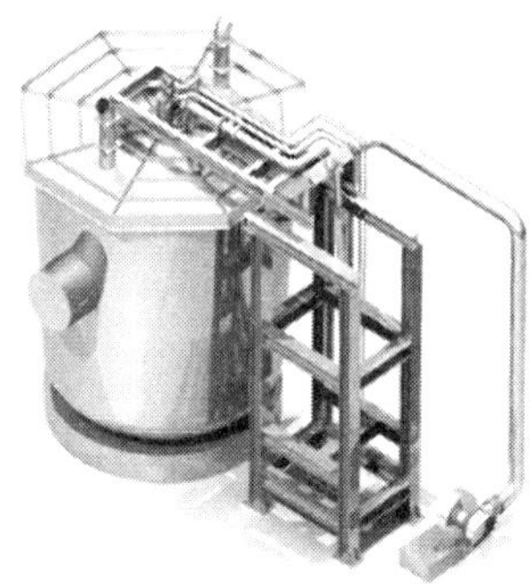

(b) 수직 레이들 예열기

그림 3-29 ❙ 레이들 예열기의 종류

또한 레이들 예열기는 사용 연료 종류에 따라 공기 연소식, 산소 부화식, 순 산소식으로 구분된다.

공기 연소식은 연료로 (LNG+공기)를 사용하며 이론 열효율은 30.99%이고, 방출 열량은 7,246kcal/LNG Nm^{3}이고, 화염온도는 약 1,400℃이며, 화염 폭이 넓게 형성된다. 이 방법의 장점은 버너 수급이 용이하다는 것 이지만, 배기 가스량이 많아 열손실 과다하게 발생되고, 화염 온도가 낮고 예열 시간이 길어 원단위가 증가하며, 바닥부 예열 부족에 의한 조업성 저하가 우려된다는 단점이 있다.

산소 부화식은 연료로 (LNG+공기+산소)를 사용하며, 이론 열효율은 50.0~74.4%이고, 방출 열량은 2,684~5,249kcal/LNG Nm^{3}이고, 화염온도는 약 2,100℃이며, 화염 폭이 좁고 길게 형성된다. 이 방법의 장점으로는 화염 길이가 길어 레이들내 균일 온도 유지가 가능하고, 비례 제어 방식으로 가열 패턴을 최적화하는 것이 가능하며, 커버와 레이들 간격을 100mm이상에서 효율적으로 유지할 수 있다.

단점으로는 수랭식으로 별도의 냉각 배관을 설치해야 하며, 공기 연소식보다 소음이 약 10dB 정도 증가한다.

4) 레이들 슬라이드 게이트

레이들 슬라이드 게이트는 레이들 하부에 장착되어 연속 주조시 레이들 터렛 하부에서 레이들과 턴디시 간의 용강 유량을 제어하는 역할을 한다. <그림 3-30>은 레이들 슬라이드 게이트의 사용 예를 나타낸 것이다.

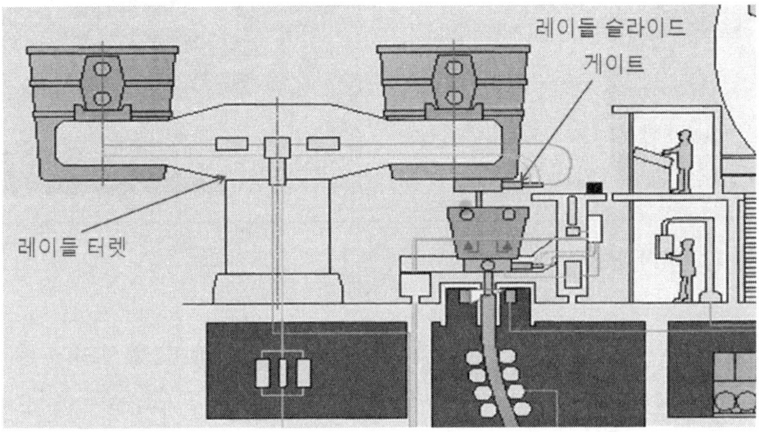

그림 3-30 ▌레이들 슬라이드 게이트의 사용

5) 와이어 공급기(Wire Feeder)

와이어 공급기는 고가의 특수 금속 등을 용강 내로 첨가하기 위한 장치로서 설비가 단순하고, 정확한 공급량 제어가 가능하여 성분 미세 조정 및 개재물 형상 제어에 활용이 용이하며, 용강 전체적인 균일한 성분 조정을 위한 과다한 교반이 불필요하여 열손실 및 대기 오염 저감에 효과적인 장치이다. <그림 3-31>은 와이어 공급의 사용 예를 나타낸 것이다.

그림 3-32 ❙ 와이어 공급기

와이어 공급 직후 와이어는 표면에 얇은 용강 응고 피막이 형성되어 충분한 열량이 공급되어 용해가 된다. 와이어의 용해 위치는 실수율을 좌우하며, 와이어의 굵기 및 공급 속도 제어가 와이어 공급기 사용의 중요한 인자가 된다. <그림 3-32>는 와이어의 공급 깊이 및 위치를 나타낸 것이다.

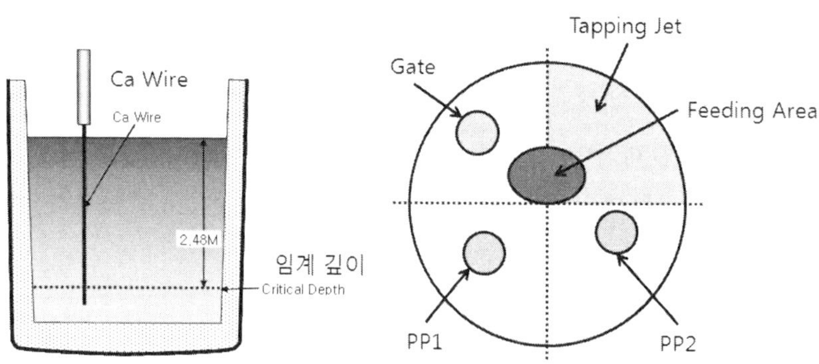

(a) 와이어 깊이　　(b) 와이어 위치

그림 3-32 ❙ 와이어의 깊이와 위치

와이어의 투입 시 특히 Ca 와이어는 증기압이 높고, 고용도가 낮아 용강 내 투입 시 기화 손실이 일어나며, 철정압이 Ca의 증기압보다 높은 깊이까지 투입 하는 것이 중요하다. 또한 레이들은 알곤 가스로 버블링(Bubbling)을 계속 실시하고 있기 때문에 용강의 유동 흐름을 고려하여 <그림 3-31>과 같은 위치에 투입하는 것이 회수율 면에서 유리하다.

6) 내화물 브레이커

내화물 브레이커는 <그림 3-33>과 같이 제강 노체의 설비인 전기로 및 레이들의 내화물을 해체하거나 부착된 지금을 제거하는 장비이다.

(a) 전기로 내화물 해체

(b) 레이들 내화물 해체

그림 3-33 ▎ **내화물 브레이커**

9 원료

1) 주원료

전기로의 주원료인 고철은 제강 원가의 약 55% 이상을 차지한다. 그리고 고철의 품위는 생산 제품의 품질에 직접적인 영향을 미칠 뿐만 아니라 에너지와 부원료 사용 원단위에도 크게 영향을 미친다. 전기로에 사용되는 고철은 발생원에 따라 자가 발생 고철, 가공 고철 그리고 노폐 고철로 분류할 수 있다.

자가 발생 고철은 철강 회사의 생산 공정에서 발생하는 고철로 화학 성분이 분명하고 품질이 우수하다. 가공 고철은 철강 소비 산업 즉 자동차, 조선, 기계 등의 제조 공정에서 발생하는 고철로서 출처가 명확하며 자가 발생 고철보다도 품질이 우수하다. 반면에, 노폐 고철은 일정 기간 동안 사용된 후 폐기된 철강 제품으로부터 회수된 고철로 품질이 다양하고 바람직하지 못한 불순물을 다량 함유할 가능성이 높다. 특히 노폐 고철중에는 흙 등의 무기물과 플라스틱 등의 유기물 그리고 각종 비철 금속이 함유되어 있다. 그 중에서 유기물은 전기로 조업 과정에서 연소되어 제거되지만, 무기물과 비철 금속은 제거하기가 쉽지 않다.

고철 중에 흙과 같은 무기물이 다량 혼합되어 있으면 슬래그의 염기도가 낮아져 P, S 등을 정련하는 것이 쉽지 않다. 슬래그 염기도 조정을 위해 부원료를 다량 사용하는 경우는 에너지 소비량이 증가하고, 슬래그량 증가에 따라 작업성이 악화된다. 또한 Cu와 Sn과 같은 원소는 강재의 열간 및 냉간 가공성을 악화시키므로 전기로 제강 조업에서 기피하는 대표적인 원소이다. 이러한 원소들은 현재의 정련 기술로는 제거하기가 쉽지 않고, 현실적으로 고철 중의 혼입을 최소화하거나, 이러한 원소들이 적게 함유된 선철 또는 특급 고철 등의 배합비를 높여 희석시키는 방법을 채택하는 것이 일반적이다.

고철 중 불순물을 제강 과정에서 제거하는 데는 한계가 있기 때문에 사전에 고철로부터 분리, 제거하는 방법이 행하여지고 있다. 고철 중의 불순물은 육안 판별에 의한 수작업으로 선별하는 것이 가장 간편하고 전통적인 방법이지만, 생산성과 경제적 측면에서 효율이 떨어지기 때문에 최근에는 기계적인 절단(Shredding)에 의한 방법이 널리 활용되고 있다. 절단기(Shredder)는 고철을 로터(Rotor)에 부착된 칼날에 의해 일정 크기 이하로 파쇄 절단한 후, 자력 선발법으로 회수하고 고철 중에 혼합되어 있는 비철 금속, 플라스틱, 유리, 고무 등의 불순물을 분리하는 설비이다.

한편 건축용 강재나 파이프 등과 같이 길이가 긴 고철은 전기로에 장입하기 쉽도록 절단하고, 캔처럼 가볍고 부피가 큰 고철은 겉보기 비중을 높이기 위하여 압축(Pressing) 가공하여 사용한다. 고철은 발생원이 다양하기 때문에 종류와 품위가 다양하다. 전기로 제강 회사들은 고철의 크기, 발생원, 불순물의 함유 정도 등을 고려하여 고철별 등급을 A급, B급, C급 등으로 분류하고 관리하고 있다.

전기로 제강 공정에서는 제품 종류별로 불순 원소들에 대한 허용 범위를 설정하고 고철의 배합 기준을 설정하여 관리하고 있다. 특히 불순 원소의 농도가 엄격히 관리되는 판재류를 비롯한 고급 강종을 생산할 때는 불순 성분이 적은 고급 고철을 다량 사용한다. 그러나 고급 고철은 점점 수급이 어려워지고 노폐 고철의 발생량은 급증 할 것으로 예상되므로, 노폐 고철의 품위 향상을 위한 노력과 병행하여 용해 및 정련 과정에서 불순 성분이 적은 고급철원을 혼합 사용하여 불순원소들의 함량을 회석하는 방안이 활용되고 있다. 고급 고철을 대체할 수 있는 청정 철원으로서는 냉선, 직접 환원철, 탄화철(Iron Carbide) 등을 생각할 수 있다.

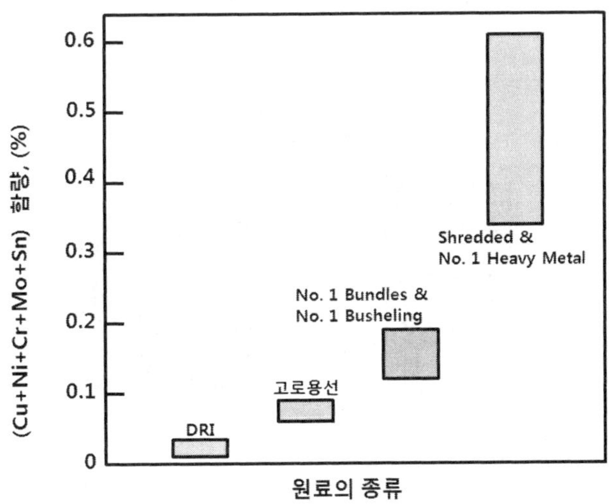

그림 3-34 | 철원별 불순 원소 함량 비교

<그림 3-34>는 고체 철원 중 대표적인 불순 원소로서 (Cu+Sn+Mo+Ni+Cr)의 함량을 비교한 예이다. 직접 환원철과 냉선 중에는 고급 고철에 비해서도 불순 원소의 함량이 현저히 낮은 것을 알 수 있다.

직접 환원철은 철광석 펠렛 또는 괴광을 직접 환원한 DRI(Drict Reduced Iron)와 분광을 환원하여 가압 성형한 HBI(Hot Briquetted Iron)로 구분되며, 통상적으로 90~95%의 금속철과 소량의 맥석 성분과 환원되지 않은 산화철, 그리고 1~2%의 탄소가 잔존하고 있다. 직접 환원철은 고철에 비해 냉각능이 크고 열전달이 늦기 때문에 전기로 조업에서 직접 환원철 사용 비율은 조업 효율에 영향을 미칠 수 있다. 약 10%의 직접 환원철을 혼합 사용하는 경우는 고철만 사용하는 경우에 비해 전극 원단위가 13kWh 정도 상승하는 것으로 알려져 있다.

그러나 입도가 균일한 직접 환원철은 전기로 내 장입 방법 등을 최적화하면 사용 방법에 따라 생산성이 향상되고 전극과 내화물은 소모량을 절감할 수 있다. 직접 환원철을 20% 이상 다량 사용하는 경우는 연속 장입 방법을 활용하는 것이 효과적이다. 전기로 내에 초기 장입한 고철이 용해한 후, <그림 3-35>와 같은 직접 환원철이 연속 장입 장치를 사용하여 직접 환원철을 연속적으로 장입하면서 장입 속도와 전력 부하의 균형을 제어함으로써 생산성 향상이 가능하다.

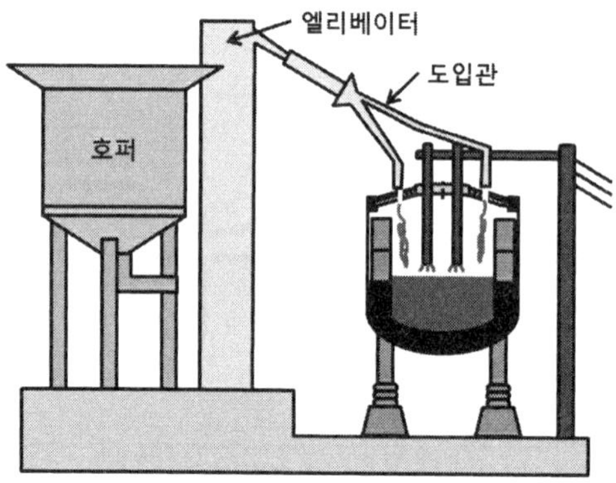

그림 3-35 | 직접 환원철의 연속 장입 장치

그리고 직접 환원철 중에 함유된 미환원 산화철과 탄소의 반응에 따른 CO 보일링(Boiling) 현상에 의한 용강의 탈가스 효과도 기대할 수 있다.

한편, 고철 가격은 시황에 따라 변동폭이 크다. 전기로 조업원가 중에서 고철이 차지하는 비중이 매우 높기 때문에 경쟁력을 유지하기 위해서는 고철 가격과 원활한 수급이 대단히 중요하다. 따라서 직접 환원철의 안정적인 공급은 부가가치가 높은 고급 강재 생산은 물론 원료 가격 변동에 대한 완충 효과도 기대할 수 있다.

2) 고철의 등급별 특징 및 기준

표 3-5 | 각종 고철의 특징 1

종류	예시	특징 및 기준		
		철스크랩 종류	상태	제한 규격
생철		열간압연판	열간압연 박판 절단설	500 × 1000 × (0.5~100mm) 이내
생철	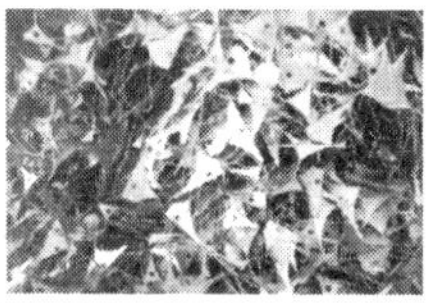	냉간압연판 (펀칭설)	냉간박판 소재의 펀칭설	500 × 1000 × (0.5~100mm) 이내
생철		냉간코일설	냉간압연 판 소재의 사이드 코일(결속상태 양호한 코일설)	500 × 1000 × (0.5~100mm) 이내
생철		열간압연판	열간압연 박판 절단설	500 × 1000 × (0.5~100mm) 이내
생철		후판설	후판 절단과정에서 발생되는 사이드 절단설	500 × 1000 × (0.5~100mm) 이내
생철		열간압연판 (강판설)	결속상태 양호한 강판설	500 × 1000 × (0.5~100mm) 이내
생철		선재설	선재공장에서 발생된 결속되거나 절단된 선재 철 스크랩	500 × 1000 × (0.5~100mm) 이내
생철		생철 압축	냉각 박을 압축 가공한 것	500 × 1000 × 500 (Consteel의 요구조건)

표 3-6 | 각종 고철의 특징 2

종류	예시	특징 및 기준		
		철스크랩 종류	상태	제한 규격
생철		절단 슬래브설	슬래브의 절단설	
중량 고철		봉강류(환봉)	일반탄소강 소재의 환봉 철 스크랩	길이 1000mm이내, 직경 3~100mm이내
중량 고철		형강류(H 빔)	불량품 절단 및 부분 절단한 것	500 × 1000 × (3~100mm) 이내
중량 고철		형강류 (시트 파일)	시트 파일 불량품	500 × 1000 × (3~100mm) 이내
중량 고철		단조강	단조 스켈이 혼입되지 않은 단일품	500 × 1000 × (3~100mm) 이내
중량 고철		금형류	주물공장 발생 불량품	500×1000×300mm 이내 (소재두께 3~100mm 이내)
중량 고철		빌렛	전기로 제강시 발생 불량품	500 × 1000 × 300mm이내
중량 고철		대형주물류	주물공장 발생 불량품	500×1000×300mm 이내 (소재두께 3~100mm 이내)

표 3-7 | 각종 고철의 특징 3

종류	예시	특징 및 기준		
		철스크랩 종류	상태	제한 규격
중량 고철		철도 레일	불량 레일	500 × 1000 × (0.5 ~ 100mm) 이내
중량 고철		철도차량 해체 철 스크랩	폐광 철거시 발생되는 레일로드 및 갱차해체 철스크랩	500 × 1000 × 300mm이내
중량 고철		강판류	철구조물 제작과정에서 발생되는 절단설 및 펀칭설	500 × 1000 × (0.5 ~ 100mm) 이내
중량 고철		폐건자재	건축 폐자재류 철 스크랩	500 × 1000 × 300mm이내
중량 고철		파이프류	일반탄소강 소재로서 파이프 철 스크랩	500 × 1000 × (0.5 ~ 100mm) 이내
중량 고철		차량부품 (하우징)	폐차발생 철 스크랩	500×1000×300mm 이내 (소재두께 3 ~ 100mm 이내)
중량 고철	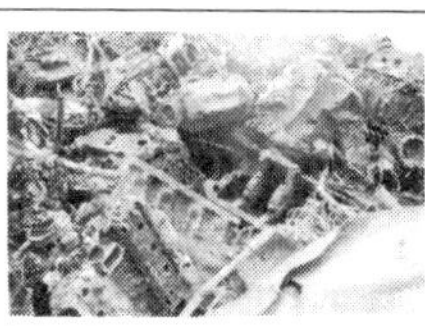	차량부품 (모터블럭)	폐차발생 철 스크랩	500×1000×300mm 이내 (소재두께 3 ~ 100mm 이내)
중량 고철		절개된 고압가스통	완전 절개된 LPG 가스통	500×1000×300mm 이내 (소재두께 3 ~ 100mm 이내)

표 3-8 | 각종 고철의 특징 4

종류	예시	특징 및 기준		
		철스크랩 종류	상태	제한 규격
중량 고철		철근	철근 절단설	500×1000×300mm 이내 (소재두께 3~100mm 이내)
경량 고철		가전제품, 사무용품	철망 드럼통 등 생활용품	600×1000×500mm 이내 (소재두께 3mm 미만)
경량 고철		난방기구류	라디에이터	600×1000×500mm 이내 (소재두께 3mm 미만)
경량 고철		경량 폐건자재	건축재 건자재 철 스크랩	600×1000×500mm 이내 (소재두께 3mm 미만)
경량 고철		스틸 밴드	박판류	600×1000×500mm 이내 (소재두께 3mm 미만)
경량 고철	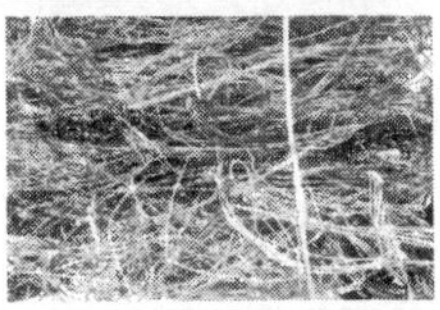	철선	부피 철 스크랩으로 가공을 요함	600×1000×500mm 이내 (소재두께 3mm 미만)
경량 고철		석도강판설	석도강판 소재 철 스크랩	600×1000×500mm 이내 (소재두께 3mm 미만)
경량 고철		철 파이프	부피 철 스크랩으로 가공을 요함	600×1000×500mm 이내 (소재두께 3mm 미만)

표 3-9 | 각종 고철의 특징 5

종류	예시	특징 및 기준		
		철스크랩 종류	상태	제한 규격
경량 고철		경량 구조물	공사 폐 자재 철 스크랩	600×1000×500mm 이내 (소재두께 3mm 미만)
가공 고철	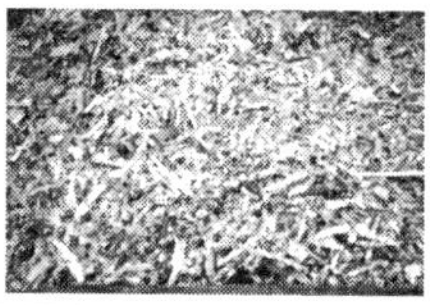	Shredded	철판류를 슈레더로 가공한 철 스크랩	100×100×00mm 이내
가공 고철		폐철 압축캔	식음료용 캔을 수집 가공한 것	600×1000×500mm 이내 (소재두께 3mm 미만)
가공 고철		G/S A	중량 철스크랩 장착물을 세절 가공한 것	길이 1000mm 이내
가공 고철		경량 구조물	중량 철스크랩 장착물을 세질 가공한 것	길이 1000mm 이내
가공 고철		압축A (생철압축)	발생 생철을 압축 가공한 것	800×800×1000mm (Consteel의 경우 500×500×500mm)
선반설		압축B (경량철스크랩)	경량 철스크랩을 압축 가공한 것	800×800×1000mm (Consteel의 경우 500×500×500mm)
선반설	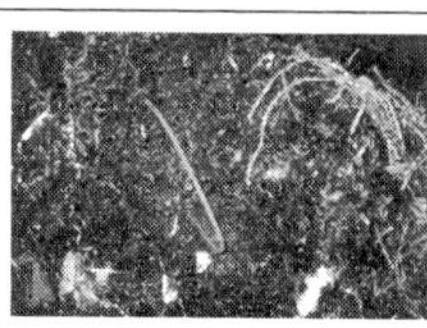	일반 선반설	불순물이 혼입되지 않은 일반 선반설 (절삭유 다량함유 된 것은 규제)	

3) 부원료

가) 합금철

합금철은 탈산제 또는 기계적 성질 개선을 위한 합금 성분 첨가제로 구분된다. 대표적인 탈산제로는 Fe-Mn, Fe-Si, Si-Mn 및 Al 등이 사용된다. 성분 첨가제로는 앞의 합금철 외에 Fe-Ni, Fe-Cr, Fe-Mo, Fe-W, Fe-Nb 등이 사용된다. 이러한 합금철들은 성분과 입도 등에 따라 규격화되어 있으며 그에 따라 생산 판매된다.

비교적 산화 손실이 적은 Fe-Ni, Fe-Mo, Fe-W 등은 전기로에 장입하는 고철과 함께 투입하여 용해, 정련 중에 균일하게 용해되도록 한다. 그러나 산화 손실이 심한 Fe-Cr, Fe-Mn 등은 환원기에 첨가하는 것이 보통이다. 탈산제는 환원기에 첨가하지만, LF 공정이 구비된 전기로 제강 공장에서는 산화 정련 후 출강시에 투입하고, LF 공정에서 성분 조정을 위해 추가로 투입한다.

나) 석회석 및 생석회

석회석($CaCO_3$)은 CaO를 주성분으로 한 천연 광석이며, 소량의 MgO, SiO_2, Fe_2O_3, Al_2O_3 등 불순물을 함유하고 있다. 석회석은 전기로에서 염기성 슬래그를 제조하여 탈인과 탈황을 하기 위한 조재제로 사용되기 때문에 CaO 함량이 높고, P, S, SiO_2 등 불순 성분이 적을수록 바람직하다. 석회석을 사용하는 경우는 열분해 반응이 흡열 반응이므로 그 만큼의 열손실이 불가피하다.

생석회(CaO)는 석회석을 소성로에서 900℃ 이상 가열하여 CO_2를 제거한 것으로, 제강 과정에서 석회석보다 용해하기 쉽고 열손실도 적다. 그러나 생석회는 흡습성이 강해서 소석회($Ca(OH)_2$)를 형성하여 분화되기 쉬우므로 운반 및 보관에 유의해야 한다. 그리고 환원기에 사용할 때에는 수분의 분해에 따라 용강 중의 수소 함량을 상승시키므로 충분히 건조된 것을 사용해야 한다.

형석(CaF_2)은 융점이 935℃ 정도로 낮고 생석회의 재화를 촉진하며, 슬래그의 유동성을 향상시키므로 탈인 및 탈황 반응 촉진에 효과적이다. 그러나 지나치게 많이 사용하면 내화물 용손이 심해지므로 주의해야 한다.

4) 기타

최근에는 전기로 제강 공정에서 다량의 산소를 사용한다. 산소의 사용 목적은 고철의 용해 촉진(Cutting)과 산화 정련용으로 구분된다. 일반적으로 기체 산소는 랜스를 이용하여 10～20kg_f/cm^2의 압력으로 공급되며, 최근에는 사용 원단위가 약 50Nm^3/ton 정도에 이르고 있다. 또한 기체 산소로 대체되는 경향이 있지만 산화 정련제로서 산화철(철광석, 소결광, 밀 스케일)이 사용되기도 한다. 환원 정련제로서 코크스와 Fe－Si, 그리고 가탄제로서 선철, 전극설 등이 사용된다.

제3절 | 전기로 제강 조업법

1 조업의 종류

전기로에 장입되는 원료의 상태에 따라서 냉재법과 용재법이 있으며, 또 산화 정련의 정도에 따라서 완전 산화법과 일부 산화법 및 무산화법이 있다.

냉재법은 고철과 같은 냉재를 사용하여 용해 정련하는 방법이며, 가장 일반적인 조업법이다. 용재법은 고로 또는 큐폴라(Cupola)의 용선을 일부 장입하는 방법 또는 평로나 전로에서 용강을 장입하여 초정련하는 방법으로 2중 조업(Duplex Process)이라고도 한다.

완전 산화법은 산소 또는 철광석을 사용하여 원료 중의 C, Si, Mn, P, S 등을 산화 제거함과 동시에 그 비등 정련에 의해서 용강 중의 산소 가스를 제거하려는 것으로 고급 전기로 강의 용해에서는 많이 이용되고 있는 방법이다. 일부 산화법이나 무산화법은 산화 정련을 거의 또는 전혀 하지 않고 바로 환원 작업을 하는 것이다. 최근에는 진공 탈가스법과 조합시켜 무산화에 가까운 조업을 하는 방법도 있다.

또 환원 정련의 정도에 따라 보통법과 단재법이 있다. 보통법은 2중 강재법(Double Slag)이라고도 하며, 산화 정련이 끝난 강재를 제거한 후 환원 강재를 다시 만들어 정련하는 것이다. 단재법은 산화 정련 종료 후 강재를 일부 또는 전부 제거하고, 합금을 노내 또는 레이들 내에 첨가하여 성분을 조정하는 것이다.

2 장입 작업

전회차의 출강 후에 노내 보수 작업이 끝나면 소정의 배합 기준으로 준비된 원료를 신속하게 노내에 장입한다. 장입 원료의 배합 방법은 생산하는 강종에 따라 다르지만 일반적으로 40～60%의 고철, 10～30%의 환원철, 5～10%의 절삭설을 사용하는 것이 보통이다.

고철은 원료 장입 버켓(Bucket)을 이용하여 노상부로부터 장입한다. 원료는 한번에 전량 장입하는 것이 가장 바람직하지만, 고철의 겉보기 비중이 작기 때문에 실제로는 2～3회 분할하여 장입한다. 고철의 장입 순서는 바닥으로부터 경량 고철, 중량 고철, 중간 정도의 중량 고철, 경량 고철 순으로 장입으로 한다.

중량 고철을 처음부터 장입하지 않는 이유는 노체 내화물의 기계적 충격을 감소하기 위해서이다. 그리고 대형 고철은 용해하면서 무너져 내리면서 전극이 절손되는 사고가 발생할 수 있기 때문에 노의 밑 부분 중앙에 장입한다. 전극 주위에는 내화물, 생석회와 같은 비전도성 물질이 장입되지 않도록 주의 해야 한다. 흑연과 같은 가탄제 등은 고철의 용해 촉진과 산화 방지를 위해 하부에 장입하는 것이 효율적이다. 일반적인 전기로 조업에서는 용강의 산화 방지를 위하여 코크스, 무연탄, 유연탄 등을 가탄제로 사용하며, 용락 시점에서의 목표 탄소 농도는 산화 정련기에서의 탈탄량을 고려하여 최종 제품의 목표치보다 0.2～0.4% 정도 높게 조정한다. 불순물 원소로서 Cu, Ni, Sn, As, Sb 등은 정련 과정에서 제거하기 어렵기 때문에 장입 원료 중에 혼입되는 양을 엄격히 제한해야 한다.

1) 초 장입

노 보수가 완료된 후 전극이 노각에 닿지 않도록 충분히 올린 후에 노 천정을 선회한다. 그 후 장입 버켓을 노의 중심에 오도록 이동한 후 버켓을 노각에서 500mm 정도가 되도록 내린 후에 버켓을 열어서 고철이 장입되도록 한다. 이때 고철이 노 위로 올라와서 노 천정 선회가 곤란한 경우에는 빈 버켓으로 내려 눌러서 다져지게 하며, 빈 버켓으로 다져도 곤란한 경우에는 버켓을 제자리로 갖다가 놓고서, 중량물을 장입 기중기에 달고서 다진 후 노 천정을 다시 선회하여 제자리에 오도록 한다. 이때에 노상이 상하지 않도록 주의해야 한다.

2) 추가 장입

약 80% 용해가 끝난 후 추가 장입을 한다. 이때의 장입 방법은 초 장입과 같이 하지만 추가 장입의 경우는 노에 용강이 있으므로 용강이 비산하는 일이 발생할 수 있어 위험이 따르므로 접근을 금해야 한다. 추가 장입 시에는 장입하는 고철에 물이 섞여 들어가지 않게 특별히 주의를 해야 한다. 또한 석회석을 혼합 장입할 때는 폭발의 우려가 있으니 주의를 요한다.

3) 장입 후 일처리

장입을 한 후 주변에 고철이 떨어져 있으면, 이를 정리하고, 버켓의 개폐 작동 및 와이어 등을 확인한 후에 충진 위치에 가져다 둔다.

4) 장입 고철 배합 관계

초 장입시의 배합은 고철의 상황에 따라 달라지지만 일반적으로는 <그림 3-36> 및 <그림 3-37>과 같이 한다. 이때 1개의 무게가 2톤 이상 되지 않도록 하여야 하며, 용락 성분을 고려하여 주물 등은 철저히 관리하고 장입하여야 한다. 또한 초 장입, 추가 장입 모두 절연물, 폭발물 등 부도체 및 Cu, Sn, Zn, Cr 등의 불순 성분이 혼입되지 않도록 주의해야 한다.

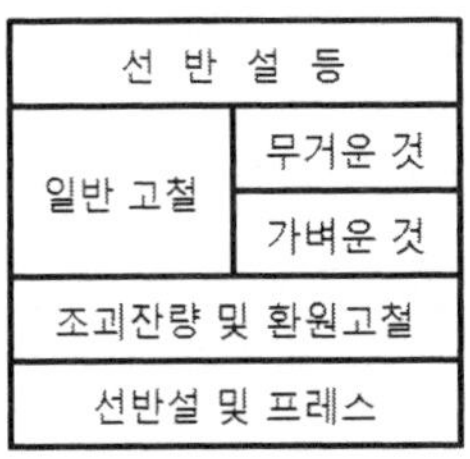

그림 3-36 **I 초장입시**

그림 3-37 **I 초장입시추가 장입시**

3 용해 작업

1) 용해기 조업

용해기는 고철을 용해하여 원하는 용락 성분과 온도를 얻는 공정으로서, 전기로 조업의 전력 원단위와 조업 시간의 대부분을 차지하기 때문에 가능한 한 짧은 시간 내에 효율적으로 고철을 용해시키는 것이 중요하다. 전기로의 고전력 조업(UHP) 기술이 개발된 이후 생산성이 획기적으로 향상되었다. UHP 조업의 특징은 동일한 노 용량에 대해 종전보다 2~3배의 전력이 투입되며 저전압, 대전류의 저역율 조업으로 아크의 길이가 짧아 내화물 침식 저감에도 효과적이다.

<그림 3-38>은 전기로 아크의 특성을 나타내었다. 아크 전류가 증가하면 회로 입력 및 아크 전력은 증가하고, 전기 효율과 역율 및 아크 전압은 감소한다. 그러나 회로 입력 전력과 아크 전력은 약 70%의 아크 전류에서 최대치를 나타내고, 그 이상이 되면 오히려 급격히 감소한다. 이는 아크 전압과 역율이 낮아지면 무효 전력이 증가하기

때문이다. 통상적인 전기로 조업(RP : Regular Power)에서는 역율은 우수하지만 최고 전력으로 조업이 이루어지는 것은 아니다. 그러나 UHP 조업에서는 역율이 낮고, 손실 전력이 다소 증가하지만 최대 전력을 투입할 수 있다. 그리고 아크가 짧아서 내화물 침식 지수가 낮고, 입력 전력이 커서 용해 시간이 단축되며 열효율이 높다. 그림에서 역율, 회로 입력 전력, 아크 전력, 아크 전압, 내화물 침식 지수를 계산하면 다음과 같다.

역율 : $\cos\theta = \sqrt{1-\left(\frac{I\cdot X}{V}\right)^2}$

회로 입력 전력(3상분) : $P = 3\cdot I\cdot \sqrt{V^2 - I^2X^2}$

아크 전력(3상분) : $P_a = P - P_L$

손실 전력(3상분) : $P_L = 3\cdot I^2\cdot R$

아크 전압 : $V_a = V\cdot\cos\theta - IR$

내화물 용손 지수 : $R_F \approx \frac{P_a\cdot V_a}{L}$

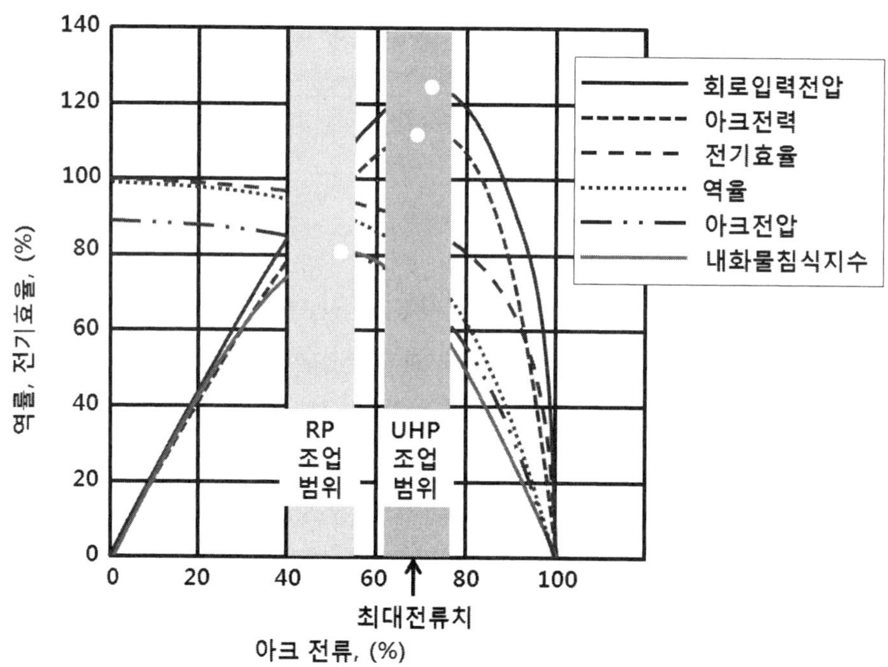

그림 3-38 ▎전기로 아크의 특성

여기에서는 아크 전류(A), X는 2차 환산 1상분의 리액턴스(Ω), V는 무부하시 2상 전압(V), R은 아크 저항을 제외한 회로의 2차 환산 1상분 저항(Ω), L은 전극 선단과 노벽 내면간의 최단 거리를 의미한다.

종래의 HP(High Power) 또는 UHP 조업은 대전력을 투입하기 위하여 저전압 고전류를 통전하는 방법이 채택되었으나, 최근에는 슬래그 포밍(Slag Foaming) 기술의 활용 및 노벽의 수냉화 기술이 발전하면서 내화물 침식에 대한 부담이 경감됨에 따라 대전력을 투입할 수 있는 변압기를 이용하여 고전압 저전류 조업을 하는 것이 보통이다. 용해기 초기에는 노 덮개의 손상과 불안정한 아크 발생을 방지하기 위하여 낮은 전압으로 통전하고, 전극 직하에 용탕이 형성되면 전압을 높여 최대전력을 투입한다. 경우에 따라서는 전력 투입량을 극대화하기 위하여 통전 초기부터 최대 전력을 투입하는 경우도 있다.

아크 전기로 조업에서는 아크 열의 영향으로 노벽 부근에 원주상으로 고온부(Hot Spot)와 저온부(Cold Spot)가 형성된다. 저온부의 고철은 용해하지 않고 잔존하는 경우가 많다. 이러한 저온부의 고철을 신속하게 용해시키기 위하여 랜스를 통해 기체 산소를 취입하여 고철을 절단, 용해하거나 버너를 이용하여 보조 연료를 취입한다. 고철이 완전히 용해된 시점을 용락이라 하며, 용해기가 완료되는 시점이라 할 수 있다. 용락 후에는 전압을 낮추어 노 덮개와 노벽의 용손을 억제하며 산화 정련기가 시작된다. 최근에는 고철이 완전히 용해되지 않은 상태에서 산화기로 넘어가는 경우가 많아 용락 시점의 정의가 다소 차이가 있을 수 있으며, 탄재 취입으로 포밍 슬래그(Foaming Slag)를 형성시켜 아크의 비산을 억제하면서 고전압으로 조업하는 경우도 있다.

장입 원료 중에 P와 Cr 등의 함량이 많은 경우는 저온에서 제거하는 것이 유리하므로 원료 장입시 또는 용해기에 석회석이나 생석회를 투입하여 온도가 비교적 낮은 용해기에 제거한다. 과거에는 P와 Cr이 높으면 철광석과 밀스케일 등의 산화제를 사용하였지만, 최근에는 생석회를 투입하여 슬래그의 염기도를 조절하고 기체 산소를 취입하여 산화 제거한다.

2) 용해 작업시 필요한 사항

용해기 조업에서는 다음과 같은 사항을 주의하여 조업을 해야 한다.

① **통전** : 장입이 끝나면 문(Door)을 밀폐하고 통전하기 전에 냉각수 노체에 스파크 부분, 누수 부분, 출강통에 이상이 없는가를 확인한 후 통전한다.

② **보일링기** : 점호가 끝나면 보일링 속도를 증가하여 고전력을 투입하여 신속히 전극을 하강시키도록 한다. 이때는 보일링의 경을 크게 하는 것이 좋다.

③ **탕류 성형기** : 보일링기가 끝나면 노상에 탕류가 형성된다. 이때는 아크로부터 노상을 보호해야 한다.

④ **주 용해기** : 일단 탕류가 형성되고 나면 주 용해기로 돌입한다. 아크 전력을 최고가 되도록 해야 하므로 설비가 허용하는 최고 전력을 투입하여 신속 균일하게 용해되도록 한다. 이때 전극이 절손될 우려가 있으므로 주의한다.

⑤ **용해 말기** : 약 80%가 녹은 후부터는 아크로부터 벽의 뜨거운 부분의 국부 손상을 절감하도록 남아 있는 고철이 신속히 용해되도록 해야 한다. 이때 추가 장입을 하도록 하여 추가 장입 후 다시 용해 작업에 들어간다. 용해 말기에 산소로써 커팅(Cutting)을 하여 용해 촉진을 한다. 이때 용락 C가 제품 C함유량 +0.2% 정도 즉, 약 0.3% 전후가 되게 한다.

4 정련 작업

정련은 산화기 및 환원기로 구분할 수 있다. 제조할 강괴의 종류 및 원료의 종류에 따라 정련 방법을 적당히 선택한다.

1) 산화기 조업

산화기의 목적은 환원기에서는 제거하지 못하는 유해 원소(P, S 등), 불순물, 가스(수소 등) 및 개재물 등을 산소나 철광석에 의한 산화 정련에 의하여 제거시킴과 동시에 탄소량을 조정하고 강욕 온도를 높여서 다음 환원기 작업을 순조롭게 할 수 있는 강욕을 만드는 것이다. 산화 정련 중의 용강 온도는 1,610~1,630℃가 적당하다.

산화제를 강욕 중에 첨가 또는 투입하면 강욕 중의 각 원소는 다음과 같은 순서로 반응을 일으켜 제거된다.

$$Si + O_2 = SiO_2$$
$$Mn + O = MnO$$
$$2Cr + 3O = Cr_2O_3$$
$$2P + 5O = P_2O_5$$
$$C + O = CO$$

가) Si의 제거

가장 빨리 산화되어 용락시에는 0.05% 이하로 된다. Si가 높은 때에는 SiO_2로 되어 강재의 염기도를 낮추고 탈인 반응을 해치므로 이런 때에는 석회를 첨가하든가 강재를 경신한다.

나) Mn의 제거

이론적으로는 Si가 완전히 산화된 후 Mn의 산화가 시작되나, 실제 조업에서는 많은 Mn이 Si와 같이 제거된다. 산화 정련 중에 Mn량이 0.15% 이하가 되지 않도록 수시로 Fe−Mn을 투입하는 것이 좋다.

다) Cr의 제거

Cr을 제거하려면 산화 비등과 동시에 제재 또는 일부 제재하여 산화 Cr의 량이 많은 강재를 제거하여 다시 산화 작업을 반복하면 좋다.

라) P의 제거

강욕 중의 P는 산화제와 반응하여 P_2O_5로 되며 이것이 산화철과 결합하여 $(FeO)_3 \cdot P_2O_5$로 되고 다음에 석회와 결합하여 안정한 $(CaO)_3 \cdot P_2O_5$가 된다. 이 화합물은 유리 SiO_2가 존재하면 P_2O_5를 유리하므로 유리 SiO_2를 없애기 위한 충분한 석회가 필요하다. 즉 산화기 표준 슬래그는 <표 3−10>과 같은 범위가 바람직하다.

표 3−10 | 산화기 슬래그의 조성

성분	CaO	SiO_2	FeO	CaO/SiO_2
비율(%)	50∼30	15∼25	10∼20	2.5∼3.5

P는 환원기에 복인을 일으키므로 산화 말기의 P량은 제품 규격보다 0.01% 정도 낮게 해야 한다. 탈인에 유리한 조건은 다음과 같다.

① 비교적 저온에서 탈인을 진행한다.
② 산화도가 높을 것(FeO가 많을 것)
③ P_2O_5가 낮을 것
④ Si, Mn, Cr 등 탈인을 방해하는 원소가 적을 것
⑤ CaF_2(형석)가 많아서 유동성이 좋을 것

마) C의 제거

강욕 중의 탄소는 온도가 높을수록, 또 Si, Mn, P 등 탈산성 원소가 적을수록 제거하기 쉬우며 그 생성물인 CO 가스의 발생에 의한 비등 현상도 활발해진다.

바) H의 제거

이것은 산화기의 가장 중요한 목적 중 하나이며, 그 여부는 제품의 품질에 크게 영향을 미친다. 수소는 산화 비등 정련을 통하여 기계적으로 강욕으로부터 제거되므로 비등 작용을 활발하게 하여야 한다. 탈수소를 유리하게 하는 조건은 다음과 같다.

① 강욕 온도가 충분히 높을 것
② 강욕 중에 Si, Mn, Cr 등의 탈산성 원소를 과도하게 함유하지 않을 것
③ 슬래그 층이 너무 두껍지 않을 것
④ 탈산 속도가 클 것(비등이 활발할 것)
⑤ 산화제와 가탄제에 수분이 많을 것
⑥ 대기 중의 습도가 낮을 것

2) 제재 작업

충분히 산화 정련한 강욕을 환원기로 옮기기 위하여 산화 슬래그를 제거하는 작업이다. 따라서 제재 전 강욕의 탄소량은 제품 규격 하한보다 조금 낮고, Mn 량은 0.15% 이상, P는 규격치보다 조금 낮은 상태이고, 그 온도는 1,630~1,650℃ 또는 그 이상의 충분한 고온이 필요하다. 제재는 완전히 하여야 하며, 그 작업이 불충분하면 환원기에 복인이 일어나므로 주의해야 한다.

이 작업은 작업문을 열어 놓고 하므로 열의 발산이 심하지 않도록 신속히 해야 한다. 제재할 때에는 전극을 올려서 통전을 중지하고, 노체는 필요한 각도만큼 뒤쪽으로 기울인다. 최근에는 이 작업을 쉽게 하기 위하여 전자력에 의한 유도 교반 장치가 실용화되어 제재의 노력이 적어지고 단시간에 완전한 제재가 가능하게 되었다. 제재에 걸리는 시간은 5~10분 정도이다.

3) 환원기 작업

환원기 작업의 목적은 염기성, 환원성 강재하에서의 정련을 하여 탈산과 탈황을 함과 동시에 강욕 성분과 강욕 온도를 조정하는 것이다.

환원 강재를 사용하는 탈산에는 확산 탈산법과 강재 탈산법이 있다. 확산 탈산법은 환원 강재인 화이트 슬래그(White Slag) 또는 카바이드 슬래그(Carbide Slag)로 탈산을 하고, 이 탈산이 진행된 다음 Si을 첨가한다. 이때에는 환원 시간이 길고, 강욕 성분의 변동이 일어나기 쉽다. 강제 탈산법은 강욕의 직접 탈황을 주제로 하는 것으로 산화기 강재를 제거한 후, 곧바로 Fe-Si-Mn, Fe-Si, 금속 Al 등을 강욕 중에 직접 첨가한다. 이때에 생긴 탈산 생성물을 부상 분리함과 동시에 조제재를 투입하여 신속하게 환원성 슬래그를 만들어 환원 정련을 진행시키는 방법이다. 이 방법의 장점은 환원기의 강재를 만들기 쉽고, 강욕 성분의 변동이 적으며, 탈산 및 탈황이 신속하여 환원 시간이 짧은 것 등이다.

최근에는 확산 탈산에만 의존하는 조업은 적어졌으며, 또한 대형로에서 구조용 탄소강, 저합금강을 제강할 때에는 단재법(Single Slag)이 주로 사용하고 있다. 이때에는 환원 정련에 의한 탈황이 일어나지 않으므로 철 원료의 배합에 주의하여야 한다. 환원기의 소요 시간은 40~50분 정도이나 강종에 따라서는 70~100톤 노에서도 20분 이하에서 출강하는 때도 있다. 또 환원기의 소요 전력량은 50~100kWh/t 정도이나, 노용량, 합금, 첨가량, 조업법 등에 따라 달라지며 50kWh/t으로 출강되는 경우도 있다.

가) 제재 직후의 탈산과 가탄

제재 직후의 탈산에는 Mn의 첨가량을 성분 규격치 최저치 정도로 하고, Si는 1/6~2/3를 첨가한다. 이러한 것 대신 Si-Mn 합금철에 의한 복합 탈산제를 사용하면 편리하다. 또 알루미늄에 의한 탈산을 병용하는 때도 있다. 가탄이 필요할 때에는 제재 직후 강욕에 미분의 전극설 등을 투입함과 동시에 탈산제를 첨가하여 통전하고 그 후에 조재제를 투입하여 강욕을 얻는다. 사용하는 합금철은 φ50~100mm의 크기로 하여 미리 충분히 가열해서 유해 원소를 제거한다.

나) 환원기 강재의 조재와 탈산 및 탈황

조재제에는 석회석 및 형석이 사용된다. 강재의 환원제로서는 탄분말 및 Fe-Si 분말이 사용되고 저탄소강에서는 Fe-Si의 비율이 커진다. 조재제의 사용량은 석회석 20~30kg_f/t, 형석은 생석회의 20%가 보통이다. 이런 것을 균일하게 살포하고 7~10분 정도 통전 교반하여 용융시키고, 그 위에 환원제를 살포한다. 탄분말의 사용량이 적어지면 카바이드 슬래그에서 화이트 슬래그로 변화한다. 카바이드 슬래그는 고탄소강의 경우에 생성하기 쉽고 환원성도 강하지만 환원 정련시 및 출강시에 탄소가 상승하므로 환원기 후반에는 탄소의 사용을 피하고 출강 전에는 화이트 슬래그 또는 약카바이드 슬래그로 하는 것이 일반적이다. 보통 Fe-Si의 사용량은 탄분의 사용량과 거의 같으며 1.5~2.0kg_f/t 정도이고, 강재의 상황에 따라서 여러 번 나누어 살포한다. 균일한 강재의 신속한 생성과 이에 따른 강욕의 탈산, 탈황을 촉진하기 위한 것이 중요한 작업이라 할 수 있다. <표 3-11>은 표준 환원기 슬래그의 조성을 나타낸 것이다.

표 3-11 ‖ 환원기 슬랙그의 조성

성분	CaO	SiO_2	MgO	CaS	CaC_2	FeO	MnO	Al_2O_3
비율(%)	60~65	15~20	5~10	1~2	<2	<1	<1	<3

환원기 강재는 염기도가 2.5~3.0, 강재비(Slag ratio)는 2~3% 정도이며, 두께는 대부분 20~30mm이고, 유동성이 좋아야 한다.

강재의 종류는 강종의 종류에 따라 결정되는 일이 많으며, Ni이나 Cr 등이 들어간 고급 품질의 강은 C, Si 범위가 좁아 카바이드 슬래그법으로는 문제가 있고 수소의 흡수도 많으므로 화이트 슬래그 환원법에 의해 정련을 해야 한다. 또 극저탄소의 스테인리스 강을 용해할 때는 탄소를 전혀 사용하지 않고 알루미늄 분말 또는 알루미늄 선을 절단하여 사용하기도 한다.

다) 강욕 성분의 조정

조재제 투입 후 10~15분이 경과하면 화이트 슬래그 또는 약카바이드 슬래그가 생기므로 강욕과 강재를 충분히 교반하여 분석 시료를 채취해서 분석해야 한다. 분석 결과와 강량으로부터 첨가해야 할 합금량을 계산하여 필요량을 첨가한다. 합금 첨가 후 용해하기를 기다려 재차 분석 시료를 채취하여 성분을 확인하고, 부족하면 더 추가하여 성분 조정을 끝낸다. 분석 시료를 채취할 때에는 성분의 편석을 막기 위하여 교반하여야 한다. 각 원소의 첨가 시기 및 평균 실수율은 <표 3-12>와 같다.

표 3-12 ❙ 각 원소의 첨가 시기와 실수율

합금철	Fe-Si	Fe-Mn	Ni	Fe-W	Fe-Mo	Fe-V	Fe-Ti	Fe-B	S	Al
초장입			98~100							
용해기					95~100					
환원초기	95	95		90~95						
환원중기	95~100	95~100								
출강직전						90~95	50~70			
레이들							60~80	60~80	60~70	40~60

라) 강욕 온도의 조정

환원기에 조재제를 첨가한 후에는 그 용해와 제재에 의한 온도 강하를 보충하기 위해서 승온 탭을 사용한다. 10~15분 후에 슬래그가 형성되고 강욕 온도가 회복되면 곧바로 전압을 바꾸어 천천히 전류를 낮추어 출강 온도가 되도록 조정한다. 적절한 출강 온도는 강종, 강괴 크기 및 주입 방법에 따라 결정되는 주입 온도와 출강 후의 레이들 내의 온도 강하로부터 추정할 수 있다.

60톤 노에서 5~10톤 강괴를 상주법으로 주입하는 경우, 강종별로 적정 주입 온도와 출강 온도를 <그림 3-39>에 나타내었다.

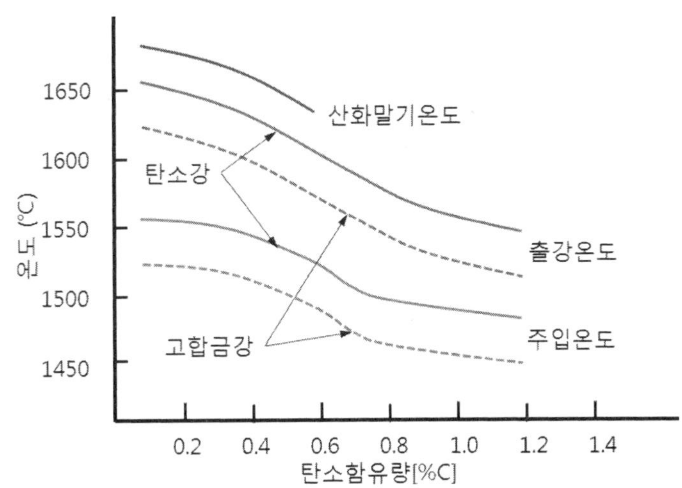

그림 3-39 ❙ 강종별 적정 주입 온도와 출강 온도

출강 온도는 품질을 좌우하는 중요한 요인이며, 이것을 정확히 조절할 수 있는 것이 전기로의 장점이라 할 수 있다.

온도를 측정하는 방법으로는 침적 고온계(Immersion Pyrometer)가 일반적으로 사용되어 온도 측정은 정확히 할 수 있다.

5 출강 작업

강욕 성분과 온도의 조정이 끝나면 스푼(Spoon)으로 용강을 떠서 금형에 주입하여 상태를 조사하고 때로는 알루미늄을 첨가한다. 한편 레이들 준비 및 출강 등의 청소, 건조 등 출강 작업 준비를 한다. 출강 작업은 조괴 작업의 시작이기도 하므로 신속 정확하게 하여 가능한 한 출강에 의한 용강 온도의 저하를 막도록 한다. 또 레이들 내에서 합금 첨가를 할 때에는 합금 실수율의 향상과 안정을 위해서 슬래그 제거 작업을 하는 경우도 있고 알루미늄 첨가에 특수한 방법을 이용하는 경우도 있다. 장입 방식, 용해로의 형식, 산소 사용법 및 탈황의 방법 등에 따라서 조업 시간 및 소요 전력량은 크게 달라진다. 일반적인 표준으로서 60톤 노에서 연속 조업할 때 보통 탄소강 및 저합금강에서 1조업 당 2～3시간, 전력 사용량 500～550kWh/t, 전극 사용량 5.0～5.2kg_f/t 정도이다. 최근에는 UHP 조업이 일반화되어 조업 당 시간도 1시간 이내로 줄어들고, 전력 사용량은 증가하고 있다.

6 보수 작업

1) 슬래그 라인(Slag Line) 보수

대개 노상은 슬래그와 닿는 부분이 많이 침식한다. 그래서 이 부분을 원상태로 도포하여 두는 것을 말한다. 출강 후 로텍구타(보수재 투사기)로써 백운석을 재료로 보수하여 준다.

2) 침식이 심한 경우

마그네시아 클링커를 간수에 개어서 삽으로 투입한다. 일부분이 많이 침식되었을 때는 그 밑부분에 보수재를 투입한다. 이때 노를 보수 작업 가능한 한도까지 경동하면서 보수재를 투입하여 실레벨(Seal Level) 부분 보수가 가능한 기초가 되도록 보수재를 투입한다. 이러한 보수 기초가 끝나면 실레벨 부위를 투사기를 이용하여 보수한다.

7 전극 연결 작업

1) 보관

전극은 습기가 없는 장소에 보관하여야하며, 소켓 부분에 먼지가 부착되면 접속 불량을 일으키기 쉬우므로 주의하여야 한다.

폴(Pole)의 나사 부분 및 폴의 단면을 파손하지 않도록 주의해야 하며, 나사 부분의 파손은 접속 불량의 원인이 되며 단면 파손은 통전 불량의 원인이 되기 때문이다. 이러한 이유 때문에 폴과 니플(Nipple)은 포장 상태로 해야 한다.

2) 전극 연결

전극 연결은 전극이 소모되어 짧아졌을 때 연결하는데 그 본(갯수)보다 약간 남았을 때 연결하여야 한다.

3) 니플(Nipple) 연결

전극을 연결하고자 할 때는 연결한 폴에 니플의 나사를 미리 돌려 조인다. 이때는 반드시 소정의 공구를 사용하여야 하며, 압축 공기로 기울 부분을 깨끗이 청소하고 세워서 끼워 넣는다. 나사 부분에 손상이 가지 않도록 전극을 노로 운반할 때는 꼭 인양 핀을 사용하여야 한다. 와이어 등에 의한 운반은 사고를 유발하므로 엄금하도록 한다. 인양 핀은 불안전한 핀을 사용해서는 안된다.

4) 접속 작업

① 연결하여야 할 전극은 출강한 다음 전극을 하한까지 내리고 전극 클램프(Clamp)로 풀어준다. 그러면 전극은 노저까지 내려가 있게 되는데 그 위에 연결한다.
② 접속시 하측 전극의 니플이 꽂히는 곳의 뚜껑을 벗기고 에어 호스를 이용하여 니플이 들어가는 부위를 깨끗하게 청소하여야 한다. 에어로 깨끗하게 청소하지

않을 경우 먼지 및 절연물이 발생되어 모든 전기가 니플 부위로 흐르게 되므로 전극의 수명이 짧아진다.

③ 그 후 접속할 전극을 접속하려는 위치에 가져가서 수직으로 내린 후 니플 부위와 폴의 나사 부분을 맞추어서 돌린다.

④ 이 경우 전극 단면의 간격 20~30mm에서 일단 정지하여, 에어 호스로써 압축 공기를 불어서 절연물 및 먼지를 깨끗이 떨어낸 후 다시 접속을 철저히 한다.

⑤ 접속시 적정 취부 회전력(Torque)은 230kg_f/m가 되도록 하여야 한다.

8 전기로 제강 공정에서의 슬래그 포밍

1) 슬래그 포밍(Slag Forming)

일반적으로 용강/슬래그 반응에 의해 생성된 가스 및 임의적으로 용강 혹은 슬래그 중으로 취입된 가스가 슬래그의 점탄성적인 물성에 의해 기상으로 바로 방출되지 못하고 슬래그 내에 포집되어 슬래그가 거품처럼 부풀어 오르는 현상을 의미한다. <그림 3-40>은 전기로 제강 조업에서 발생하는 슬래그 포밍 현상을 나타내 것이다.

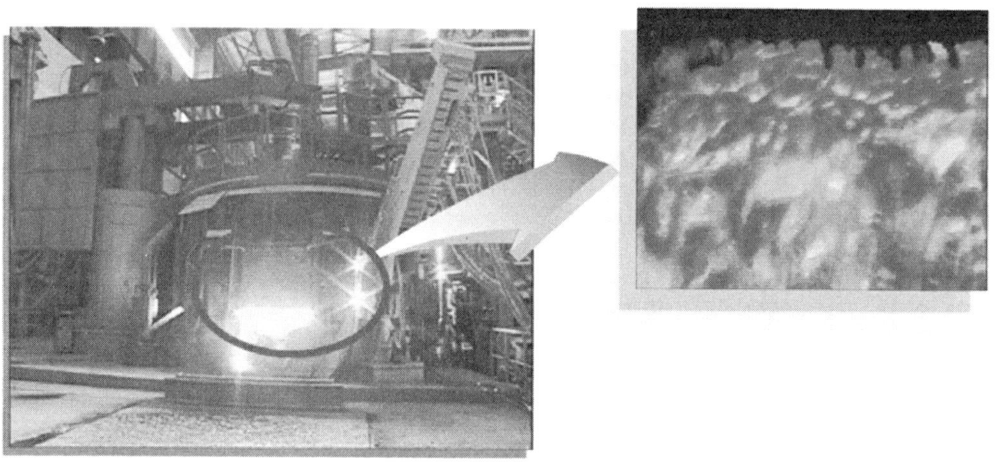

그림 3-40 ❙ 슬래그 포밍 현상

2) 슬래그 포밍의 장점

전기로 조업시 <그림 3-41>과 같이 용강이 노출되는 조업(Naked Arc 조업)을 하게 되면 용강내 산소 취입으로 금속 산화물이 발생하고, 슬래그 층 두께보다 아크 발생 길이가 커지므로 아크 노출로 인한 노체 수명이 저하되며, 열효율 감소로 전력 원단위가 상승하고, 슬래그 비산으로 분진량이 증가한다.

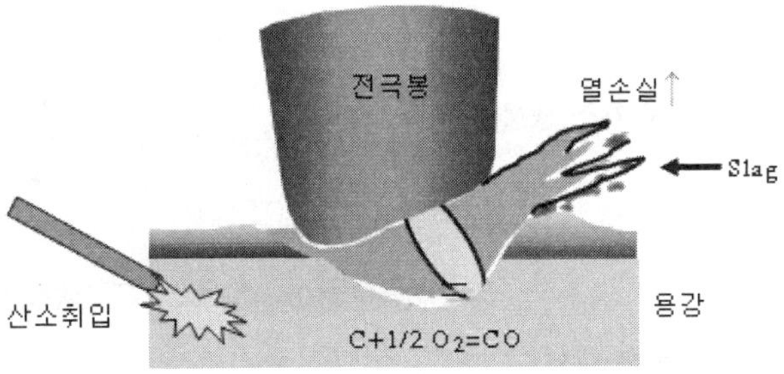

그림 3-41 ❙ Naked Arc 조업

이에 반해 <그림 3-42>와 같이 슬래그 포밍 조업을 하게 되면 용강으로 산소를 취입하고, 슬래그 내로는 탄소를 취입하여 금속 산화물과 반응을 시킬 수 있으며, 발생된 CO 가스에 의해 슬래그 두께가 아크 길이의 2~3배로 형성된다. 따라서 슬래그 포밍이 형성되면 열효율이 증가하고 아크 소음이 감소하며, 슬래그 중 유가금속(Fe 등) 회수가 증가하게 되고, 전극 및 내화물의 용손 감소로 원단위를 절감할 수 있다.

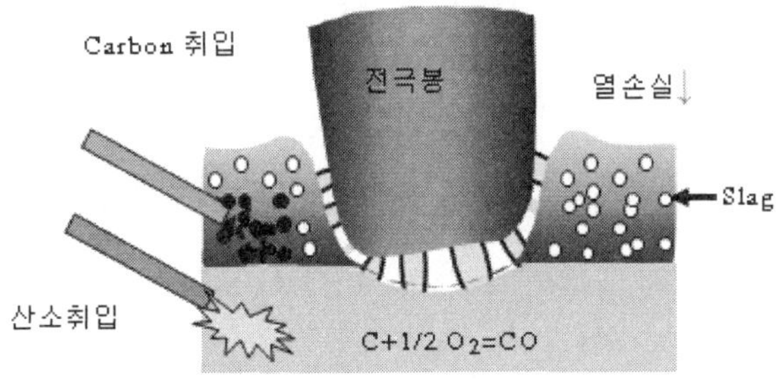

그림 3-42 ❙ Slag Forming 조업

3) 슬래그 포밍 발생 기구

슬래그 포밍의 발생은 용강 버블링을 위해 취입한 가스에 의해 CO 가스 또는 용강/슬래그 간의 화학 반응에 의해 생성된 CO 가스가 슬래그 내에서 부상이 일어나고, 슬래그 상층부에 폼(Form)을 생성하게 된다. 이때에 슬래그는 거품 투성이(Formy)의 상태로 변하게 되어 직경이 큰 가스는 슬래그/계면에서 빠른 속도로 슬래그 층을 통과해서 빠져나가게 된다. <그림 3-43>은 슬래그 포밍 발생 과정을 나타낸 것이다.

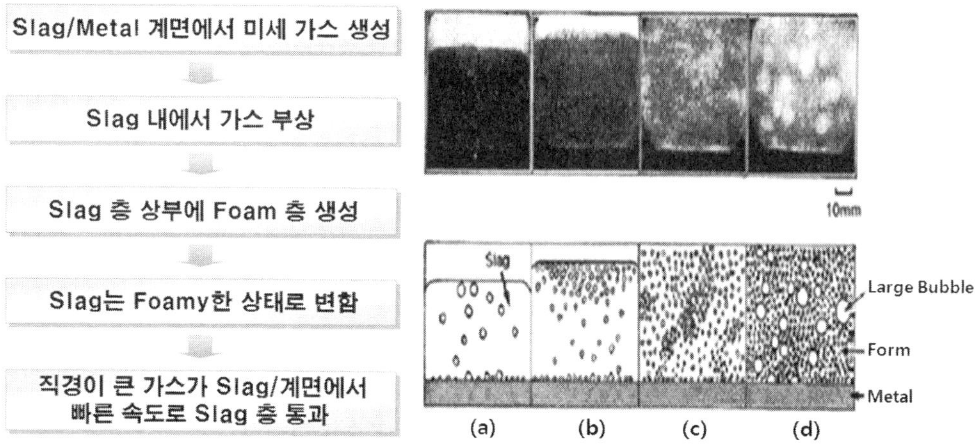

그림 3-43 ▌슬래그 포밍 발생 기구

4) 슬래그 포밍 발생 인자

슬래그 포밍 발생 인자로는 슬래그 표면 장력, 슬래그 염기도, 슬래그 중 FeO 농도, 탄소 취입 위치, 탄소 취입 입자 크기 등 다섯 가지로 볼 수 있다.

가) 슬래그 표면 장력

표면 장력이란 액체/기체 계면에서 표면 에너지를 작게 하려고 작용하는 장력으로 슬래그의 표면 장력은 슬래그 염기도가 감소(CaO/SiO_2 증가)하면 표면 장력이 감소한다.

<그림 3-44>는 표면 장력이 클 경우와 작을 경우 기포 및 슬래그 층의 변화를 나타낸 것으로 슬래그 표면 장력이 감소할 경우 미세 기포가 슬래그 층을 뚫지 못하므

로 인하여 기포가 증가하고, 슬래그 포밍이 증가하게 된다. 슬래그 층 아래에 있는 미세 기포가 모여져서 큰 기포가 형성되면 기포와 슬래그와 기포와의 표면 장력이 커지므로 슬래그 층을 뚫고 빠져나가게 된다.

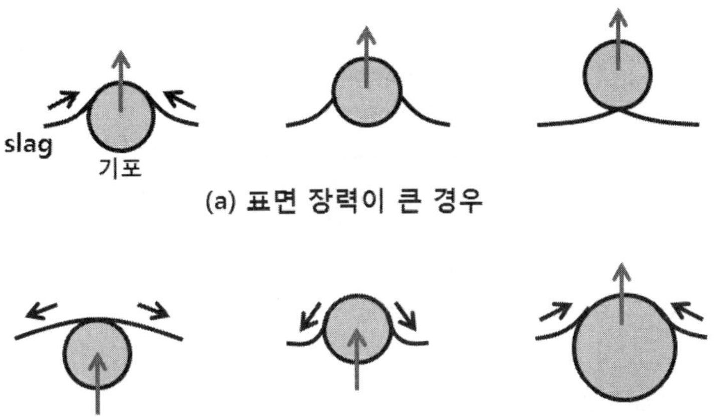

그림 3-44 ▌ 슬래그의 표면 장력의 영향

나) 슬래그 염기도

슬래그의 염기도(CaO/SiO_2)는 슬래그의 점성(또는 유동성)과 직접적인 관련이 있는 것으로 슬래그 염기도가 1.3 이하에서는 슬래그 점도가 증가하여 슬래그 포밍성이 감소한다. 염기도가 1.3 이상으로 증가하여 2.3 까지는 액상 온도 증가로 인한 점도 증가로 인하여 슬래그 포밍성이 증가한다. 하지만 염기도가 2.3 이상이 되면 고상 슬래그 상인 $2CaO \cdot SiO_2$가 형성되어 슬래그의 유동성 감소에 의한 포밍성이 감소한다. 따라서 슬래그의 염기도는 최대 2.35 이하로 낮추어야 한다.

<그림 3-45>는 슬래그의 염기도와 슬래그 포밍 높이와의 관계를 나타낸 것이다.

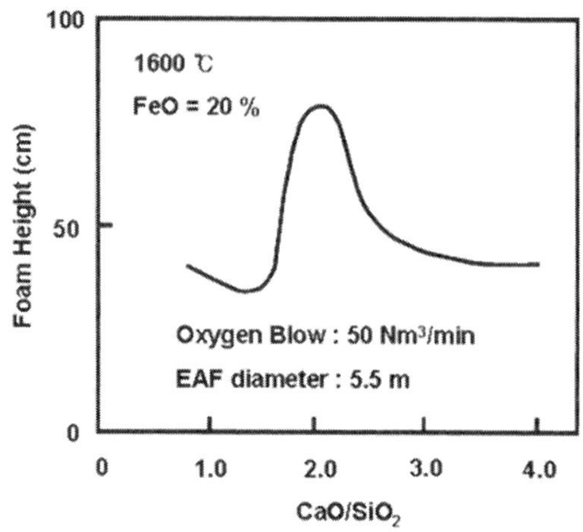

그림 3-45 | 슬래그 염기도와 슬래그 포밍 높이

다) 슬래그 중 FeO 농도

전기로의 실제 조업에서는 적정 슬래그 포밍 현상 발생을 위해서는 FeO와 C의 성분을 적정하게 유지해야 된다. <그림 3-46>과 같이 FeO의 경우는 슬래그 내에 약 15~20% 정도로 유지해야 슬래그 포밍 높이가 최대가 된다. 만일 FeO의 비율이 증가하면 슬래그 포밍의 높이는 낮아진다. C의 경우는 용탕 내에 약 0.2% 정도 유지해야 한다.

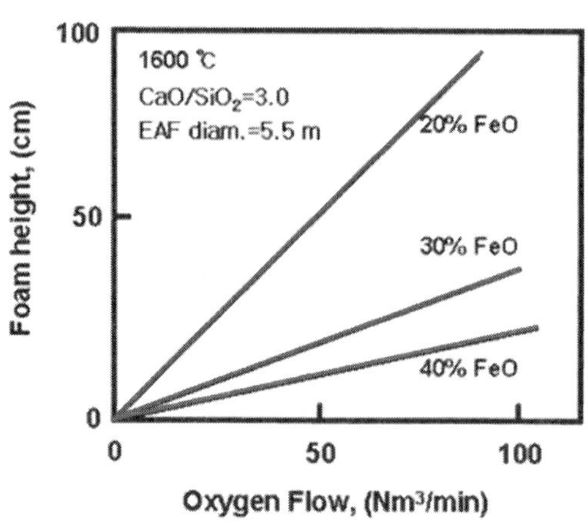

그림 3-46 | 슬래그 중의 FeO와 포밍 높이

라) 탄소 취입 위치

탄소를 취입할 때 취입관의 각도 및 위치에 따라 용탕 및 슬래그 내의 가스의 체류 시간이 결정된다. <그림 3-47>는 취입관의 위치별 현상 및 취입관의 각도별 현상을 나타낸 것이다.

취입관이 슬래그 층에 위치해 있으면 가스가 슬래그 내로 들어오기 때문에 가스의 체류 시간이 짧아지므로 포밍성이 떨어지게 되어 집진 손실이 증가하고 작업구로 화염 발생이 증가한다. 취입관이 슬래그와 용탕의 계면 부근에 위치해 있으면 취입 가스의 체류 시간 증가로 포밍성이 향상되는데, 만일 취입관의 깊이가 너무 깊으면 용탕 중 탄소의 픽업(Pick-Up) 현상이 발생한다.

한편 취입관의 각도가 너무 작으면 취입관의 끝이 슬래그 중에 위치하기 때문에 가스가 슬래그 중에 위치하게 되어 체류 시간이 짧아지므로 포밍성이 떨어지게 된다. 한편 각도가 너무 크면 취입관의 끝이 용탕 깊이 들어가지 않게 하려면 길이가 짧아지게 되므로 취입관의 위치 제어가 곤란하게 된다.

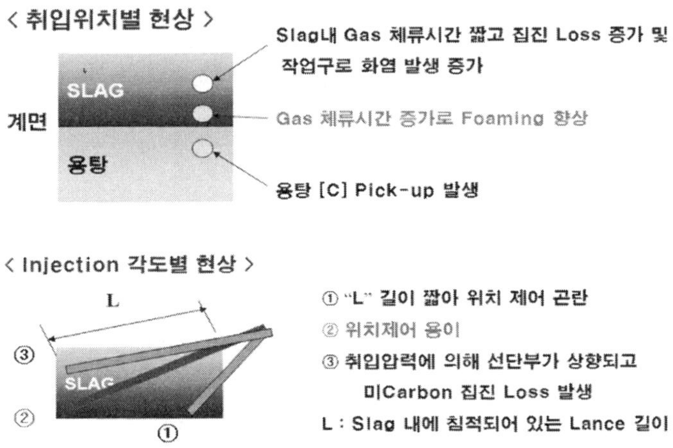

그림 3-47 ▌취입관 위치 및 각도에 따른 영향

마) 탄소 크기

슬래그 층에서 지속적인 포밍 반응이 발생되도록 취입 탄소의 크기를 0.1~2mm의 크기로 해야 한다. 슬래그 포밍 반응을 촉진하기 위해 미분을 취입할 경우는 집진 손실이 증가하고, 화염 발생이 증가하며, 배가스 온도가 상승한다. 만일 탄소의 크기가 클 경우는 용탕의 탄소 픽업이 발생하고, 설비 마모가 증가하며, 반응 속도가 느려진다.

제4절 | 전기로 제강 반응

1 산화기의 정련 반응

산화기의 주요 정련 목표는 용강의 탈탄과 탈인이지만, 탈황 반응과 탈가스 반응도 일부 진행된다.

1) 탈탄 반응

용강 중 기체 산소 취입에 의한 탈탄 반응은 발열 반응인 산화철(FeO) 생성 반응과 흡열 반응인 CO 생성 반응 단계로 구분할 수 있지만, 두 반응을 조합하면 다음과 같은 반응식으로 표현된다.

$$[C] + \frac{1}{2}O_2 = CO$$

이 반응은 발열 반응이며, 기체 산소에 의한 탈탄 반응은 용강 온도를 상승시킨다. 실제 조업에서는 용강의 과산화가 불가피하므로 용존 산소 농도가 평형치보다 다소 높다. 탈탄 반응에 의한 CO 보일링(Boiling) 현상은 수소와 질소 가스를 방출시키고 용강의 교반 효과에 따라 온도와 성분의 균질화 효과가 있을 뿐만 아니라, 용강과 슬래그 계면을 증대시켜 탈인 반응도 촉진된다.

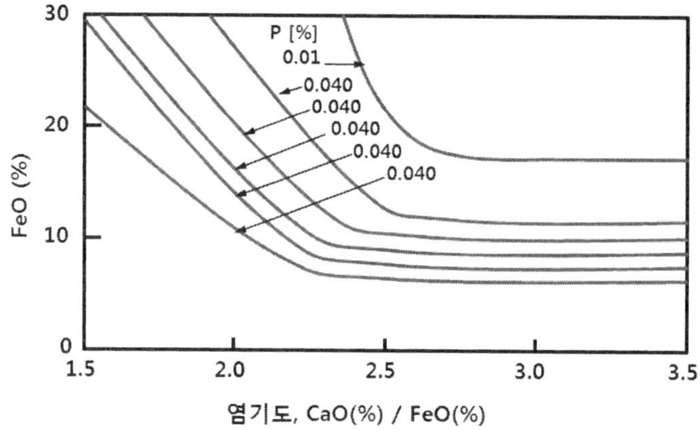

그림 3-48 ▌[P] 함량에 대한 염기도와 (FeO)의 영향

2) 탈인 반응

용강 중의 [P]는 슬래그 중의 (FeO) 및 (CaO)와 반응하여 (3CaO · P_2O_5) 또는 (4CaO · P_2O_5) 형태로 제거된다. 이 반응들은 발열 반응이며, 용강 온도가 낮을수록 촉진된다. 그러므로 온도가 비교적 낮은 산화기 초기에 인을 제거하는 것이 효과적이며, 생석회 참가량을 증가시키고 재화(슬래그화)를 촉진하여 슬래그 염기도를 높게 유지하는 것이 바람직하다.

<그림 3-48>은 용강 중 [P] 농도에 대한 슬래그 중 (FeO)와 염기도의 영향을 나타낸 것이다. 슬래그 염기도와 (FeO) 농도가 증가할수록 용강 중 [P]는 감소하며, 슬래그 중의 (P_2O_5)는 증가한다. 환원기에는 슬래그 중의 (P_2O_5)가 환원되어 용강의 복인 현상이 일어나므로, 산화기에 생성된 슬래그는 환원 작업 전에 충분히 제거하는 것이 중요하다.

2 환원기의 정련 반응

환원기의 주요 정련 대상 원소는 황과 산소이며, 질소, 수소 등 가스 성분은 오히려 증가한다.

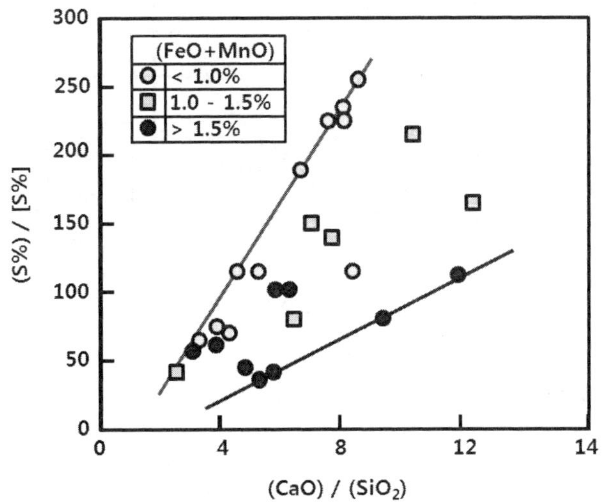

그림 3-49 ▌유황 분배비에 대한 슬래그 염기도와 산화도의 영향

1) 탈황 반응

탈황 반응은 슬래그의 염기도가 높고 산화도가 낮을수록 유리하다. 환원기에는 슬래그 중의 (FeO) 함량이 0.1～3%로 매우 낮기 때문에 탈황 반응이 촉진된다. 그러나 용강 중 [S]가 슬래그 계면으로 이동하는 속도가 느리기 때문에 탈황 속도가 그다지 빠르지는 않다.

따라서 탈황 속도를 증대시키기 위해서는 용강의 교반력을 강화하거나, 슬래그의 유동성을 향상시키는 것이 효과적이며, 탈황 반응은 흡열 반응이므로 온도를 높게 유지할수록 유리하다. <그림 3-49>는 전기로 조업에서 황 분배비에 대한 슬래그 염기도와 (FeO+MnO)의 영향을 나타낸 것이다. 황 분배비는 슬래그 조성에 따라 50～250 범위에 분포하고 있으며, 염기도가 높고 (FeO+MnO)가 낮을수록 증가한다.

한편 LF 조업에서는 슬래그 조성 제어가 용이하고 불활성 가스 취입에 의한 용강의 교반력 강화로 극저 [S]강 제조가 가능하다. LF 정련시 교반가스 유량에 따른 황 분배비와 슬래그 염기도와의 상관 관계를 <그림 3-50>에 나타내었다.

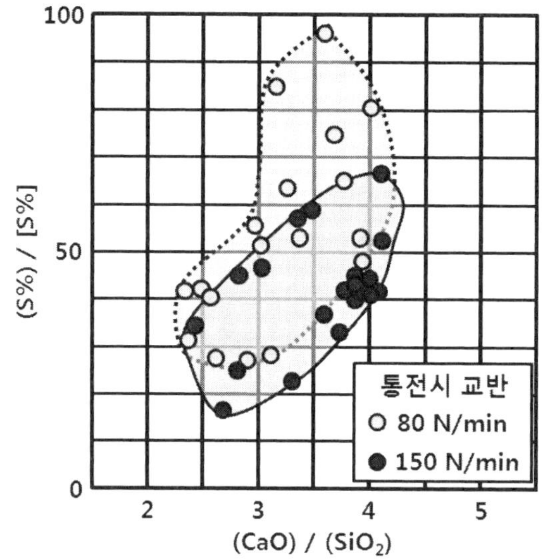

그림 3-50 ▌LF 조업에서 유황 분배비

황 분배비는 슬래그 염기도 증가에 따라 증가하지만, 교반 가스 유량 증가에 따라서도 증가하는 경향을 보이는 것을 알 수 있다.

또한 금속 Mn, Mg, Ca 등의 첨가에 의해서도 용강 탈황이 가능하며, Mn에 의한 탈황 효과는 매우 우수하다. Mn에 의한 탈황 반응은 식은 다음과 같다.

$$[Mn] + [S] = MnS$$

2) 탈산 반응

탈산 반응은 확산 탈산과 강제 탈산으로 구분된다. 그러나 [O]의 확산 속도가 느리기 때문에 실제 조업에서는 확산 탈산 반응을 기대하기 어렵다. 슬래그 중의 (FeO)와 (MnO)는 용강의 재산화 방지를 위해 낮게 조절할 필요가 있다.

일반적인 전기로 제강 공정에서는 강제 탈산제로서 Si, Mn, Al 등이 사용되며, 이러한 탈산제들은 단독으로 사용할 때 보다, 복합 탈산을 하면 용존 산소 농도를 더욱 낮출 수 있다.

<그림 3-51>은 LF 조업에서 슬래그 염기도와 T·[O]와 상관 관계를 나타낸 것이다.

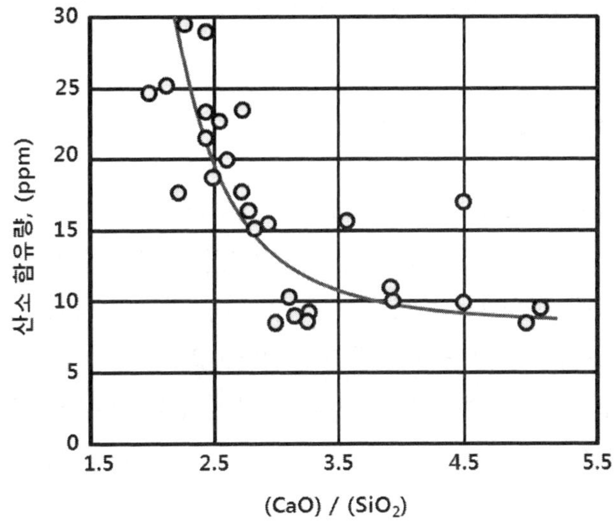

그림 3-51 | **염기도에 따른 [O] 변화**

슬래그의 염기도가 낮은 영역에서는 염기도 증가에 따라 탈산 반응 생성물의 흡수능이 향상됨에 따라 T·[O]가 급격히 감소하지만, 염기도가 약 3.0 이상으로 증가면 거의 일정한 수준을 유지한다.

제5절 | 전기로(Consteel Process)

1 Consteel Process의 특징

Consteel Process는 고철을 연속 장입을 통해 고철 용해 및 정련을 동시에 진행할 수 있는 설비이다. 또한 고철 장입 전에 예열 시설이 갖추어져 있어 전기로 용해시 발생하는 폐열을 이용하여 고철을 예열할 수 있으며, 많은 잔탕과 일정량의 고철 연속 장입을 통해 용해 초기부터 용락이 형성되며, 고철 장입시 전기로 루프를 통하지 않기 때문에 공장내 분진 감소 효과도 있는 많은 장점이 있는 설비로 최근 여러 공장에서 설치하여 가동하고 있는 설비이다. <그림 3-52>는 Consteel Process의 공정도를 나타낸 것이다.

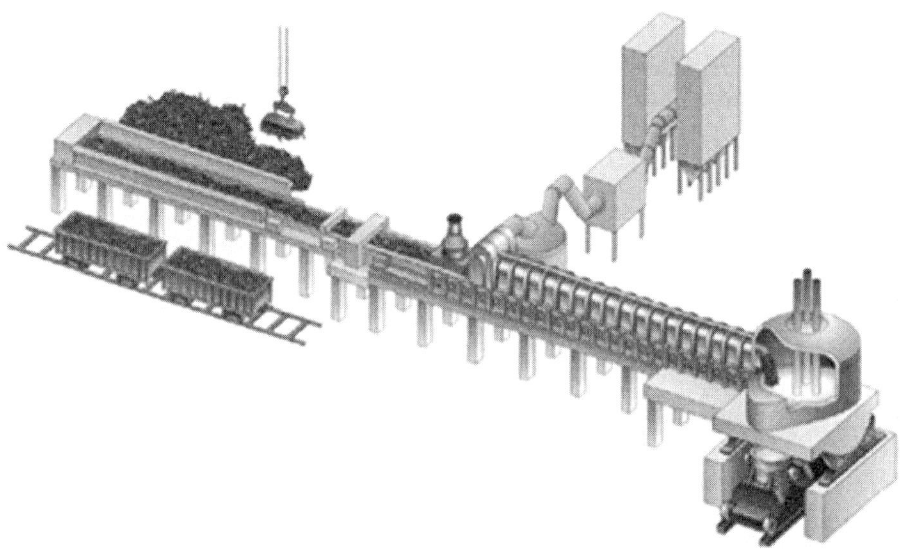

그림 3-52 | Consteel Process

Consteel 설비는 크게 1번 스크랩 컨베이어, 2번 스크랩 컨베이어, 예열 컨베이어, 연결 카 등으로 나눌 수 있다. Consteel 설비의 컨베이어는 텐션 로드(Tension Rod)로 고정하고, 모터가 전체 컨베이어를 움직이게 되어 있다.

컨베이어의 전진 및 후진 속도 제어를 통해 고철의 전진 속도를 제어하는데, 컨베이어의 속도 제어는 모터를 구동하는 인버터(Inverter)의 주파수를 조정하여 제어를 할 수 있다.

Consteel 조업이 상부 장입법(Top Charge)과 다른 것은 컨베이어에 의해 연속 장입이 가능하고, 전극 사고가 거의 없으며, 아크가 용해 초기부터 안정되고, 노이즈 및 분진도 적게 발생하게 된다. <표 3-13>는 Consteel 조업법과 상부 장입법을 비교하여 나타낸 것이다.

표 3-13 | Consteel 조업과 Top Charge 조업의 비교

	Consteel	Top Charge
기본 구조	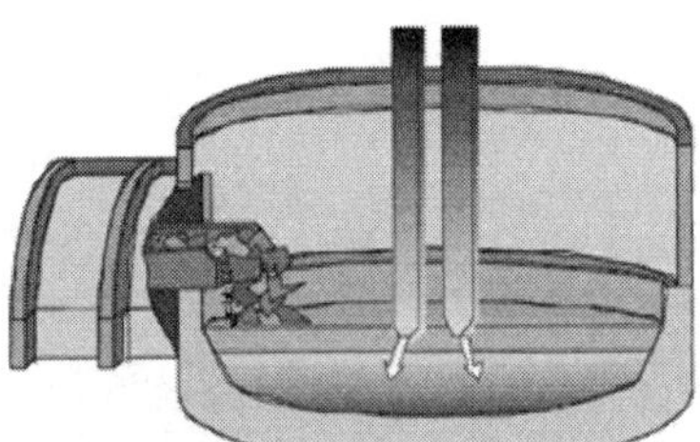	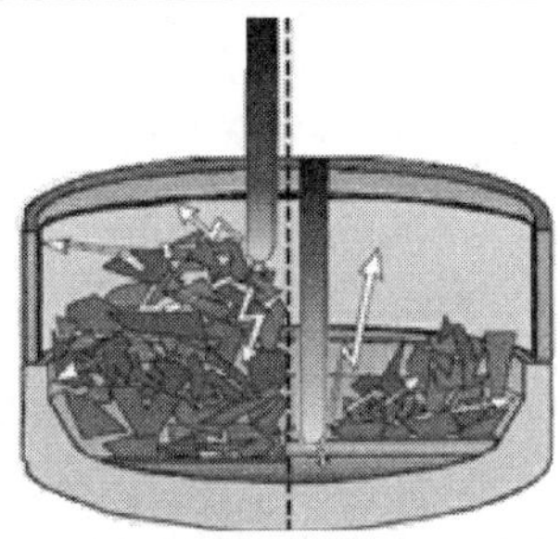
고철 장입	컨베이어 연속 장입	버켓 장입
전극 사고	거의 없음	가끔 발생
아크 안정성	용해 초기부터 안정	용락 형성 후 안정
노이즈	적음	용락 형성 전까지 끔
공장 내 환경	전기로 루프를 열지 않기 때문에 공장 내 분진 발생이 적음	버켓 장입시 마다 전기로 루프를 열기 때문에 분진 발생이 상대적으로 많음

2 예열기 컨베이어(Pre-Heater Conveyor)

예열기 컨베이어는 전기로에서 나온 폐가스를 2차 연소를 통해 전기로에 장입되는 고철을 예열하는 장치이다. 예열기 컨베이어는 내화물 후드(Refractory Hood), 수냉 후드(Water Cooled Hood), 정지 바(Arrestor Bar), 산소 프로브(Oxygen Probe), 에어 플랩(Air Flap)으로 구성되어 있다. <그림 3-53>은 예열기 컨베이어의 구조를 나타낸 것이다.

내화물 후드 내에서는 에어 플랩을 통해서 들어온 산소와 전기로 배가스가 2차 연소를 하는 곳이다.

정지 바는 고철이 예열기에 들어가기 전 특정 높이에 위치하여 일정 높이 이상의 큰 사이즈의 고철이 들어올 경우 예열기로 투입되지 못하도록 하는 장치이다. 고철이 예열기로 들어가기 전에 정비 바 뒤에는 고정 씰(Static Seal)이 있어 집진 및 예열 효율을 높이기 위해 외부 공기가 예열기 내로 들어가지 못하도록 커튼 역할을 한다. <그림 3－54>는 정지 바 및 고정 씰을 나타낸 것이다.

산소 프로브는 예열기 내에서 CO 반응의 완전 연소 상태를 측정하는 장치이며, 에어 플랩은 예열기 내에서 산소를 공급하는 장치이다.

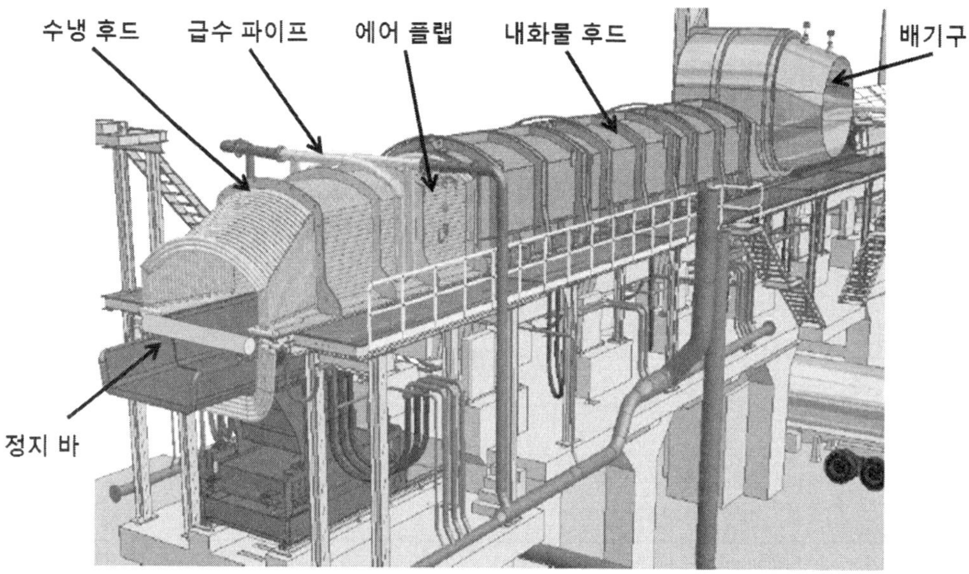

그림 3－53 ▌예열기 컨베이어의 구조

그림 3-54 | 정지 바 및 고정 실

그림 3-55 | 연결 카

예열기 컨베이어를 통과한 고철은 연결 카(Connecting Car)에 의해 전기로에 장입이 된다. 연결 카는 예열기 컨베이어와는 별개로 제어가 되는데, 전기로 안쪽까지 움직일 때는 천천히 전진하여 고철을 전기로에 장입한 후, 후퇴할 때는 빠르게 움직인다. <그림 3-55>는 연결 카를 나타낸 것이다.

3 고철 속도 조정

Consteel의 고철 조정은 고철의 화학 성분, 고철 밀도, 컨베이어 속도, 크레인 작업 등으로 나누어 생각할 수 있는데, 고철을 어떻게 조정하는 가에 따라 용강 품질이 좌우되고 용강의 제조 원가에도 영향을 주어 궁극적으로는 생산성에도 기여를 하게 된다.

고철의 화학 성분은 고철 성분 중 Cu, Sn의 순환성 원소는 정련이 불가능하므로 용강의 품질에 직접적 영향을 미치므로, 용강의 품질을 위해 고철 성분 중 Cu, Sn의 성분 제한을 하면 단가가 높은 고철을 사용해야 되므로 용강 제조 원가가 높아지게 된다.

고철의 밀도의 영향은 일반적으로 고철 밀도가 높을수록 용강 제조 원가가 높아지며, 고철 장입 시간이 짧아지므로 용강 생산성이 높아진다.

컨베이어 속도의 영향은 전기로에 장입되는 고철이 컨베이어의 이동에 의해 이루어지므로 용강 생산성에 직접적 영향을 미치게 된다.

크레인 작업은 컨베이어에 고철을 적입하여 고철 층를 만들 때 고철 밀도가 균일하게 되도록 크레인 작업이 이루어져야 하므로, 전기로 조작자와 크레인 작업자와의 원활한 커뮤니케이션이 이루어져야 한다.

Consteel에서의 고철의 이송 속도는 컨베이어의 속도와 관계가 있어서 컨베이어의 마찰력에 따라 달라진다. 컨베이어의 속도 제어는 컨베이어 모터의 인버터(Inverter) 주파수 제어에 의해 이루어지는데 인버터 주파수가 증가하면 컨베이어의 속도도 증가하게 된다. 또한 고철의 층 및 밀도에 따라서도 컨베이어와의 마찰력이 달라지므로 고철의 이송 속도가 영향을 받는다.

고철의 층는 밀도를 고려하여 1단 또는 2단으로 쌓아서 이송을 하며, 이때 2단으로 쌓을 경우 <그림 3-56>과 같이 중량물을 먼저 쌓고 경량물을 위에 쌓아야 고철이 컨베이어에서 미끌어지지 않고 전진을 할 수 있다.

밀도가 높은 중량물일 경우 한 층만 쌓아야 컨베이어에 무리를 주지 않고 전진이 용이하고 이송 속도를 빠르게 할 수 있으며, 파쇄 고철의 경우 속도를 낮추어야 컨베이어에서 이탈을 하지 않고 전진을 할 수 있다. 이송 속도는 중량 고철의 경우 4.0~5.0m/min, 경량 파쇄 고철의 경우 3.5~4.0m/min의 속도로 이송을 한다.

컨베이어의 속도는 전기로 밑에 설치된 로드셀(Load Cell)을 통해 실시간으로 고철 장입량을 감시하며, 투입 전력을 측정하여 전력 원단위를 설정하여 항상 일정한 양의 고철이 투입되도록 제어하고 있다.

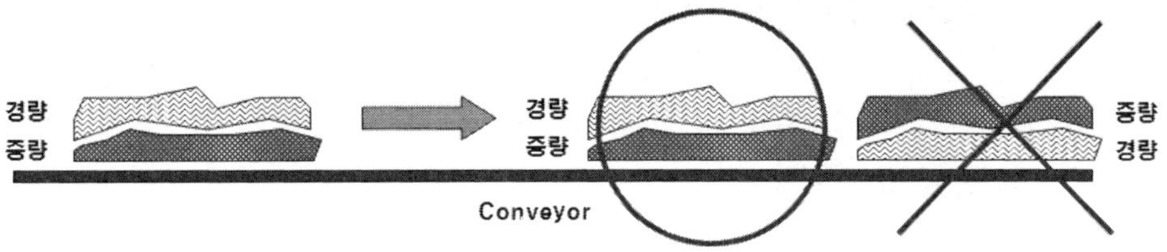

그림 3-56 | **스크랩 층 형성 방법**

제6절 | 기타 전기로 제강

1 고주파 유도로의 조업

1) 개요

코일에 공급되는 교류는 보통의 상용 주파수(50~60Hz)를 사용하면 가열 효율이 낮으므로 일반적으로 고주파가 사용된다. 장입 재료 중에 생기는 2차 전류는 고주파가 높을수록 그 표면에 집중하므로 쉽게 고온을 얻을 수 있다. 또 재료가 선상이나 박판상으로 가늘수록 저주파에 의한 용해는 어렵기 때문에 더욱 높은 고주파가 필요하다. 유도로에 사용되는 주파수는 노용량이 수kg_f의 소형인 경우 20,000Hz에서부터 용재 장입이 수10t에 이르는 대형로인 경우 60Hz까지 달라지나 공업용 노에는 1,000Hz가 가장 많이 사용되고 있다. <표 3-14>는 고주파 유도로의 설비 용량 및 능력을 나타낸 것이다.

표 3-14 | 고주파 유도로의 설비용량 및 능력

노공칭 용량(kg_f)	주파수(Hz)	고주파 전원 용량 (kW)	용해 시간(min)	전력 원단위 (kWh/t)
5	20,000 10,000	15	25	
10	10,000	15	45	1,100
30	10,000 3,000	30 50	55 35	1,050
50	3,000	50 100	50 25	900
100	3,000	50 100	120 40	780
150	3,000 1,000	100 150	70 45	
300	1,000	150 300	100 45	750
500	1,000	150 300	140 80	720
1,000	1,000	300 600	170 80	750 680

노공칭 용량(kg$_f$)	주파수(Hz)	고주파 전원 용량 (kW)	용해 시간(min)	전력 원단위 (kWh/t)
2,000	1,000	600 1,000	170 80	750 650
5,000	1,000	1,800	200 120	650

2) 용해 정련

고주파 유도로는 특수강의 용해에 가장 많이 사용되며, 그 이유는 다음과 같다.

① 피산화성 합금 원소의 실수율이 높고 안정하며, 고합금강일수록 용해에 유리하다.
② 노내 용강의 성분 및 온도 조절이 용이하다.
③ 고주파 유도로는 용강의 자동 교반 효과가 크게 기여하므로 강종 면에서 거의 제한이 없어서 아크로에서는 제조 곤란한 성분을 가진 합금도 간단히 용해할 수 있다.

가) 합금 실수율

피산화성 합금 원소의 실수율이 높은 것은 장입 재료가 용해 기간을 통해 산화될 기회가 적은데 기인한다. 따라서 아크로보다 회수 재료의 활용이 가능하며, 합금분의 장입 비율이 높을수록 그 장점을 살릴 수 있다. Ni, Co, Mo 등의 무산화 원소는 물론 Mn, Cr, W, V, Nb 등도 조건만 맞으면 거의 100% 회수가 가능하다. 그러나 Si, Ti, Al 등은 이와는 달리 상당한 손실이 있으므로 대량 첨가할 때에는 출강 직전에 노중이나 레이들 중에 투입하는 것이 보통이다.

한편 산성로에 있어서는 이와는 다소 다르며 Si의 회수율은 높으나 Mn의 손실은 상당히 크다. 그리고 Ti, Al 등은 규산질 강재와의 상호 반응에 따라 실수율이 감소하며 불안정하다. 일반적으로 합금철의 대량 첨가가 필요할 때 Ni, Mo, W, Cr 등은 그 대부분을 초장입에서 투입하나 이보다 활성이 강한 V, Nb 등은 용락 후 출강까지의 사이에 첨가하는 것이 안전하다.

나) 교반 작용

유도로 중의 용강은 코일에 의하여 생긴 자속 때문에 이것과 반대 방향의 전류, 즉 코일과 역방향의 전류가 흐르게 된다. 이 때문에 용강과 코일 사이에 반발력이 작용하는데 이 힘은 노 중에서는 자속 밀도가 크고 상부와 하부에는 적다. 반면에 동일 방향의 전류가 흐르는 도가니 주위의 용강 사이에는 인력이 발생한다.

이러한 힘이 합성된 결과 노내 용강은 <그림 3-57>과 같이 회전 운동을 일으키게 되며, 이것이 유도로에서 나타나는 교반 작용이다. 이 교반 운동의 힘은 당연히 투입 전력에 비례하여 커진다. 그 밖에 주어진 전류의 주파수 f에 따라 달라지며 $\sqrt{f}$ 에 반비례한다. 따라서 저주파를 사용할수록 교반 운동이 강하여 도가니를 침식하게 되며, 때로는 강재 면이 분할되어 용강 면이 노출되는 원인이 된다. 보통 사용하는 1,000Hz 정도에서는 교반 작용이 온건하여 불규칙을 일으키지 않는다.

용강의 교반은 성분, 온도를 균일하게 하는 효과가 있음며, 탈산 반응 촉진 및 첨가 합금의 급속 용해에 큰 도움이 된다. 또한 Fe-W, Fe-Mo 등 아크로에서 노저에 가라앉기 쉬운 합금도 용해 가능하다.

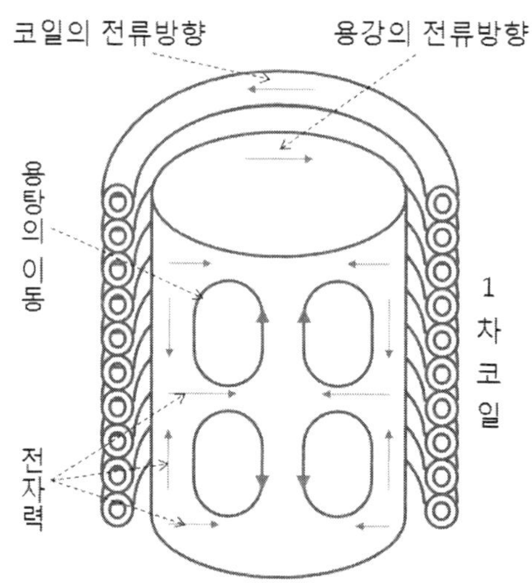

그림 3-57 | 용강 교반 운동

다) 불순물 정련

고주파 유도로 조업에서의 정련의 주목적은 유해 반응 물질의 외부로부터 유입을 방지하고, 성분 원소의 함유량 변동되지 않도록 유지(반응을 일으키지 않는 것)하도록 하는 것이다.

일반적으로 고주파로 용해에 있어서는 탈산, 탈인, 탈황은 진행되지 않으므로, 장입 재료를 선별하여 C, P, S 등이 규격보다 높지 않도록 조정할 필요가 있다.

탈인, 탈황을 위해서는 염기성 라이닝 노에서 석회를 주성분으로 한 정련 강재를 만드는 것이 필수 조건이다. 탈산, 탈인을 하는 데는 상당한 정도의 산화 용해가 필요하며, 장입시 저탄소, 고규소를 가진 원료를 사용하거나 적량의 산화철을 첨가해야 한다. 이 경우 산화성의 합금 성분은 많은 손실을 받으므로 첨가는 탈산후에 실시하며, 배재는 용락 후 강재를 한번 배출해야 한다. 필요에 따라 용강에 Si－Al－Mn 등의 탈산제를 첨가한 후 환원 슬래그를 재차 만든다.

고주파 정련에서 강재 정련을 진행하기 어려운 이유는 용탕의 온도가 낮고 유동성이 나쁘기 때문이다. 원활한 정련을 위해서는 형석 등을 용제에 첨가하여 유동성을 향상, 노 뚜껑을 덮어 강재 전체를 고온으로 유지해야 한다.

탈황을 하기 위해서는 강재를 강하게 환원하여 FeO를 감소시키는 것이 바람직하지만 조건이 유리한 아크로보다 효과적이지 못하다. 출강시 용강 중의 O, N 등의 가스 성분의 함유량은 아크로와 거의 같으나 H는 강재의 차단 효과 때문에 아크로보다 보다 낮은 값을 가지고 있다.

3) 조업

2톤 용해시 전원이 660kVA이면 용락까지는 2시간 정도가 필요하다. 전원 용량이 배가되면 시간은 반 정도 단축된다. 그러나 용락 이후 출강까지의 시간은 거의 같다. 송전 이후 용해가 진행되면 노의 저항이 증가할때마다 응결기(Condenser)를 넣어서 역률의 저하를 방지한다. 이 응결기를 진상 콘덴서라 한다. 용락 후 제재, 탈산, 조재 작업을 하여 노중 분석 시료를 채취한다. 분석치에 따라 부족 성분의 합금 첨가를 한 후 온도를 조정하여 출강한다. 용강부터 출강까지는 이러한 성분 및 온도 조정 때문에 적어도 30분, 복잡한 경우는 1시간 정도 필요하다. 용해의 조건은 아크로보다 용이하며 관리를 더욱 확실히 할 수 있다.

예를 들어 아크로에 있어서는 온도의 승강, 강재의 상황 등에 따라 성분의 회수율과 품질을 좌우할 때가 있으나 이 노에 있어서는 그러한 우려는 없다. 또 이 노에 있어서

탭과 탭은 3시간, 노의 전력원단위는 평균 750kWh/t-ingot 이다. 용해 감소는 아크로보다 적어서 겨우 1~2% 정도이며, 이 값은 장입 원료의 형상에 따라서도 좌우된다. 최대 월간 생산 능력은 대체로 다음과 같다. 1톤 노를 3시간 가동할 때, 월간 25일 조업을 한다면 300kW의 전원이 필요하며 160t/월(실가동률 90%, 강괴 실수율 90%), 600kW의 전원에서 240t/월의 강괴를 생산한다. 같은 조건에서 2톤 노를 가동한다고 가정하면 600kW에서 320t/월, 1,200kw에서 480t/월을 생산하게 된다.

2 특수 용해 정련법

1) 진공 유도 용해법(VIM법)

이 방법은 고급 강재를 얻을 목적으로 유도로를 진공실 내에 넣고 장입물을 용해하고 진공하에서 주조를 하는 용해법이다. 이 방법의 장점은 불순물의 유입이 적고 탈산 효과가 우수하며, 합금 원소의 정확한 성분 조정이 용이하다. 하지만 증발하기 쉬운 금속의 첨가가 어렵고, 편석이 우려도 있다.

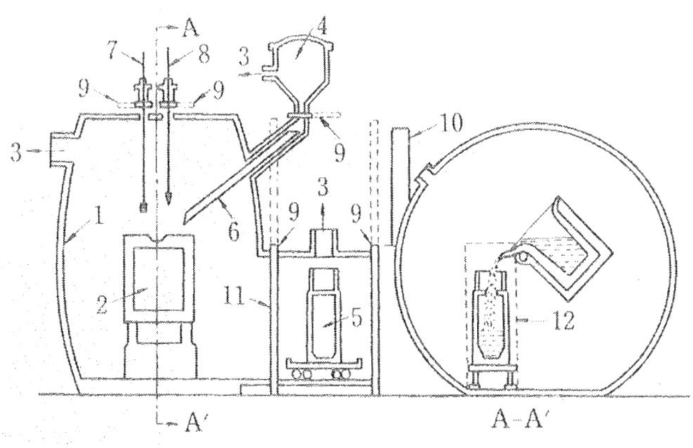

1. 노의 외각
2. 도가니
3. 배기구
4. 원료 장입실
5. 주형
6. 원료 첨가통
7. 시료 채취 기구
8. 열전쌍
9. 차폐 밸브
10. 조작 선반
11, 12. 주형실 차폐 밸브

그림 3-58 ❙ 진공 유도 용해법(VIM)의 개략도

2) 진공 아크 용해법(VAR법)

이 방법은 고진공($10^{-3} \sim 10^{-2}$mmHg)하의 수냉 구리 도가니 속에서 소모 전극을 아크 방전으로 용해하여 떨어뜨려서 도가니 속에서 적층 용해시키는 방법이다. 이 방법의 특징은 개재물 부상 분리, 적층 응고에 의한 재질 개선 효과가 우수하며, 내화물과 접촉하지 않으므로 불순물이 적고, 가스 방출이나 불용성 불순물 분리가 용이하다. 사용하는 소모 전극은 산소 함유량이 적어야 한다.

용해법은 초기 용해 → 정상 용해 → 핫톱(Hot Top)의 3단계로 이루어진다. 초기 용해는 저전류로 시작하여 아크 안정기까지의 시간이며, 정상 용해는 전극의 대부분을 용해하는 시간이고, 핫톱은 전류를 낮추어 두부에 발생하기 쉬운 수축공을 제거하는 것이다.

VAR법에 의한 생산된 강은 인성의 개선, 충격값 향상, 천이온도가 저온으로 이동, 방향성 감소, 피로 강도의 향상, 크리크 강도의 향상 등의 기계적 성질이 향상되는 효과가 있다.

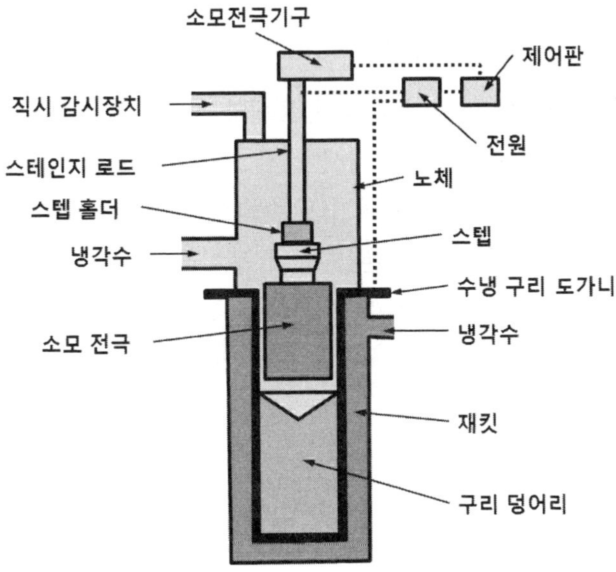

그림 3-59 Ⅰ 진공 아크 용해법

3) 일렉트로 슬래그 용해법(ESR법)

이 방법은 용융 슬래그의 전기 저항열에 의해 소모 전극을 녹여 용융 슬래그 속을 통해 수냉 주형 내에 적층 응고시키는 방법이다. 이 방법의 특징은 진공배기 장치가 없어 설비비가 저렴하고, 대기 중의 용해이므로 조업이 용이하고, 생산된 강괴의 표면이 깨끗하고 균질하며, 불순 원소나 비금속 개재물을 효과적으로 감소시켜 재질이 우수하다. 또한 ESR법은 직류나 교류 모두 사용이 가능하고, 전극의 치수에 제한이 없고, 강괴의 형상이나 크기도 자유로우며, VAR법에 비하여 강괴의 내부 조직이 치밀하다는 장점이 있다.

ESR법에 사용하는 전극은 다음과 같은 특징을 가지고 있어야 한다.

① 전기적인 저항 발열체이며 용해, 정련의 열공급원으로 작용할 것

② 외기와 주형으로부터 용융 금속을 덮어 보호할 것

③ 용융 금속을 정제 또는 정화할 것

④ 전기전도도가 작고 온도 의존성이 낮을 것

⑤ 융점, 점도가 가능한 낮을 것

4) 플라즈마 아크 용해법(PAM법)

이 방법은 플라즈마의 고온에너지를 강의 용해와 정련에 이용하는 방법으로 전기 아크로와 비슷한 구조이지만 흑연 전극 대신 플라즈마 토치(Plasma Torch)를 사용한다.

플라즈마 유도로의 특징은 보온 효과가 우수하고, 유도 코일 장치로 인해 가열 및 교반의 기능을 수행할 수 있으며, 고온을 얻기 용이하고, Ar 분위기에서 조업하므로 오염이 적어 진공 유도로 수준에 가까운 제품을 얻을 수 있다.

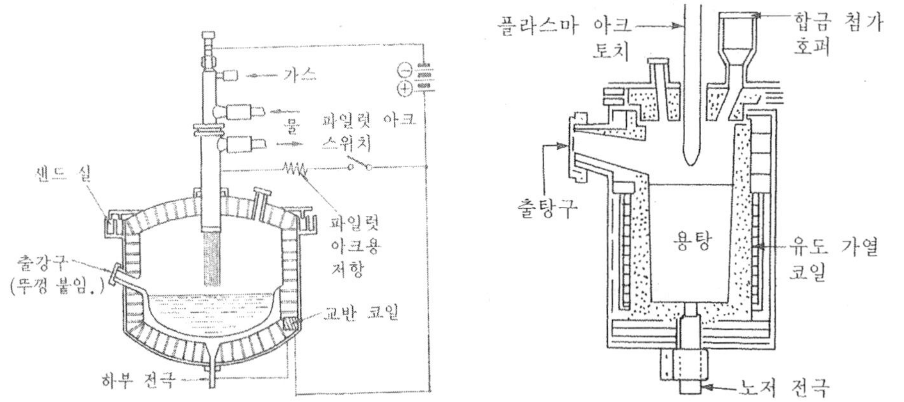

그림 3-60 ▌플라즈마 아크 용해법의 개략도

5) 일렉트론 빔 용해법(EBM법)

이 방법은 전자 빔을 열원으로 사용하여 용해하는 방법으로 활성 금속, 고용융점 금속(Ti, Zr, Ta, Nb 등), 스테인리스 강, 내열합금에 이용한다. 형태는 소모 전극식과 연속식이 있으며, 소모 전극식은 높은 진공도에서 고온 용해가 이루어지므로 탈가스가 잘되고 증기압이 높은 불순 원소의 제거가 용이하다.

2차 정련법

제1절 | 2차 정련의 개요

1 2차 정련 기술의 발전 과정

2차 정련 기술의 기능은 진공처리, 가스 또는 분체 취입 및 용강 승온 등으로 구분된다. 레이들에서 용강을 처리하는 2차 정련의 역사는 제강 공정에서 레이들을 사용하기 시작한 시점부터 비롯되었다고 할 수 있으나, 이러한 기술이 체계적으로 공업화되기 시작한 것은 1950년 독일의 Bochumer－Verein사에 개발한 액적 탈가스법(BV법 ; Stream droplet degassing process)이 용강 탈가스 처리에, 특히 탈수소 처리에 획기적인 효과가 있다는 것이 인정되면서부터이다. 그 후 공업적으로 대량의 용강을 진공 탈가스 처리할 수 있는 DH법, RH법 등이 개발되어 2차 정련 기술 분야는 하나의 정련 공정으로서 정착되기에 이르렀다.

2 2차 정련 기술의 분류

2차 정련 공정은 궁극적으로 용해 및 정련로에서 제조된 조용탕의 화학 성분과 온도를 조정, 균질화하며 전·후 공정의 기능 분담을 통하여 경제적인 생산 활동을 위한 제강 과정의 중간 공정이다. 2차 정련 공정은 처리하고자 하는 목적, 기능, 방법에 따라 다음과 같이 분류할 수 있다.

목적에 따라 분류하면,

① 화학 성분 조정 및 합금철 첨가
② 슬래그 또는 반응 물질 첨가에 의한 불순물 원소 저감
③ 용존 가스 성분의 제거

④ 용강의 승온 및 온도 조정
⑤ 용강의 청정도 향상을 위한 비금속 개재물 제거 및 형상 제어
⑥ 성분 및 온도의 균질화
⑦ 출강과 주조 사이의 조업 시간 조정 등의 완충 효과

기능상으로 분류하면,

① 앞 공정에서 생성된 슬래그의 효과적인 분리
② 용강의 균질화를 위한 교반 기술
③ 합금 또는 반응 물질의 첨가 기술
④ 탈가스를 위한 용강의 진공 처리
⑤ 용강 온도 조정을 위한 냉각제 첨가 또는 승온

실제 조업에서 활용되고 있는 주요 2차 정련 방법들을 기능별로 분류하여 <그림 4-1>에 도식적으로 나타내었다.

이러한 주 기능 외에도 2차 정련 작업의 효율을 향상시키기 위해서는 적절한 내화물의 선정, 용강 오염 방지를 위한 대기화의 접촉 방지 그리고 불순물 함량이 적은 합금철 사용과 정련 목적에 적합하면서도 내화물 침식을 최소화할 수 있는 적정 조성의 슬래그를 제조하는 등의 조업 기술이 요구된다. 그러나 이와 같은 모든 기능을 동시에 만족시킬 수 있는 방법을 기대할 수 없으며 목적에 따라 주요 항목들을 선택할 수 있다.

<그림 4-1>은 2차 정련 방법별 처리율의 구성비 현황을 나타낸 것이다. 그림에서와 같이 가스 취입에 의한 단순한 용강 교반법의 적용 비율은 감소하는 반면에 진공 처리와 분체취입법의 활용율이 급격하게 증가하였다.

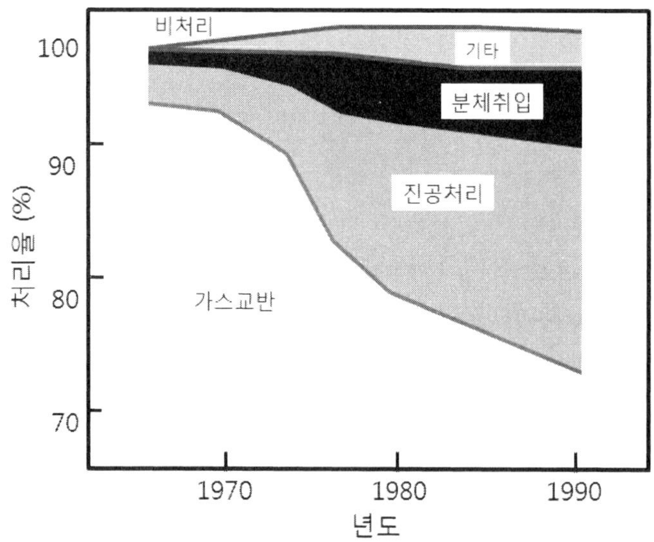

그림 4-1 ▎년도별 용강의 2차 정련 적용 현황

이는 진공처리 설비와 분체 취입 설비를 활용하면 용강의 교반 효과까지 동시에 얻을 수 있을 뿐만 아니라, 단순 교반만으로는 품질의 고급화 요구를 만족시키는 데 한계가 있기 때문이다. 최근에는 용해 정련로의 열부하 경감과 생산성 향상을 위하여 용강의 열보상 기술이 빠르게 확대 적용되고 있다.

표 4-1 ▎2차 정련 공법에 따른 불순물 원소의 정련 및 승온 능력

공정		ΔS(ppm)	ΔH(ppm)	ΔN(ppm)	ΔO(ppm)	ΔT(℃)
인조 슬래그		−50 ~ −60	+2 ~ +3	~ +20	−50	−
분체 취입		−50 ~ −80	+2 ~ +5	+20 ~ +40	−50	−40 ~ −60
Wire Feeding		−	~ +2	~ +20	~ −∞	−10 ~ −15
아크 가열		−50	−	−	−50	+
진공 탈가스	RH	−	−80	−30	−50	−50
	DH	−	−50	+20	−50	−50
	L/D	−	−60	−	−50	−50
VAD/VOD		−70	−80	−50	−50	+
AOD		−70 ~ −80	−60	−70	−	+

<표 4-1>은 2차 정련 처리 방법에 따른 정련 능력을 정리한 것이다. 적절한 방법의 사용은 수십 ppm의 용강 중의 불순물 제거가 가능하며, 최근에는 [C] ≤ 20ppm, [O] ≤10ppm, [H] ≤ 0.7ppm, [N] ≤ 5ppm, [S] ≤ 5ppm, [P] ≤ 15ppm까지 제어함으로써 이들을 모두 합한 불순물 성분 총합이 70ppm 이하인 고순도 강의 정련도 가능하게 되었다.

제2절 | 2차 정련 조업 기술

1 슬래그의 분리

정련 슬래그가 다음 공정까지 잔존하게 되면 후속 처리 공정에서 슬래그 중의 불순 성분이 다시 용강을 오염시키거나, 슬래그 중에 함유되어 있는 (FeO), (MnO) 등은 탈산제와 합금철의 실수율을 저하시키고 조업 능력을 악화시킬 수 있다. 또한 2차 정련 공정에서의 조업 효율은 슬래그 제어 기술과 밀접한 관계가 있다. 앞 공정으로부터 혼입된 슬래그는 슬래그 조성 제어에 방해 요인이 되므로 적극적으로 혼입을 방지할 필요가 있다.

<그림 4-2>는 Al 탈산강 생산시 출강 과정에서 전로로부터 유출된 슬래그의 양에 따른 알루미늄 사용 원단위의 변화를 나타낸 것이다. 변동 폭은 크지만 슬래그 유출량 증가에 따라 Al 사용 원단위가 거의 직선적으로 증가하는 것을 알 수 있다.

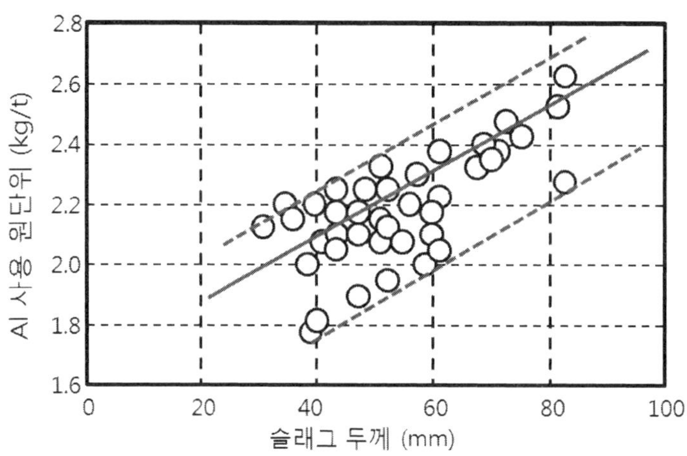

그림 4-2 | 슬래그 유출량에 따른 Al 원단위 변화

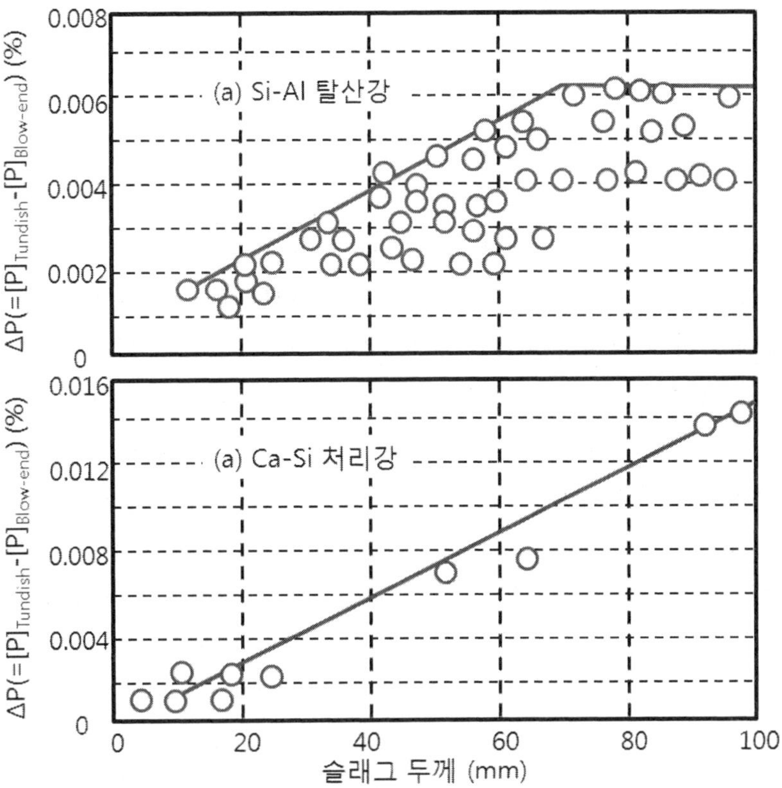

그림 4-3 ▌2차 정련 과정에서 용강의 복인 현상에 대한 슬래그 유출량의 영향

<그림 4-3>은 슬래그 유출량에 따른 2차 정련 과정에서의 복인 현상을 보여주는 것으로 용강 탈산 과정에서 슬래그 중에 함유된 (P_2O_5)는 거의 전량 환원되어 용강을 오염시키게 된다. 따라서 야금학적 효율 향상과 조업의 재현성 확보를 위해서는 용강과 슬래그를 분리, 제거하는 것이 매우 중요하다.

실제 조업에서는 용해 또는 정련로에서 생성된 슬래그의 혼입을 완벽하게 방지하는 것은 거의 불가능하다. 출강시의 슬래그 유출 기구는 출강 직전의 노체 경동시 슬래그층이 출강구를 통과하는 시기에 유출되는 초기 유출(Initial Carryover), 출강 말기의 와류(Vortex) 형성에 따른 유출, 그리고 출강 완료 후 노체 직립시의 유출 등 3단계로 구분된다. 초기 유출은 출강구에 플러그(Plug)를 사용함으로써 방지가 가능하며, 출강 말기의 슬래그 유출을 방지하기 위한 다양한 방법들이 고안되어 활용되고 있다.

슬래그 체크 볼(Slag Check Ball) 또는 유동 플러그(Floating Plug)는 비중이 용강과 슬래그 중간 정도인 내화물을 출강 말기에 투입 또는 삽입함으로써 출강 종료와 함께 출강구를 폐쇄하여 슬래그 유출을 방지한다. 슬래그 컷 포트(Slag Cut Pot)도 같은 원리를 이용한 것으로 레이들 상부에 소형의 슬래그 커팅(Cutting)용 레이들을 사용하는 방법이다. 사이펀 흡입 관(Siphon Tapping Tube)은 출강 말기에 용강과 슬래그 층의 정압 균형에 따라 슬래그 유출을 억제하는 방법이다. 공기 압축 슬래그 스토퍼(Pneumatic Slag Stopper)는 슬래그 유출이 감지되는 시점에서 출강구 외부로부터 고압의 가스를 분사하여 슬래그 유출을 억제하는 방법이다. 이러한 방법들은 슬래그 유출 시점을 정확하게 감지하는 것이 전제 사항이며, 작업자의 기능에 의존하기도 하지만 슬래그와 용강의 전자기적 특성차를 이용하여 슬래그 유출을 감지하고 슬래그 스토퍼를 연동 시킴으로써 자동적으로 출강구를 폐쇄하는 방법도 활용되고 있다.

출강 후 레이들에 유출된 슬래그는 진공으로 흡인하여 제거하는 진공 흡입 슬래그 제거기(Vacuum Suction Slag Cleaner)도 개발되어 활용되고 있으나, 이 방법은 설비 투자비가 많을 뿐만 아니라 출강 중에 강한 출강류의 교반력을 이용하여 탈산제 및 합금철을 투입하는 통상적인 조업에서는 그 효과를 기대할 수 없으므로 활용하는데 한계가 있다. 또한 레이들에 출강한 용강을 레이들 바닥을 통해서 또 다른 레이들로 유출시키는 재레이들(Relading) 방법도 부분적으로 활용되고 있지만 용강의 열 손실이 클 뿐만 아니라 새로운 레이들을 사용해야 하는 단점이 있다. 따라서 진공 흡입 슬래그 제거기나 재레이들법은 슬래그를 적극적으로 분리해야 하는 경우에만 제한적으로 활용할 수 있으며 경제적인 방법은 아니다.

다양한 도구를 사용하여 출강 말기에 출강구를 자동 또는 수동으로 폐쇄함으로써 슬래그 유출을 방지하는 방법들이 가장 일반적으로 이용되고 있으나 출강구 폐쇄 시기가 빠르면 노내에 용강이 잔존하게 되어 실수율을 저하시키며, 늦으면 슬래그 유출이 불가피하다. 그러므로 슬래그 유출 개시 시점을 정확하게 포착하여 적정한 시기에 출강구를 폐쇄하는 것이 중요한 기술이며, 출강구의 불규칙한 마모는 유출 억제에 장애 요인이 된다.

2 용강의 교반 및 균질화

제강 반응은 고상, 액상, 기상을 포함한 이상간의 계면에서 일어나는 열 및 물질 이동에 의한 결과이다. 따라서 반응 속도 증대 및 작업 효율 향상을 위해서는 반응 물질, 반응 생성물 및 열의 이동을 촉진할 필요가 있다. 그리고 용강 중에 첨가되는 합금 원소들은 용해도나 물리·화학적 여건에 따라 불균일하게 분포할 수도 있으며, 레이들 부위에 따라 용강의 온도도 차이가 있을 수 있다. 열 및 물질의 균질화를 위해 대류 현상이나 확산에만 의존한다면 그 속도가 매우 느리므로 적정한 교반이 필요하다.

2차 정련 공정에 적용하는 용강의 교반 방법은 레이들 내에 불활성 가스 취입, RH 진공 처리시의 토출류에 의한 교반, 그리고 ASEA－SKF와 같은 전자 유도 교반 등이 대표적인 예이다. 이러한 용강 교반 특성을 정량적으로 이해하는 것은 작업 방법 개선과 새로운 공업의 개발을 위해 매우 중요하다. 용강에 공급되는 교반 동력과 그에 따른 용강의 균일 혼합 시간의 상관 관계를 검토함으로써 각 반응 용기의 교반 특성을 정량적으로 파악할 수 있다. <표 4－2>는 각 공정별 교반 강도를 비교한 것이다.

표 4－2 ❙ 각 공정별 교반 강도

공정	조건		교반 강도(Watt/mm^2)
	출강 높이(m)	출강 시간(min)	
출강	1	10	115
		3	400
	5	10	600
		3	2,000
불활성 가스 취입 교반	가스유량(mm^3/t－min)		
	0.005		1,500
	0.001		300
RH			600～800
Dh			500～700
ASEA－SKF			50～200

3 합금 원소 및 반응 물질 첨가

합금 원소 또는 반응 물질을 용강 중에 첨가하는 방법으로는 출강류에 투입하거나 용강 표면에 투입하면서 용강을 교반하는 방법, 또는 분체를 운반 가스와 함께 용강 중에 취입하는 방법, 그리고 와이어 형태로 공급하는 방법 등 다양한 방법들이 활용되고 있다. 설비 투자비, 참가 물질의 실수율 등을 고려하여 적절한 방법을 선택할 수 있다. 합금 원소 및 탈산제의 실수율은 앞에서 거론한 용강이 교반 강도와 슬래그 조건, 그리고 대기중 산소에 의한 산화 손실 등에 따라 좌우된다. 대기와의 접촉에 의한 산화, 또는 슬래그와 내화물 중의 열역학적으로 불안정한 저급 산화물(FeO, MnO, SiO_2 등)과의 반응에 따른 첨가 물질의 산화 손실은 인위적으로 제어하기가 어렵기 때문에 성분을 목표로 하는 범위 내에서 적중시키는데 장애 요인이 되고 최종 제품의 품질 불안정과 첨가 물질의 실수율 저하 요인이 될 수 있다. 그러므로 산소와 친화력이 강한 원소들의 실수율 향상을 위해서는 대기 또는 산화성 슬래그와의 접촉 기회를 최소화할 필요가 있다. <그림 4-4>는 여러 가지 합금 원소들의 첨가 방법에 따른 실수율을 비교한 예를 나타낸 것이다. 합금 원소를 용강 중에 취입하거나 대기와 접촉하지 않도록 진공조 내에 첨가하면 실수율은 향상되지만 Mn의 경우는 증기압이 높아서 증발 손실이 우려되므로 순수한 Mn 금속을 진공조 내에 첨가하는 것은 오히려 바람직하지 못하다. 합금 원소의 입자를 작게 하여 용강과의 계면적을 넓게 하면 용해는 촉진되지만 입자 표면이 슬래그에 의해 피복되면 용해를 방해하는 결과를 초래하게 된다.

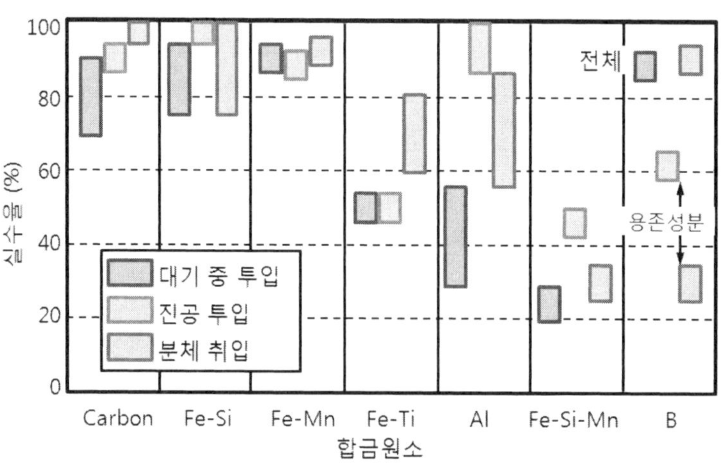

그림 4-4 ❙ 합금원소 첨가방법과 실수율

또한 용강 중에 다량의 합금 원소를 첨가하는 경우는 냉각 효과에 의한 용강의 온도 변화를 고려할 필요가 있다. <그림 4-5>는 몇몇 합금 원소에 대한 첨가량과 용강의 온도 강하 정도를 나타낸 것이다. 그림에서 보는 바와 같이 Ni, Cr, Mn 등은 용강의 냉각 효과가 매우 크다. 용강의 온도 강하 정도는 합금 원소의 종류에 따라서도 차이가 있다. 따라서 합금 원소를 첨가할 때는 합금 원소의 비열에 의한 용강의 냉각 효과도 고려해야 한다.

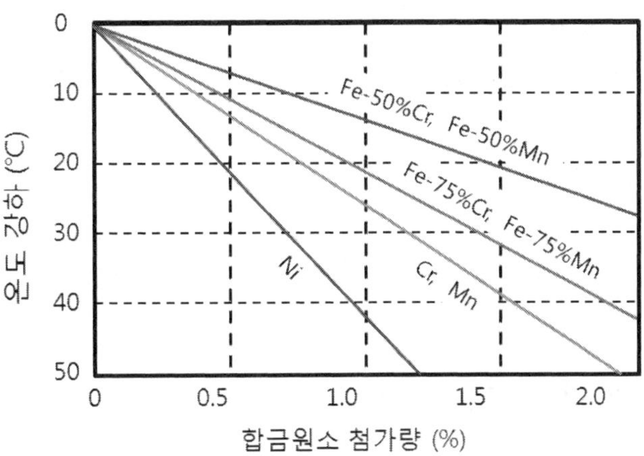

그림 4-5 ▌ 합금 원소 첨가량과 용강 온도와의 관계

제3절 | 용강의 탈산

용강의 탈산 반응 평형의 실제 조업에서는 제한된 작업 시간 내에 목적하는 탈산 반응이 효과적으로 완료되어야 한다. 따라서 작업 효율 검토를 위해서는 시간 개념을 포함한 속도론적 고찰이 매우 중요하다. 일반적으로 탈산 반응 기구는 다음과 같은 소과정으로 세분할 수 있다.

① 탈산제의 용해 및 혼합
② 탈산 원소와 산소의 화학 반응
③ 탈산 생성물의 핵생성
④ 핵의 성장
⑤ 용강으로부터 비금속 개재물(탈산 생성물)의 부상 분리

1 탈산제의 용해 및 혼합

용강 중에 첨가되는 탈산제는 표면부터 용해되기 시작하며 탈산제 표면 부근에는 탈산 원소의 농도가 매우 높다. 그러므로 탈산제 표면 부근에서는 탈산 반응이 강력하게 진행될 것으로 예상할 수 있지만, 용강 중에 첨가된 Al은 용강 중 산소와 반응하여 Al_2O_3 피막을 형성하기 때문에 지속적인 용해 및 확산이 억제되어 탈산 반응을 저해하는 요인이 될 수 있다. 탈산제의 이용 효율은 용강 중에 체류하는 시간의 영향을 받게 된다.

<그림 4-6>은 용강 중에 구형의 Al을 투입하였을 때 Al의 크기와 투입 속도에 따른 용강 중 체류 시간 및 용해 거동을 나타낸 것이다. 상온의 탈산제가 용강 중에 투입되면 탈산제가 주위의 용강으로부터 순간적으로 많은 열을 흡수함으로써 탈산제 표면에는 용강의 얇은 피막이 형성되어 탈산제와 용강의 접촉을 방해하게 된다.

<그림 4-6>에서 점선은 Al의 용강 중 체류 시간을 나타낸 것으로 입자의 크기와 투입 속도에 따라 증가한다.

Al 입자가 용강 중에 투입되는 순간부터 표면에는 용강의 응고 피막이 형성되고 그 내부에서 Al 용해가 진행된다. 시간이 경과함에 따라서 Al 용해량은 증가하여 어느 순간부터는 용강의 응고 피막도 다시 용해하기 시작한다.

<그림 4-6>은 Al의 용해가 완료되는 시간과 용강의 응고 피막이 용해되는 시간도 같이 표시되어 있다.

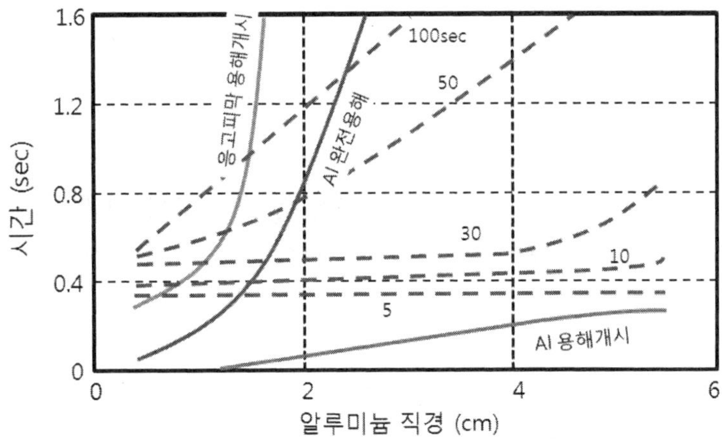

그림 4-6 ▎Al 투입시 Al의 용해 거동

예를 들면, 직경이 2cm인 Al을 50m/s의 속도로 용강 중에 투입한 경우에는 Al의 용강 중 체류 시간이 약 0.8초이며, 이 시간은 Al이 완전히 용해하는데 소요되는 시간과 거의 일치하며 용강의 응고 피막은 용해되지 않은 상태에서 용강 표면까지 부상하게 된다. 직경이 1cm인 Al을 100m/s로 투입하는 경우는 용강 중 체류 시간이 약 0.7초 정도로 Al은 부상하기 전에 완전히 용해가 완료되고, 용강의 응고 피막도 부분적으로 용해된 상태, 즉 용해 개시 후약 0.1초 경과한 것을 의미한다. 이러한 결과는 실제 조업 결과와 일치하지에 대해서는 조업 상황에 따라 다를 수 있으나 정상적으로는 매우 중요한 의미를 가진다 할 수 있다. 즉 용강보다 비중이 적은 탈산제를 투입하는 경우는 용강 중에서 완전히 용해되기 전에, 또는 표층에 형성된 용강의 응고 피막 때문에 용강과 직접 접촉하기도 전에 용강 표면으로 부상할 수 있다는 것을 의미한다. 용강보다 비중이 작은 탈산제가 용강 표면으로 부상하여 대기 또는 슬래그 중의 산소와 반응하게 되면 용강 중의 용존 산소를 제거하는데 사용되는 양이 많아지므로 이용 효율을 저하시키는 요인이 된다고 할 수 있다. 실제 조업에서 대기 중에 레이들에 투입된 Al의 용강 탈산에 대한 이용율은 약 30~50%에 지나지 않는 것으로 알려져 있다.

2 탈산 원소와 용존 산소의 화학 반응

용강 중에서의 화학 반응 속도는 온도가 높기 때문에 대단히 빠르게 진행되는 것으로 알려져 있다. <그림 4-7>은 [Si] 탈산 후의 시간에 따른 용존 산소 및 전 산소 농도 변화를 나타낸 것이다. 용강 중 전 산소 농도는 탈산 원소와 평형하는 용존 산소와 탈산 생성물을 구성하고 있는 산소의 합을 의미한다. 그림에서 보는 바와 같이 [Si] 탈산 직후 용존 산소 농도는 급속하게 감소하는데 반해 전체 산소 농도는 완만하게 감소하는 것을 알 수 있다. 따라서 [Si]과 산소의 화학 반응은 대단히 빠르게 진행되지만 전 산소의 감소 속도는 탈산 생성물의 부상 분리 속도에 의해 지배된다고 할 수 있다. 즉 전체적인 탈산 한계는 탈산 생성물의 분리, 제거 정도에 따라 결정됨을 알 수 있다.

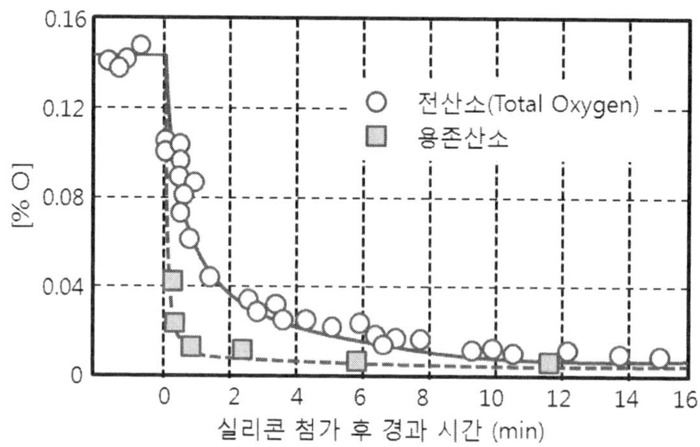

그림 4-7 | Si탈산 후 산소의 거동

3 탈산 반응 생성물의 핵생성

핵생성 이론에는 균일 핵생성과 불균일 핵생성이 있다. 균일 핵생성은 탈산 생성물이 용강 중에서 균일하게 생성되는 경우로 탈산 원소와 산소가 일정한 수준 이상의 과포화 상태를 유지할 때 가능하다. 이때의 핵생성 과정은 탈산 원소와 산소의 반응에 따른 단일 분자 산화물 생성과 이들의 응집, 성장에 따른 임계 크기 이상의 다분자

산화물 형성 고정으로 구분된다.

실제 조업에서는 입체적으로 불규칙한 계면에서 핵이 생성되는 불균일 핵생성이 일어날 가능성이 매우 높다. 동일한 부피의 반응 생성물 핵이 다른 물질의 계면에서 생성되는 경우는 균일 핵생성 시와 비교할 때 용강과 접촉하는 계면적이 감소하므로 계면 에너지도 작아진다. 따라서 핵생성을 위해 요구되는 전체적인 자유 에너지 변화가 감소하여 과포화도가 낮아도 핵생성 및 성장이 용이하게 된다. 불균일 핵생성의 예로써 용강 중에 혼재하는 슬래그, 고상의 부유물 또는 내화물 표면 등을 중심으로 한 반응 생성물의 핵생성을 들 수 있다. 용강 중에는 이와 같은 이상 물질이 존재할 가능성이 충분히 많고, 실제 탈산 조업에 있어서는 핵생성이 지연됨에 따라 탈산 속도가 늦어지려는 경우는 거의 없다고 할 수 있다.

4 핵의 성장

탈산 반응 생성물의 핵 성장 기구는 탈산 원소와 산소의 확산에 따른 성장과 탈산 생성물의 용강 중 Brown 운동, 부상 속도의 상대적인 차, 그리고 용강 교반에 의한 충돌에 따른 응집, 성장으로 구분할 수 있다. 대부분 탈산 생성물의 성장 기구는 입자 간의 충돌에 의한 응집 성장이 지배적이라 할 수 있다. 입자간의 응집, 합체 성장 과정은 계면장력 효과로 설명할 수 있다. <그림 4-8>은 고상 입자들이 서로 접촉할 때의 자유 계면 에너지 변화를 검토하기 위한 모식도를 나타낸 것이다.

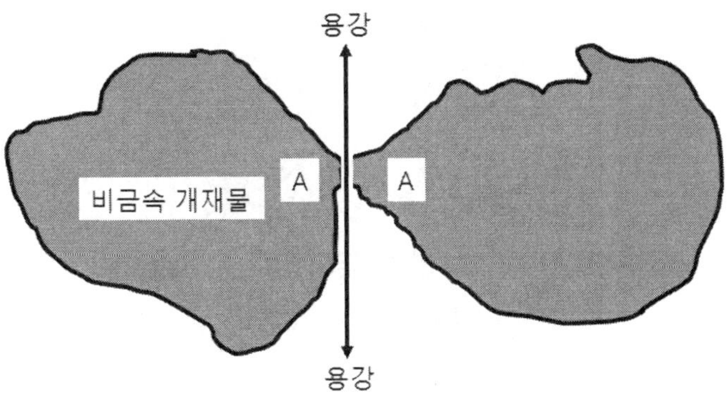

그림 4-8 ❙ 입자 사이의 계면 에너지 변화

용강 중 산소와 황은 계면 활성화 원소로서 계면에 집적하려는 성질이 있어 계면장력을 저하시킨다. 그러나 탈산 생성물의 응집, 성장은 용강의 탈산 후에 일어나는 현상을 대상으로 하고 있으며, 용존 산소 농도가 현저히 낮은 상태이므로 자유 계면 에너지의 변화는 음(−)의 값을 가지게 된다.

한편 크기가 같은 두 개의 구형 입자들이 접촉, 합체하는 경우에 대한 모식도를 <그림 4−9>에 나타내었다. 두 개의 구형 입자가 접촉하면 높은 계면장력에 의한 모세관 내림 현상에 따라 입자간의 용강이 밀려나게 되어 용강과 입자들의 계면적이 감소한다. 밀려남에 따라 생성되는 자유 공간은 구 사이에 자유 공간으로 남게된다.

따라서 이러한 구형 입자들의 반복되는 응집, 성장에 따라 응집체 내부에는 <그림 4−10>과 같이 기공이 증가하게 된다. 이때 겉보기 비중은 고체 입자 비중의 약 75%로 감소하여 부상을 촉진하게 된다.

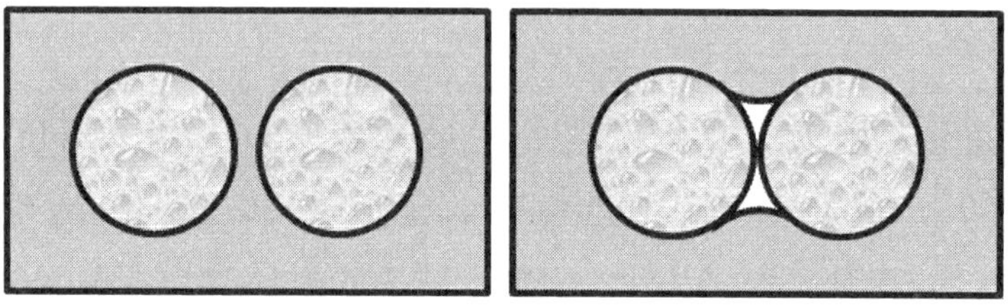

(a) 접촉 전 (b) 접촉 후

그림 4−9 ▍ 입자들이 접촉, 합체하는 모식도

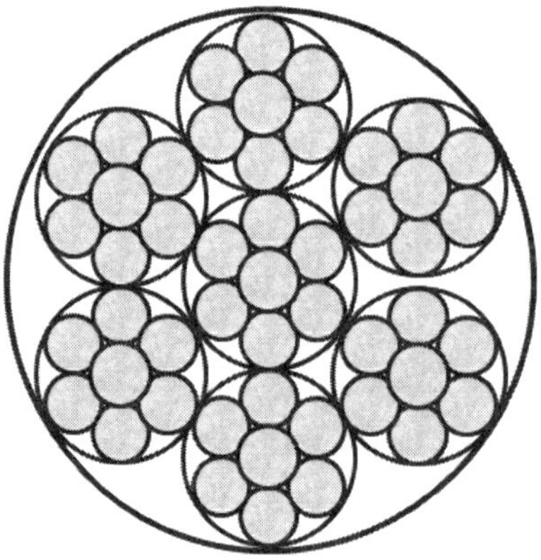

그림 4−10 ▍ 입자 응집과 기공률

5 탈산 반응 생성물의 부상 분리

철강 재료의 고급화 추세에 따라 용강 중 비금속 개재물의 저감에 의한 고 청정화가 중요한 과제로 부각되고 있다. 용강의 탈산 기술이 향상되고, 용강의 열보상 기술이 활용되어 열적 부담이 해소됨으로써 용강의 슬래그 정련법이 본격적으로 적용되어 T－[O] ≤ 10ppm의 고청정강을 안정적으로 제조할 수 있게 되었다. 고청정강을 제조하기 위해서는 용강 중에 부유하는 비금속 개재물의 부상을 촉진하고 용강 표면으로 부상하는 비금속 개재물을 슬래그 중으로 흡수, 용해하여 제거해야 한다. 따라서 비금속 개재물의 용해능이 우수한 레이들 슬래그의 조성과 물성을 확보할 필요가 있다.

탈산 초기에는 비금속 개재물의 양이 많기 때문에 용강의 교반에 의한 비금속 개재물의 충돌 확률이 높아서 응집, 성장에 의한 부상 분리가 촉진되므로 T－[O]가 급격하게 감소한다. 이 단계에서의 탈산 속도는 비금속 개재물의 성장 속도에 의해 지배된다. 그러나 용강 중에 잔존하는 비금속 개재물의 수가 감소하면 충돌 확률이 낮아지고, 그 대신 비금속 개재물들이 용강 유동에 따라 이동하여 슬래그 계면과 접촉하게 된다. 이 시기의 T－[O]의 감소 속도는 슬래그의 비금속 개재물 용해능에 따라 결정된다. 비금속 개재물 용해능이 우수한 슬래그로서의 구비 조건은 융점, 산소 퍼텐셜 및 비금속 개재물 성분의 활동도가 낮아야 한다.

한편 일반적으로 탈산 생성물의 비중 차에 의한 부상 분리 거동은 스토크(Stokes) 법칙으로 설명할 수 있다. 즉 탈산 반응 생성물의 입자 크기가 클수록, 그리고 밀도가 작을수록 부상 속도가 증가하는 것을 알 수 있다.

6 탈산 속도에 영향을 미치는 조업 인자

탈산 속도 저하 요인으로서 용강의 재산화를 빼놓을 수 없다. 용강의 재산화는 탈산 속도 저하 뿐만 아니라 산소와 친화력이 강한 원소(Al, Ca 등)의 산화 손실 요인이 된다.

용강의 재산화는 공기, 슬래그, 내화물 또는 앞 Charge 조업에서 레이들 벽에 부착된 슬래그 등에 기인한다. 공기와 접촉에 따른 재산화 방지를 위해 CAS(Composition Adjustment Process by Sealed Argon Bubbling), SAB(Sealed Argon Bubbling), CAB(Capped Argon Bubbling)와 같은 설비들이 개발되어 활용되고 있다.

한편 산소 퍼텐셜이 높은 슬래그는 용강과 합금 원소의 재산화 요인이 된다. 용강

중 T－[O]에 대한 레이들 슬래그 산화도의 영향은 슬래그 중 저급 산화물 즉 (FeO)＋(MnO) 함량이 증가하면 용강의 청정도가 악화된다. 따라서 슬래그로부터 용강 중으로의 산소 공급을 억제하기 위한 방법으로 슬래그의 산소 퍼텐셜을 낮추는 소위 슬래그 탈산법(Slag Killing)이 활용이 일반화되어 있다.

산성 내화물을 사용하여 가스 또는 파우더 취입 처리시 용강 중의 산소 활동도에 따라서 내화물 중의 (SiO_2) 등은 용강 중의 [Mn], [Al]과 같이 산소와 친화력이 강한 원소들에 의해 환원될 수 있으며, 액상의 반응 생성물이 형성되면 용강 중으로 용출되어 내화물 내벽 주위의 산소 농도가 높게 분포하게 된다.

제4절 | 2차 정련 설비와 조업

1 진공 정련법의 개요

용강 중에 용해된 O, H, N 등의 가스 성분은 주편의 결함 요인이 될 수 있으며 이를 방지하기 위한 방법으로 진공 처리가 효과적이므로 대용량의 진공 처리 설비가 있어야 한다. 진공 정련법에는 탈가스 속도를 향상시키기 위하여 비표면적을 증대시킨 DH법, 순환식 탈가스법(RH법), 레이들 탈가스법(LD법), 용강에 알곤 가스를 취입하여 용강을 교반하는 알곤 교반 레이들 탈가스법(VAD법) 등이 있다.

진공 정련 설비에 사용되는 배기 장치는 여러 종류가 있으나 용강의 대량 처리를 위해서는 대용량의 배기 능력과 고진공화가 요구되므로 주로 스팀 이젝터(Steam Ejector)를 채용하고 있다. 여러 개의 스팀 이젝터를 조합함으로써 고진공이 쉽게 얻어 지고, 구조가 간단하며 내구성이 우수하고, 흡인 기체의 종류에 따라 내식성이 강한 재료를 자유롭게 선정할 수 있다. 또한 대용량의 배기 능력과 고온 기체의 취입과 조작 및 보수가 용이한 것이 장점이다.

스팀 이젝터는 흡인실, 증기 분사용 노즐, 그리고 Diffuser로 구성되며, 고압의 증기가 노즐로부터 분사된다. 이때 분사된 증기는 압력이 속도 에너지로 변환되고 고속으로 분사되는 증기가 흡인실의 기체를 흡인하여 Diffuser를 통과하는 사이에 압력을 회복하여 토출구로 분사된다. 구동용 수증기는 압력이 높을수록 효율이 좋으나 통상 4～15kg_f/mm^2의 압력범위에서 사용된다. 고진공을 얻기 위해서는 여러 개의 이젝터를 연결한 다단 이젝터를 사용한다.

2 진공 정련법의 종류

1) 유적 탈가스법(Stream Droplet Degassing Process, BV법)

이 방법은 진공실내에 레이들 또는 주형을 설치하여 진공실 밖에서 실(Seal)을 통해 용강을 떨어뜨리면 진공실의 급격한 압력 저하로 용강 중 가스가 방출하는 것이다. 작업조건을 살펴보면 진공도는 0.7～0.8mmHg, 주입속도는 2～7톤/분 정도이다. <그림 4-11>은 유적 탈가스법의 예를 나타낸 것이다.

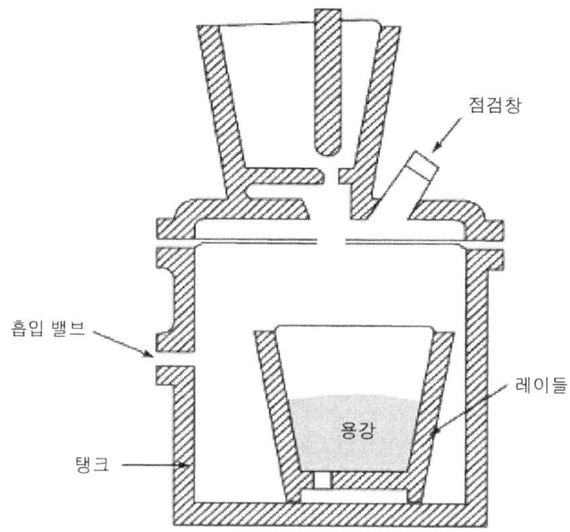

그림 4-11 ▌유적 탈가스법(BV법)

이 방법의 문제점은 탈가스 처리가 된 용강을 대기중에서 주형에 응고시키면 다시 가스를 재흡수 된다는 것이고, 진공실 내에 주형을 설치하고 응고시키면 가스의 재흡수가 없으나, 합금원소의 첨가가 어렵고, 많은 주형에 주입하기에 부적당하다는 것이다.

2) 흡인 탈가스법(DH법, DHHU법)

이 방법은 부분 탈가스법으로 진공조 밑에 있는 흡인관을 처리하려는 용강에 담근 후 진공조를 감압하면 레이들에 있는 용강이 1.5m(1기압 상당)까지 비산하면서 진공조 내로 올라간다. 진공조를 다시 올리면 그 높이만큼 진공조 내의 용강면은 내려간다. 이상과 같이 진공조의 승강 운동을 되풀이하면 레이들 중의 새로운 용강이 진공조에 들어오고, 진공조에서 강중의 가스가 제거되는 방법이다.

이 방법은 승강 운동 말기에 필요한 합금 원소를 첨가하여 균일한 성분의 강을 제조할 수 있으며 처리된 용강을 보통의 주형에 주입한다. <그림 4-12>는 DH법의 예를 나타낸 것이다.

DH법의 특징으로는 탈산이 잘 이루어지며, 탈탄 반응이 활발하여 극저탄소강 제조가 가능하고, 탈수소가 잘 이루어지며, 처리 말기 또는 처리 후에 합금원소 첨가가 용이하다는 것이다.

DH법의 조업 조건은 승강 횟수를 3～4회/분 정도하면 분당 30～40톤의 강을 처리 가능하고, 승강 운동은 15～20분간 계속할 수 있다.

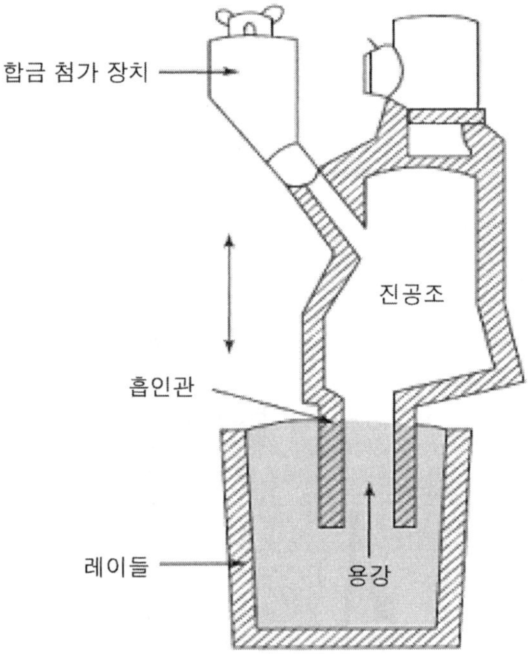

그림 4-12 ▌ 흡인 탈가스법(DH법)

매법에 사용하는 내화물로는 내부는 마그-크롬(Mag-Chrome)질 벽돌, 마그네시아질 벽돌 사용하고, 흡인관 쪽은 고알루미나질 캐스터블을 사용한다.

3) 순환 탈가스법(RH법)

이 방법은 DH법과 유사한 원리로 작동되지만 흡인용 관과 배출용 관 2개가 달린 진공조를 1,200～1,500℃로 예열한 후, 두 관을 용강에 담그고 진공조를 감압하면 용강은 1.5m(1기압 상당)의 높이까지 진공조로 올라오게 된다. 이때 흡인관(상승관) 쪽으로 Ar 가스를 취입하면 기포를 함유한 상승관의 용강은 비중이 작아지면서 상승하고, 나머지 쪽의 용강은 상대적으로 비중이 커져 하강관을 통해 아래로 내려오면서 레이들 내의 용강이 진공조를 통해 순환하게 된다. 진공 처리 완료되면 합금 원소를 첨가하고 환류 작용 실시하고, 환류 처리 후 진공조 내에 질소를 취입하여 대기압으로 만든 후 주형에 주입한다. <그림 4-13>은 RH법의 예를 나타낸 것이다.

DH법의 조업 조건으로는 용강의 환류 속도는 10~40톤/분이며, 속도 조절은 Ar 가스의 취입량으로 조절하며, 용강이 진공조를 1회 통과하는데 소요되는 시간은 3~5분 정도이고, RH 처리를 20분간 하면 용강은 3~5회 진공조를 환류할 수 있다.

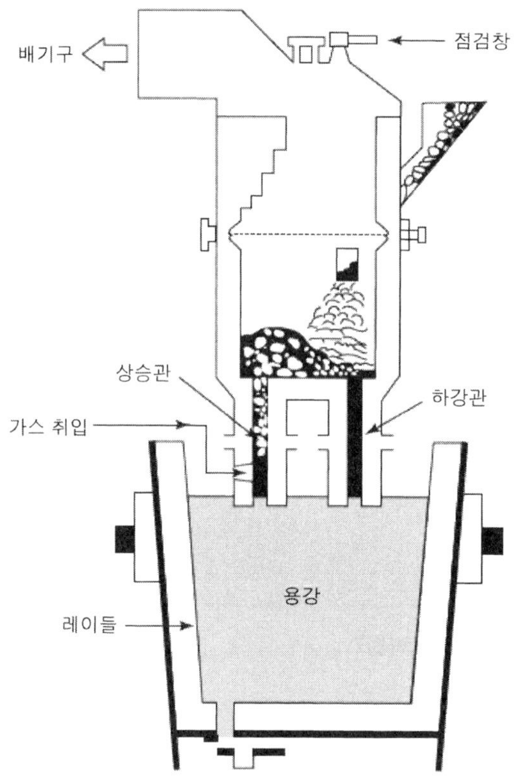

그림 4-13 | 순환 탈가스법(RH법)

DH법에 사용되는 내화물은 용강의 환류작용으로 내화물의 용손이 심하므로 고알루미나질의 코란덤계 내화물을 사용하며, 진공조 벽에 붙은 부분을 용락시키기 위해 진공조를 가열한다.

4) 레이들 탈가스법(LD법)

이 방법은 대형 진공조 내에 용강의 레이들을 놓고 용강을 교반하면서 용강면을 진공 분위기로 노출시켜 탈가스 처리하는 방법으로 용강을 진공처리 함으로써 탈가스, 탈탄 및 비금속 개재물의 부상 촉진 효과를 얻을 수 있다.

<그림 4-14>는 LD법의 예를 나타낸 것이다.

용강을 교반하는 방법으로는 레이들 바깥쪽에 설치된 저주파 코일로 인한 전자력을 이용하는 방법과 레이들 밑부분의 포러스 플러그를 거쳐 Ar 가스로 교반하는 방법이 있는데 주로 Ar 가스를 이용한 교반법을 많이 사용한다.

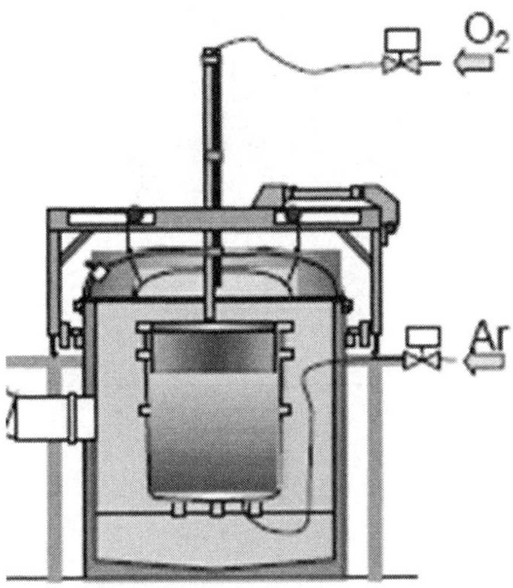

그림 4-14 | LD법

처리 시간은 15~20분 정도이며, 탈가스 후에는 탈산제 및 합금철을 투입하고 2~3분간 Ar 가스를 취입하여 용강을 교반함으로써 성분을 균일화시킨다.

5) RH-OB법

이 방법은 전로 정련을 마친 용강을 RH 진공조에서 산소 취입에 의한 진공 탈탄시키는 방법으로 주로 스테인리스 강 제조에 사용한다.

<그림 4-15>는 RH-OB법의 예를 나타낸 것이다.

RH-OB법의 조업 순서는 전로에서 탈탄과 탈인을 한 다음 출강하여 슬래그를 제거한 후 다시 전로에 고탄소 Fe-Cr을 투입하여 용해, 탈탄시킨다. 그 다음에 RH-OB 설비에 옮겨 진공조 측면에 설치된 랜스로부터 산소를 취입하여 Cr의 산화를 억제하면서 탈탄 진행시킨다. 조업 순서를 간단히 나타내면 예비처리 → 산회기 → 출강배재 → 크롬 용해기 → RH 처리 순서로 진행한다.

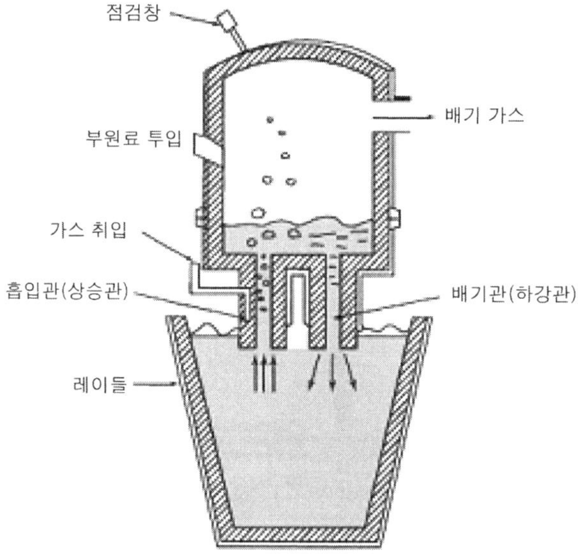

그림 4-15 | RH-OB법

3 용강의 열보상법

용강의 2차 정련이 일반화됨에 따라 용강의 열손실이 불가피하고, 연속주조 비율이 증가함에 따라 용강의 주조 온도가 상승하게 되어 보다 적극적인 용강의 열보상 기술이 요구되었다. 용강의 승온 방법으로는 전력을 에너지로 이용하여 용강을 승온하는 LF법, ASEA-SKF법, VAD법, VOD법 등이 사용되고 있다.

1) ASEA-SKF법

이 방법은 가열 장치와 진공 장치가 함께 있어 진공 처리 탈가스 처리, 탈황 처리, 성분 조정, 온도 조정 등을 동시에 하는 방법으로 용해하는 동안 조재제나 합금철을 첨가한다.

2) VAD법

이 방법은 레이들을 진공실에 넣어 감압한 후 아크로 가열하면서 Ar 가스로 교반하는 방법으로 고진공하에서 가열하면 방전의 위험이 있으므로 주의하여야 한다.

3) LF법

이 방법은 전기 제강로에서 실시하던 환원 정련을 레이들에 옮겨서 조업하는 방법으로 전기로의 생산 능력을 증대할 수 있으며, 진공 설비가 없고, 용강 위의 슬래그 중에 아크를 발생시켜 정련하는 방법이다. LF법은 합성 강재를 첨가하여 Ar 가스에 의한 교반을 하면 레이들을 강환원성 분위기로 유지하여 정련할 수 있으며, 설비의 값이 싸고, 탈산, 탈황, 성분조정 등이 용이하며, 전기로, 전로와 복합조업이 가능하다는 장점이 있다. <그림 4-16>은 LF법의 예를 나타낸 것이다.

LF법에서 용강을 교반하여 용강 성분 및 온도의 균일화, 건전한 슬래그의 생성, 용강과 슬래그 간의 반응 효율성 향상으로 탈인 및 탈황의 효과 개선, 탈산 및 개재물의 분리 부상을 목적으로 실시한다.

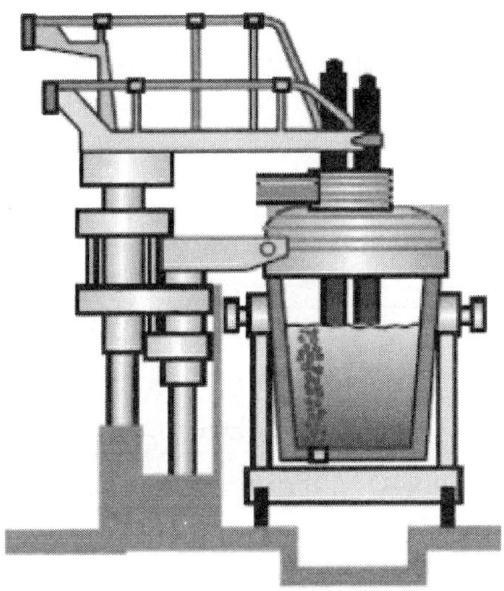

그림 4-16 ▌LF법

4) VOD법(진공 탈탄법)

이 방법은 진공실 상부에 산소 취입용 랜스가 있어 탈탄 반응이 일어나고, 많은 CO 가스가 발생한다. 이 방법은 주로 스테인리스 강 제조에 사용하며, 전로 및 전기로 제강법과 조합하여 사용이 가능하다.

4 반응 물질 첨가하는 방법

대기 또는 산화성 분위기에서 이루어지는 제강 과정과 탈산제, 정련제 및 합금철 등을 첨가하는 방법은 첨가제의 특성과 조업 여건에 따라 결정된다. 일반적으로 중력을 이용하여 용강 중에 단순 투입하는 방법이 가장 널리 적용되고 있으나, 특히 산소와 친화력이 강한 물질이나 함량을 정밀 제어할 필요가 있는 경우는 실수율 및 반응 효율을 향상시키기 위해 특별한 첨가 방법이 필요하다. 용강 중 반응 물질 첨가를 위해 사용하는 방법으로는 분체 취입법(TN법)과 WF법(Wire Feeding)이 사용되고 있다.

1) 분체 취입법(TN법)

이 방법은 설비와 조작법이 간단하여 용강의 탈산, 탈황, 비금속 개재물의 형상 제어 등은 물론, 용선의 예비 처리를 위한 분체 취입까지 각종 분말 형태의 첨가제를 용탕 중에 취입하는 용도로 활용되고 있다.

<표 4-3>은 용강의 2차 정련에 사용되는 분체의 종류를 목적에 따라 분류한 것이다.

표 4-3 ❙ 분체의 종류

목적	물질
탈황	$CaO+(CaCO_3)$, $CaO+Al$, $CaO+CaF_2+Al$, $CaC_2+(CaCO_3)$, $Mg+(MgO, Al_2O_3)$, $CaO+SiO_2+Al_2O_3+(CaF_2)$, Na_2CO_3, $Ca-Si$
탈인	$CaO+CaF_2+FeO(Fe_2O_3)$, Na_2O, $Ca+CaF_2$
탈산, 비금속 개재물 형상제어	Al, $Ca-Si$, $Ca-Si-Ba$, $Ca-Si-Mn-Al$, $CaO+(CaF_2)$, $CaO+Al_2O_3$, $CaO+SiO_2+Al_2O_3$
합금	$Fe-Si$, $CaCN_2$, C, NiO, MoO_2, $Fe-B$, $Fe-Ti$, $Fe-Zr$, $Fe-W$, $Si-Zr$, Pb, $Fe-Se$, Te

<그림 4-17>은 분취 취입법의 개략도를 나타낸 것이다. 취입하는 분체의 입도는 미세할수록 반응 계면쩍이 넓어서 반응 속도가 빠르지만, 랜스 또는 노즐 막힘 현상(Clogging)이나 취입 물질이 불연속적으로 공급되는 맥동 현상을 야기할 수 있으며, 기포 내부에 포착되어 미 반응 상태로 배출될 가능성도 있다.

일반적으로 사용하는 입자 크기는 0.1~0.5mm로써 최대한 2mm 미만의 분말로서 분체의 비표면적은 보통 2,000cm^2/g 이하이다.

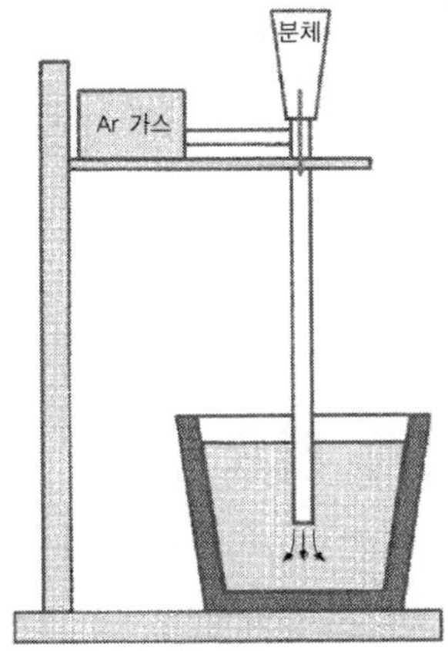

그림 4-17 ❙ 분체 취입법(TN 법)

2) Wire Feeding법(WF법)

Wire Feeding법은 용강의 [Al] 농도를 미세 조정하기 위하여 1968년 일본 강관사에 의해 개발된 방법이다. <그림 4-18>은 Al 와이어를 용강 중에 고속으로 공급하여 용강 깊은 곳에서 용해되도록 하는 방법이다.

이 방법은 공기에 의한 Al의 산화 손실을 억제함으로써 실수율을 높이고, 용강 중 Al농도를 정확하게 조절할 수 있는 장점이 있다. 탈산에 필요한 Al을 전량 이 방법에 의하여 첨가하는 것도 가능하나, 일반적인 경우는 출강 시에 Al을 약간 부족하게 첨가하고 용강 중의 [Al] 농도를 분석하여 부족한 양을 WF법으로 조정한다.

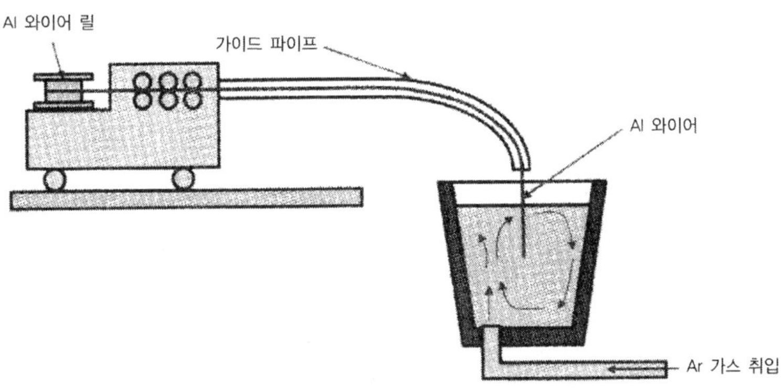

그림 4-18 ❙ Al Wire Feeding(WF법)

Chapter 05

연속주조법

제1절 | 연속주조법의 개요

1 연속주조법의 역사

연속주조법(Continuous Casting)은 철강 생산에 있어서 그 적용 범위가 증대되고 있다는 관점에서 뿐만 아니라 독립된 공정으로서의 진보, 또한 철강 제조를 위한 타공정과의 상호관계 등의 관점에서 볼 때 발전의 새로운 장을 여는 계기가 되었다.
세계 생산량이 늘어남에 따라 연속주조법에 의한 생산 비율은 비약적으로 증대하여, 유럽과 일본 등의 선진 제철소 등에서는 이미 그 비율이 90%를 상회하고 있는 실정이다. 연속주조법의 장점, 공정, 발전 과정 등을 살펴보면 다음과 같다.

1) 연속주조법의 장점

연속주조의 목적은 종래의 조괴법(Ingot Casting)에 의한 강괴 제조시 필요한 분괴 공정을 생략하고 직접 열간 압연이 가능한 형상으로 주조하는 것이다. 따라서 성력화, 성에너지화, 실수율 향상, 표면 및 내부 품질의 균일화 등 많은 장점을 가지고 있다.

2) 연속주조

제강 공정에서의 일련의 정련 과정을 끝낸 용강이 연속주조기로 주입되면 다음과 같은 공정을 거쳐 반제품화(Slab, Bloom, Billet 등)하게 된다.

① 턴디시(Tundish)를 통한 용강의 스트랜드(Strand)별 공급
② 턴디시로부터 주형(Mold)내로의 용강의 배분
③ 수냉 주형(Water-Cooled Mold)내에서의 응고 단면의 형성

④ 더비바(Dummy Bar)를 이용한 주편의 인출
⑤ 주형 직하 2차 냉각대에서의 스프레이(Water Spray)에 의한 냉각
⑥ 가스 절단에 의한 더미바의 제거 및 주편의 소정 길이로 절단
⑦ 공냉 또는 수냉 방식에 의한 주편의 냉각

2 종래의 조괴법과 비교

연속주조법의 특징을 종래의 조괴법과 비교하면 다음과 같다.

1) 조업의 연속화

조괴법은 몰드의 준비에 장시간 소요되고 주입이 완료된 강괴는 응고가 완료될 때까지 대기중에서 냉각되어야 하며, 몰드에서 주편을 형발하는 과정, 가열과 압연 과정 등 복잡한 과정을 거치고 작업이 불연속적임에 비해 연속주조는 몰드에 용강을 주입하면서 주편이 나올 때까지 과정이 연속적이다.

2) 손실

조괴법은 주편의 실수율 강괴의 높이가 제한되어 있고 높이가 모자라는 단괴가 조괴작업 중 발생하며 분괴 과정 중에도 헤드부와 끝부분의 절단 및 스케일의 손실이 있다.

3) 주편의 품질

조괴법은 각 몰드의 특성, 주입 방법의 차이, 강괴 크기 등의 제약 때문에 강괴의 조성과 응고 특성의 변화가 크고, 강괴 내부의 기공 및 편석 정도가 큰데 비해, 연속주조는 강괴 길이에 관계없이 주조 조건이 일정하기 때문에 기존 조괴 압연 제품보다 품질이 우수한 것을 생산할 수 있다.

4) 에너지

연소주조법은 분괴 가열로의 연료, 분괴 압연기의 동력을 필요로하는 공정이 단축되므로 에너지가 절약된다. 또한 연속주조법은 실수율이 높아지므로 동일양의 제품을 생산하기 위한 원료량이 절감된다. 또한 연주 주편의 온도를 가능한 고온으로 유지하여 압연 가열로에 보내면 가열로의 에너지가 크게 감소한다.

5) 단가

연속주조법은 단위 공정수가 감소하고, 최근 연주기의 높이가 감소함에 따라 크게 절감되는 추세이고, 조업 단가는 주편의 실수율이 높고 조업 인력의 수가 감소됨에 따라 기존 조괴에 비하여 절약된다.

제2절 | 연속주조기의 형식

1 연속주조기의 변천과 발전

1950년 후반부터 공업화가 이루어진 연주기는 Atlas Steel과 Temi 제철소에 설치된 수직형 연주기이다. 수직형은 주조 속도 및 주조 단면적을 증가시키면 설비의 높이가 크게 높아진다. 설비가 높아지면 주편의 반출 길이에 제약이 생기고 내부 품질이 저하되는 문제점이 있다.

1960년 전반에 수직형의 결점을 보완한 수직 만곡형 연주기가 Bentler Werke에 설치되었다. 이 방식의 특징은 수직부에서 응고를 완전히 완료시킨 후 주편을 벤딩시켜 수평 방향으로 주편을 인출하는 것이다.

이 방식은 수직형에 비하여 설비 높이가 약간 낮아졌지만 건설 비용상에 있어서 단가를 낮추는 효과는 크지 않고, 주조 속도의 상승, 단면의 대형화에 따라 대형화되는 단점이 있다.

1974년 독일에서는 일정 곡률 반경을 가진 곡선 몰드를 사용하고 동일한 곡률 반경의 2차 냉각대에서 응고를 완료시킨 후 수평으로 교정(Straightening)시켜 수평 방향으로 인출시키는 연주기가 개발되었다. 이 방식은 설비의 높이를 수직형에 비하여 절반 이상 낮추게 됨으로써 주조 속도의 향상 및 대단면 주편의 주조가 가능하게되어 생산성 및 주괴 품질의 향상에 크게 기여하였다.

이후 곡선 몰드를 사용하고 그 곡률 반경을 2차 냉각대에서 점차적으로 크게 해주는 다점 교정 방식의 연주기도 등장하게 되었다. 만곡형 연주기는 1970년대부터 연주기의 대부분을 차지하게 되었다.

이러한 만곡형 연주기는 곡률의 내측면에 비금속 개재물이 침적하는 문제점이 있다. 고청정강 제조를 주목적으로 수직 몰드를 사용, 일정거리 주조 후 미응고 주편을 벤딩시키는 형식의 연주기가 개발되었다.

<그림 5-1>은 전형적인 수직 만곡형 슬래브 연주기의 예를 나타낸 것으로 곡면에서 수직부까지의 높이가 2400mm, 이후 점차 벤딩시켜 곡률 반경 8m의 곡률 주조부로 구성되어 있다. 미국 등에서는 수직 몰드를 사용하고 일정 밴딩을 채용하지만 응고계면에서 발생하는 인장 스트레인을 허용 한도 이내로 유지함으로써 내부 결함을 방지할 목적으로 CCP(Com-pression Casting Process)를 적용하고 있다.

이 방법은 <그림 5-2>와 같이 벤딩 포인트 전후에 구동 장치를 설치하여 그 부하를 조정하여 주편에 압축을 가하여 주편 벤딩시 발생하는 인장 스트레인을 제거하고 있다.

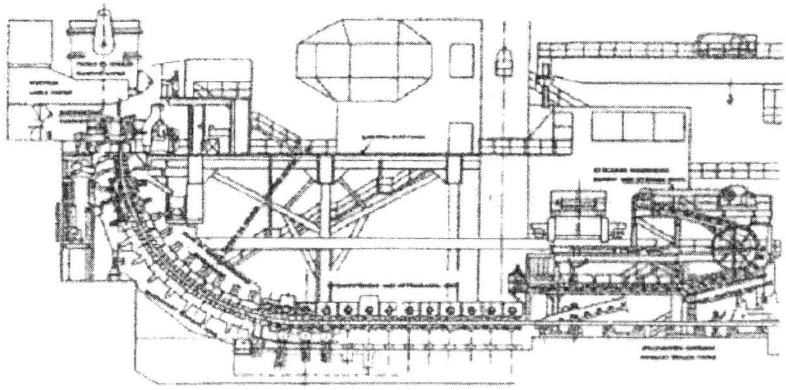

그림 5-1 ❙ 수직 만곡형 슬래브 연주의 예

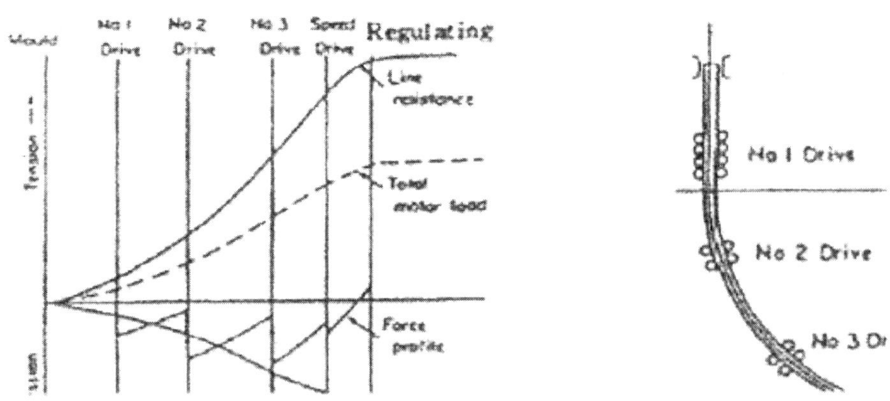

그림 5-2 ❙ CCP(Compression Casting Process) 예

최근에는 수평 연주기의 개발이 활발하게 진행되고 있다. 수평 연주기는 모든 설비가 수평으로 직선상에 설치되어 있으며, 용강의 철정압이 작아 주편의 벌징(Bulging)량이 적고 벤딩 등의 공정이 없기 때문에 크랙 등에 민감한 강종을 쉽게 주조할 수

있는 특징이 있다. 그러나 몰드 내에서 응고 개시점을 일정하게 유지시키기 어렵고, 턴디시와 몰드를 연결하는 브레이크 링 등의 조업 자재가 고가이기 때문에 일부 특수 합금을 중심으로 사용하고 있다.

이와 같은 연주기 형식의 변화를 연주기의 높이로 나타낸 것이 <표 5-1>이다. 연주기의 높이는 점차로 낮아지고 있는 경향을 보이고 있으며, 세계 각 제철소는 생산 강종과 품질의 수준에 따라 특징에 알맞은 연주기를 선택, 사용하고 있다.

한편 연주기는 주조 사이즈 및 형상에 따라 4가지 정도로 분류한다.

빌렛(Billet) 연주기는 단면의 크기가 120×120mm, 150×150mm정도로써 연간 생산량이 100만톤에서 120만톤 정도인 소형 밀(Mill) 규모의 제철소에서 주로 사용되며, 일관제철소에서는 다수의 스트랜드를 사용하여 제강 시간과의 균형을 맞추고 있다.

블룸(Bloom) 연주기는 단면의 크기가 180×180mm에서 360×590mm 정도이고 크기가 다양하고 생산성이 높기 때문에 일관제철소에 많이 설치되어 있다. 슬래브와 빌렛 연주기의 경우 수직형이 전부 없어졌지만 블룸에서는 일부 사용되고 있다.

슬래브(Slab) 연주기는 단면 크기가 두께 150~300mm, 폭 700~2,500mm 정도로서 생산성이 높기 때문에 연간 150만톤급 이상의 일관제철소에 주로 설치되어 있다. 일반강은 물론이고 합금강, 스테인리스강의 시트 및 플레이트용 제조에도 다양하게 이용되고 있다.

표 5-1 ❙ 연속주조기의 발달과 특징

연주기 형태	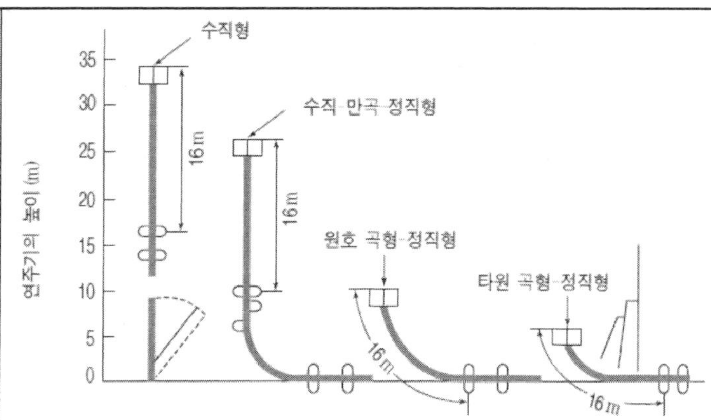					
	수직형	수직 만곡형			만곡형	
주형형상	수직	수직	수직	수직	만곡	만곡
교정위치	×	응고완료	응고 중	응고 중	응고 중	응고 중
교정방법	×	일점	다점	다점	일점	다점

최근에는 최종 제품의 형상에 가까운 형태로 연속주조하는 Near Net Shape Casting이 발달하여 빔 블랭크(Beam Blank), 박 슬래브 연주법, 스트립캐스팅(Strip Casting) 등의 기술 개발이 이루어지고 있다.

2 연속주조기의 형태

1) 수직형

수직형 연주기는 비금속 개재물의 부상 분리가 유리하고, 용강의 철정압 이외 응력의 부하가 없고 크랙에 민감한 강종에 적당하며, 응고가 균일하게 진행되며, 성분 및 개재물의 편석이 적다. 주편 중심부에 발생한 기공 등은 최근 전자 교반 기술의 발달에 따라 개선이 가능하게 되어 고급재에 적용 가능하며 설비 전체가 높고 건설비가 고가이다.

2) 수직 만곡형(일점 교정)

주편을 응고 완료 혹은 응고 말기에 벤딩시켜 주편의 진행 방향이 수평이되면 다시 직선으로 교정(Straightening)하는 방식으로 수직형의 장점을 가지면서 설비의 높이를 감소시킬 수 있다. 이 형식은 벤딩과 교정점이 일점이기 때문에 주편 내부에 큰 응력이 집중되어 내부 결함이 발생하기 쉽다.

3) 수직 다접 만곡형

이 방법은 미응고 상태의 주편을 강화시킨다. 주편을 교정할 때 주편 내부에 응력이 발생하지만 응력의 국부적인 집중을 점차적인 곡률 변경을 통하여 분산시킨다. 따라서 수직 주형을 사용할 수 있으며, 개재물의 감소 효과를 확보하면서 생산을 높이는 장점이 있다. 고급강 위주의 연주기로 사용되는 경우가 많다.

4) 수직 주형을 가진 만곡형

주형 직하에서 주편을 벤딩하여 일정 곡률로 만든 후 수평부에서 교정하여 수평 방향으로 인출하는 방식으로 수직만곡형의 수직부를 극단적으로 단축시켜 연주기 높이가 크게 감소된다. 그러나 개재물의 부상 효과가 없기 때문에 고청정강을 생산하기 위해서는 용강의 정련 처리가 충분해야 한다. 또 주편을 수평 직하의 응고 셀(Shell)이 얇을 때 벤딩하기 때문에 응고 계면 근방의 고상 영역에서 내부 결함이 발생하기 쉽다. 주형이 수직형이므로 주형의 제작 및 정비는 용이하나 벤딩부 및 교정부는 미응고 주편이 통과하기 때문에 해당부의 롤 정렬(Roll Alignment)를 충분히 해야 한다.

5) 곡률 몰드를 가진 완전 만곡형

주형 직하에서 응고 셀이 얇은 주편을 벤딩하면 내부 품질이 저하하고 브레이크아웃(Break Out) 발생 위험이 높으므로 주형을 일정 곡률 변경으로 배치시킨 방식이다. 이 방식은 주형의 내면 형상이 3차원적 곡률 변경이기 때문에 가공 공정이 복잡하고 침지 노즐을 사용하는 경우 침지 위치를 잘 선정해야한다. 또 용강의 정련 처리를 충분히 해줘야 주조 사이즈, 곡률에 따른 적당한 주조 속도를 조절하고 개재물이 주편 내측에 침적되는 것을 방지할 수 있다. 그러나 주편의 이동 경로가 단순한 원호이므로 내부 결함이 없고, 정비성이 유리하고, 연주기 높이가 낮은 장점이 있다.

6) 만곡 다단 교정형(Curvelinear)

이 형식은 전기로 공장 및 건물이 낮은 장소에도 설치할 수 있는 방식으로 곡률 몰드를 더욱 경사시켜 세팅할 수 있기 때문에 주조에 필요한 전체 높이가 크게 감소한다. 주편은 원호 반경을 점자 증가시키는 방식을 수평 방향으로 인출한다. 이 방식은 다른 형식과는 같은 큰 교정량이 필요 없고 용강의 철정압이 낮기 때문에 벌징(Buling)이 적어 내부 결함이 적은 주조 조직을 얻을 수 있다. 그러나 개재물의 부상 효과가 없으므로 용강의 정련 처리가 충분하게 이루어져야 한다.

7) 수평형

이 형식은 벤딩이나 교정이 필요없으므로 난가공계의 주조에 적합하며, 장치를 수평면에 배치하므로 정비성이 양호하고, 장치 자체의 비용도 저가이고, 건물에 대한 제한도 없다. 주편의 오실레이션 마크Oscillation Mark)가 깊고 주형 하단부의 편마모가 심하므로 주조 크기에 제한이 있으므로 소량 다품종 생산에 적합하다.

제3절 | 연속주조 설비

1 전체 설비

연속주조기의 일반적인 개략도는 <그림 5-3>과 같다.

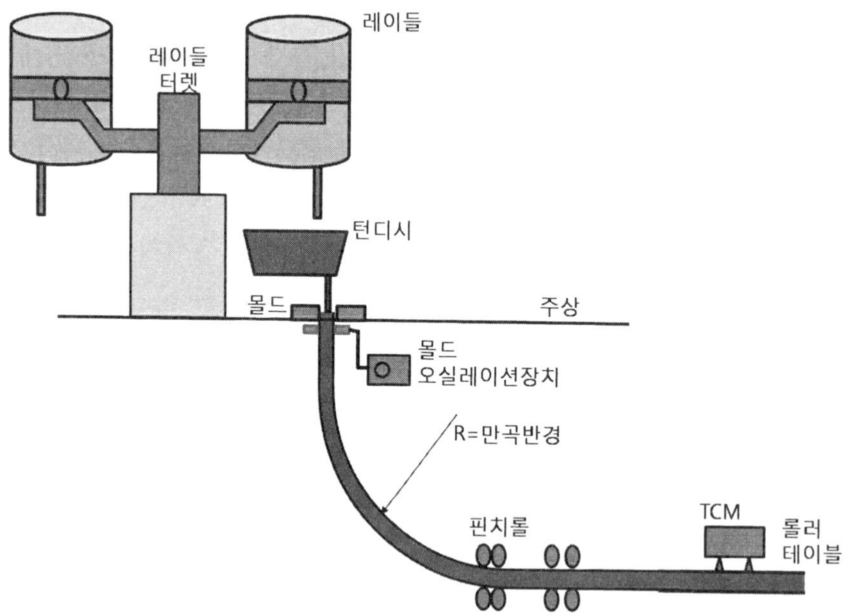

그림 5-3 | 연속주조기의 개략도

1) 레이들 터렛(Ladle Turret)

레이들은 용강을 담는 용기로써 크레인, 스탠드, 대차, 터렛 등의 지지 방식이 있다. 연연주비의 증가나 동일 작업상 위해 다수의 연주기가 배치되어있는 주상에서는 크레인의 간섭, 안전, 작업 공간 확보 등의 문제로 인하여 대부분 터렛 방식이 가장 많이 사용하고 있다.

2) 턴디시(Tundish)

턴디시는 레이들과 주형간의 중간 용기로써 내화물로 내장되어 있으며 단순한 구조이지만 조업 및 품질의 측면에서는 아주 중요한 부분이다. 턴디시의 기능은 다음과 같다.

① 주형에의 용강의 공급량을 조절
② 각 주형별 용강 분배
③ 용강의 저장
④ 슬래그 및 개재물의 부상 분리

또 턴디시에서 주형으로 공급되는 용강량을 조절하기 위해 스토퍼 또는 슬라이드 게이트가 부착되어 있고 나탕 주입에 의한 산화를 방지하기 위하여 침지 노즐이 사용된다.

3) 주형(Mold)

주형은 용강이나 주편에 접촉하는 면을 열전도율이 좋은 동합금으로 만들었고, 주형의 외측에 냉각수가 흐르도록 되어있다. 형식은 주로 튜브형, 블록형, 플레이트형 등이며 길이는 600~1,200mm의 범위에서 설비 종류에 따라 약간의 차이가 있지만, 대부분 700~900mm의 것이 가장 많이 사용된다. 한편 최근에는 주편의 표면 품질을 고려하여 표면을 Cr, Ni 또는 Ni-Cr 등으로 도금한 도금 주형을 많이 사용하고 있다.

4) 2차 냉각

냉각은 주형에 의한 1차냉각과 주형을 빠져나온 주편에 냉각수를 뿌려 냉각하는 2차 냉각으로 구분한다.

2차 냉각은 다음과 같은 역할을 한다.

① 주형의 하부에서 응고를 촉진시켜 인발 완료까지의 거리를 단축하고 따라서 연주기의 높이를 낮게 한다.
② 응고 조직을 조절한다.
③ 설비를 냉각함으로써 주편에서의 발열로부터 보호한다.

5) 인발 장치

2차 냉각대를 지나면 더미바(Dummy Bar) 및 주편을 인발하는 핀치롤(Pinch Roll)이 있다. 핀치롤은 대개 2~4개의 롤로 구성되어 있으며, 보통은 한쪽이 고정되어 있고, 다른 한쪽은 유압 또는 전동 모터로 구동하는 방식으로써 일정한 압력으로 주편을 압착하고 있다. 이 압착력이 세지 안으면 롤의 회전이 주편에 전달되지 않아 미끄럼 현상(Slip)을 일으키므로 대형 연주기에서는 대개 다단 핀치롤을 사용하고 있다.

6) 절단 및 반출 장치(Torch Cutting Machine)

주조된 주편은 소정의 길이로 절단해야만 한다. 주편의 절단에는 일반적으로 가스 절단이 많이 사용되지만 기계식, 유압 전단식, 파우더 절단 등의 방법도 사용하고 있다. 가스 절단은 주로 산소, 아세틸렌, 프로판 등이 사용되며 주편의 인발 속도에 맞추어 작동된다. 가스 절단은 가격이 저렴한 반면 절단 속도가 늦고 실수율이 나쁜 단점이 있다.

7) 더미바(Dummy Bar)

더미바는 주로 연주 개시시 주형내에 용강을 채울 수 있도록 바닥 역할을 하며 주편을 핀치롤까지 인발 유도하는 장치로서 더미바의 길이는 곧 주형에서 핀치롤까지의 거리에 해당한다. 더미바의 상부와 주형 벽 사이의 틈은 반드시 종이나 석면 등으로 채워 용강 유출을 방지해야 한다.

8) 설비 관리

연속주조에서의 설비는 조업 조건이 수백도(℃)에 이르는 매우 가혹한 상태에 있으므로 그 관리가 매우 중요하다. 예를 들어 가이드 롤(Guide Roll)의 배열 상태(Roll Alignment)는 주편 품질에 직접적인 영향을 미쳐 편석이나 내부 크랙을 야기하는 주요 인자로 작용한다. 이 롤의 배열 상태는 벤딩, 마모, 베어링 불량 등의 요인으로 악화된다. 따라서 매 정수마다 배열 상태를 측정하는 롤 갭 측정기(Roll Gap Measuring Device)를 사용하여 측정하고 교정해 줄 필요가 있다.

또한 직접 측정 방식외에 주조 후 설퍼 프린트를 채취하여 내부 크랙 발생 유무를 확인함으로써 설비내 배열 상태 관리에 응용하는 방법도 있다.

제4절 | 연속주조 조업 공정의 진보

1 용강의 공급

용강을 주형에 공급하는 방법은 다양하지만, 스토퍼(Stopper) 또는 슬라이드 게이트(Slide Gate)가 부착된 턴디시(Tundish)를 이용하는 것이 강의 품질에 관한 한 가장 우수한 방법이고 할 수 있다. 내화물 개발과 침지 노즐(Submerged Nozzle) 폐쇄를 방지할 수 있는 방법이 많이 개발되었다. 또한 턴디시 내의 댐 및 위어(Dam and Weir) 사용을 포함한 턴디시 내화물의 기하학적 형상 및 배열이 강중 비금속 개재물의 부상분리 효과를 극대화할 수 있는 적절한 용강류의 흐름을 유도할 수 있도록 설계되었다. <그림 5-4>는 나탕 주입 방식과 침지 노즐 방식의 개략도를 나타낸 것이다.

나탕 주입 방법은 용강이 대기중을 곧장 통과하므로 용강 중의 합금 원소가 일부 산화하게 된다. 이를 방지하기 위하여 대기 보호막이나 침지 노즐을 사용하여 주형내 용강 탕면에 침지시킨 노즐을 통해 용강을 공급하는 것이 침지 노즐 방식이다.

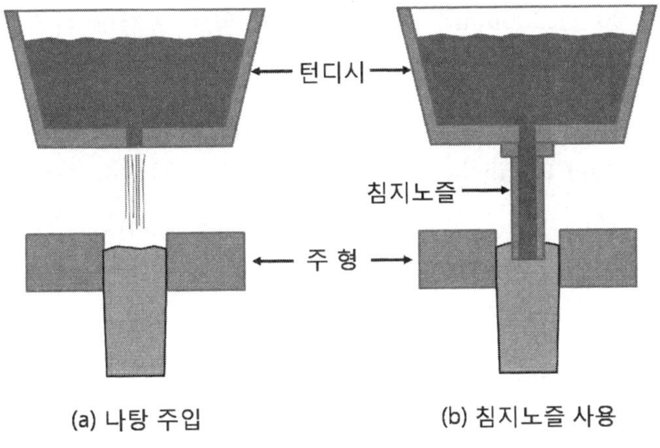

그림 5-4 | 턴디시에서 주형으로의 주입 방법

주형내 용강의 상부는 대부분 저융점 파우더를 사용하여 피복함으로써 대기에 의한 산화를 방지하고 있다. 이 저융점의 파우더는 주형벽과 주편 사이로 녹아들어가서 윤활 작용을 함으로써 주편과 주형과의 부착을 방지할 수 있으며, 종전에 사용하던 중유나 채종유 등을 대신할 수 있게 되었다.

용강의 공급 속도는 주조 속도와 일치할 수 있게 턴디시에 부착된 스토퍼나 슬라이드 게이트의 구멍을 적당히 조절함으로써 조절이 가능하게 설계되어 있다.

2 주형 설계

주형의 재료 및 형상을 결정하기 위해서는 세심한 주의가 필요하다. 따라서 벽면이 얇은 튜브형 주형(Tube Type Mold), 단일체의 블록형 주형(Block Solid Mold), 조립식 플레이트 주형(Plate Mold) 등 많은 형태가 사용되고 있다. 이 중에서도 플레이트 주형이 수명이 길고, 제조 원가가 낮으며, 수리가 용이하다는 장점을 가지고 있다.

주형에 사용하는 재료는 강, 황동, 순동 등이 사용되었으나, 최근에는 석출 경화를 촉진하고 재결정 온도를 상승시켜 주형 수명을 연장할 수 있도록 소량의 합금 원소를 첨가한 순동을 사용하고 있다.

주형의 길이는 600~1,200mm정도의 범위에서 설비 종류에 따라 약간씩 다르지만, 대부분 700~900mm가 많이 사용되고 있다. 다만 일부에서는 림드강을 연주화하기 위해 주조속도를 낮추고 주형이 1,500mm 이상의 길이로 되어있는 경우도 있다.

주형 진동 장치(Mold Oscillation System)는 대부분 사용하고 있으며, 진동 방식은 기계적 설비가 간단한 사인 곡선 방식(Sinusoidal Method)이 주로 사용되고 있다.

3 2차 냉각(Secondary Cooling)

스프레이에 의해 제거되는 용강의 열량은 냉각수 온도, 냉각수 공급 방식, 스프레이 압력 등에 의해 결정된다. 특히 스프레이 압력은 응고가 진행되고 있는 주편의 표면으로부터 방출되는 증기막을 관통하여 냉각수가 주편에 도달할 수 있도록 충분히 높아야 한다.

용강의 열전도도는 비교적 낮으므로 주편의 표면 온도가 강하하고, 주편 셀 두께가 두꺼워지면 냉각수가 응고 특성에 미치는 영향에도 제한이 따르게 되어 있다. 따라서 광폭의 슬래브를 주조할 경우 핀치롤과 냉각수, 냉각수 공급 방식간의 상호 관계에 주의가 필요하다.

4 품질 관리

일정한 기본 조건하에서 균일하면서 신뢰성이 있는 양질의 제품을 생산할 수 있는 연주 작업 관리는 본 공정의 가장 중요한 자산이다. 따라서 작업 관리를 개선하고 생산에 안전성을 부여하면서 품질 특허, 표면 및 내부 크랙, 표면의 개재물 결함 및 내부 개재물 감소에 관한 대책을 마련하기 위해 각종 연구가 진행되고 있다.

압하율이 큰 제품 즉, 냉연 제품에서는 내부 품질이 그다지 격하지는 않지만 후물재 즉 열연 제품이나, 후판 제품에서는 내부 크랙, 중심 크랙, 중심 편석 등을 간과해서는 안되는 중요한 결함들이다.

알루미늄 킬드강에 있어서는 표층 직하의 개재물이 주로 알루미나 개재물 형태로 존재한다. 이 알루미나 개재물들은 최종 제품에서 표면 결함으로 나타나기 쉬우므로 슬래브 상태에서 표면 스카핑을 실시하여 미리 제거하는 것이 바람직하다. 단지 스카핑과 같은 정정 작업을 실시하면 실시율이 저하하는 단점이 있다. 강종에 따라 발생 양상이 약간식 상이한 크랙성 결함들은 과도한 냉각 또는 설비내에서의 변형 등에 주로 기인한다. 표면 크랙은 주형내에서와 2차 냉각대 상부에서의 적절한 냉각수 조절로 감소시킬 수 있다.

5 최근의 신기술

20세기 후반부터 급속한 발전을 거듭한 컴퓨터가 각종 산업에 활용되면서 철강산업에서도 핵심적인 역할을 하고 있다. 특히 연주 분야에 있어서는 각종 공정 컨트럴, 전후 공정의 연결, 설비의 자동화 등에 아주 중요한 역할을 한다. 컴퓨터를 기반으로 하는 최근의 연속주조에 관한 신기술은 다음과 같다.

1) 열편 직송 압연 기술

흔히 HCR(Hot Charge Rolling), HDR(Hot Direct Rolling)로 칭하는 기술로서 성에너지에 의한 원가 절감을 목표로 하여 실용화하고 있는 기술이다.

종래 연주의 최종 공정인 정정을 끝낸 주편은 이미 냉각이 완료된 냉편으로서 연주의 후속 공정인 열연 공장으로 반출되어 열연 공장의 가열로를 거치면서 다시 가열되어 압연 작업에 들어가게 된다.

여기서 주편의 재가열에 필요한 연료 원단위는 실로 엄청난 양이므로 이 방법의 활용 방안은 이 원료 원단위를 낮추기 위해 연주의 핀치롤을 빠져나온 주편이 함유하고 있는 열량(표면온도 700～900℃)를 이용하는 것이다.

이 기술은 소정의 길이로 절단된 열간 상태의 슬래브를 냉각시키지 않고 열편 상태로 열연 공장으로 반출하여 짧은 시간 동안 가열로를 거치거나(HCR) 직접압연을 실시하는(HDR) 기술이다. 이 기술을 적용하기 위해서는 무결함 슬래브 제조 기술이 선행되어야 하며, 동시에 열간 표면흠 탐상 장치 등의 기계가 설치되어 있어야 한다.

2) 무결함 슬래브 제조 기술

열편 직송 압연 기술을 실현하기 위한 선행 과제로서 연주 주편의 품질(특히 표면품질)에 영향을 미치는 제강 분야의 제한 조업 조건을 고려하여 그 기준을 설정함으로서 조업 조건의 기준 범위 이내 유무로 주편의 품질 정도를 예측하여 해당 주편의 열편 직송 가부를 결정하는 것이다.

이 기술은 품질 예측 시스템이 필수 과제로서 컴퓨터의 활용이 필수적이므로 컴퓨터를 활용한 품질 관리 체제의 기본 과제이기도 하다.

3) 주조 중 폭가변 기술

연주법에 의한 생산이 많은 장점을 내포하고 있어 연주비는 해마다 상승 추세에 있다. 이 연주비를 보다 향상시키기 위해 제품의 폭 차이가 근소한 경우, 주조 중 주형폭을 변경하여 주조를 계속함으로써 주형 준비 시간, 더미바 삽입 시간, 대기 시간 등을 단축하여 연주비 및 생산성을 향상시키는 기술이다.

4) 기타 기술

전자기를 이용하여 미응고 용강을 교반함으로써 내부 품질을 개선하도록 하는 전자 교반 장치(EMS), 주형내로 유입되는 용강량을 균일하게끔 제어하는 탕면 자동 제어 장치(MLAC), 레이들내 슬래그가 턴디시로 유입되는 것을 알려주는 슬래그 탐지 장치(Slag Detector), 레이저광을 이용하여 열간 상태에서의 주편 표면 결함을 탐지하는 열간 표면흠 탐상 장치 등 많은 신기술이 조업에 적용되고 있다.

제5절 | 연속주조 조업법

1 레이들내 용강의 처리(노외 정련)

전로에서 출강된 용강은 연주기로 오기 전에 정련 과정을 거치게 된다. 즉 Ar, N 등의 불활성 기체를 사용하여 용강을 교반하는 버블링, 진공 상태를 이용하여 용강 중의 O, H, N 등을 제거하는 RH탈가스, 용강 중에 CaO, CaF_2 등의 분체 취입하여 개재물을 구상화 또는 부상 분리시킴으로서 청정강을 제조하는 파우더 취입(Powder Injection) 등이다. 위의 세가지 정련 과정 중 어느 한가지 또는 두가지 이상의 복합 처리하여 정련을 마친 용강이 담긴 레이들을 연주의 레이들 터렛에 올림으로써 연주가 시작된다. 정련의 목적은 다음 세가지를 들 수 있다.

① 레이들내 용강 온도의 균일화 및 적정화
② 용강의 청정화
③ 성분의 미세 조정

2 주조 조업

레이들 터렛에 레이들이 올라오면 레이들 터렛을 180° 회전하여 주조 위치로 옮긴 다음 레이들 하부에 부착된 로터리 노즐(Rotary Nozzle) 또는 슬라이드 노즐(Slide Nozzle)을 개공하여 턴디시에 용강을 받음으로서 작업이 시작된다.

1) 턴디시 및 노즐

턴디시는 레이들과 주형 사이에 위치하여 레이들 용강류의 안정화, 각 스트랜드에의 용강의 분배 등의 역할을 한다. 그 외에 개재 불량 등 주편 품질에도 큰 영향을 미치므로 형상, 사용 내화물의 선택 등은 주조 강종 및 연연주비 등의 주조 조건 등을 고려해야 한다. 턴디시의 형상은 깊이가 깊고 노즐과 축벽간의 거리가 넓을수록 와류에 의한 슬래그 혼입을 방지할 수 있다.

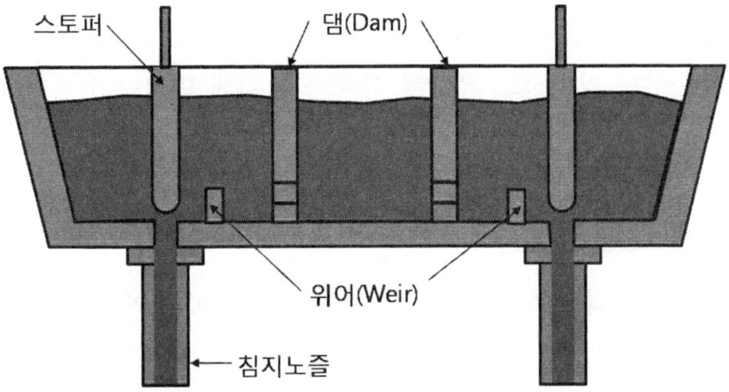

그림 5-5 ▌ 턴디시의 댐과 위어의 설치 형태

또한 턴디시 내의 용강류의 제어, 개재물의 부상 분리를 촉진시킬 목적으로 <그림 5-5>와 같이 턴디시 내에 댐(Dam) 및 위어(Weir)를 설치하고 있다.

슬래브나 큰단면의 블룸 주조에는 일반적으로 침지 노즐이 사용되며, 이 경우 스토퍼 또는 슬라이드 게이트를 병용한다.

노즐의 재질은 장시간에 걸쳐 주조하는 동안 균일한 주입 속도를 유지하게끔 용손 및 폐쇄량이 적어야 한다. 따라서 스토퍼나 침지 노즐을 통한 노즐내 버블링을 실시하며 노즐과 슬래그가 접촉하는 슬래그 라인에는 내용근성이 강한 지르콘(ZrO_2)질 내화물을 사용하고 있다.

2) 무산화 주조법

주입류의 산화를 방지하고 개재물의 생성 및 핀홀(Pin Hole)의 발생을 방지하기 위하여 각종의 무산화 주조법이 개발되고 있다.

즉, 레이들과 턴디시 사이의 실링(Sealing) 방법으로 다음과 같은 것들이 있다.

① 쉬라우드 노즐(Shroud Nozzle) 사용
② 알곤 실링 쉬라우드 노즐(Shroud Nozzle with Ar Seal) 사용
③ 알곤 실링 커버(Ar Seal Cover) 사용
④ 알곤 챔버(Ar Chamber) 사용

주조 강종, 설비 형식에 따라 약간씩 다른 방법을 사용하고 있으나, 일반적으로는 쉬라우드 노즐을 많이 사용하고 있다. 또한 무산화 주조의 일환으로서 턴디시내의 용강 표면을 산화로 부터 방지하고 온도를 유지하기 위해 탄화왕겨 등의 턴디시 파우더(Tundish Powder)를 사용하고 있으며, 턴디시 자체 실링 방법도 강구되고 있다.

3) 주형 파우더(Mold Powder)

연속주조에서 파우더의 역할은 침지 노즐와 함께 중요한 역할을 하고 있어 슬래브, 블룸, 대단면적의 빌렛 등에 광범위하게 사용하고 있다. 이 주형 파우더는 주형 내에 투입되면 용강 표면에서 슬래그화하여 다음과 같은 역할을 한다.

① 주형내 용강 표면의 산화 방지
② 주형과 주편간의 윤활
③ 부상한 개재물의 용해 흡수
④ 주형내 용강의 보호

이와 같은 역할에 의해 주편 표면 결함이나 안정된 조업의 유지에 큰 효과를 미치고 있다. 주형 파우더를 선택할 경우 용융 속도, 점도, 융점, 알루미나(Al_2O_3) 흡수능, 강종, 주조 속도 등을 고려하여 최적의 파우더를 결정해야 한다.

4) 주형 진동

연속주조 조업시 가끔 발생하는 사고로써 용강 유출 사고(Break Out)가 있다. 이 발생 양상은 대부분 주편의 주형내 구속이 원인으로 주형 직하에서 일어나는 구속성 브레이크 아웃과 설비내에서 응고의 불균일로 인해 일어나는 응고 이상성 브레이크 아웃이 있으며, 브레이크 아웃이 발생하면 설비의 휴지에 따른 생산성 감소, 대기 시간 발생, 주조 중 용강의 비상 처리 등 막대한 손실을 입게 된다. 따라서 주형 진동은 이러한 주편의 구속에 의한 사고를 방지하여 안정된 조업을 유지할 수 있도록 하며, 기계적으로 간단히 설치가 가능하므로 널리 채택되고 있다. 진동의 타형은 여러가지가 있으나 대부분은 사인커브(Sinusodial Curve)를 많이 사용하며 진폭은 작고 진동수는 많게 하는 것이 주편 품질에 좋은 영향을 미친다고 하여 소진폭, 대사이클수를 많이 사용하고 있다.

5) 1차 냉각(Primary Cooling)

주형에 주입된 용강을 응고시키기 위해 주형 외측에 냉각수를 공급하여 동판에 의한 간접 냉각을 1차 냉각이라고 한다.

주형내 용강의 표층은 응고 셀이지만 내부는 미응고 용강이며 인발력을 받으므로 1차 냉각의 적정 여부는 조업과 품질에 직결되는 인자이다. 따라서 강종, 주소 속도 등에 따라서 적절한 ΔT(냉각수의 출측 온도 − 냉각수의 입측 온도)를 부여하고 있다. 한편 1차 냉각에서 빼놓을 수 없는 인자는 냉각수의 수질이다. 주형 외측에 침전물이 형성되면 동판의 열전도율을 나쁘게하여 주형의 변형을 일으키는 원인이 되므로 냉각수는 일반적으로 연수를 사용하며 방식제로서 인산염 등을 첨가하여 완벽한 수질 관리를 행해야 한다.

6) 2차 냉각

주형내에서 응고된 주편 셀은 주형을 빠져나와 설비내에서 직접 냉각수를 받음으로써 응고를 진행한다. 이 냉각수는 스프레이 노즐을 통해 분사되며 이 스프레이에 의한 냉각은 응고 조직의 조정이나 주철의 크랙 방지 등 매우 중요한 역할을 하고 있다. 2차 냉각의 조절은 비수량(L/kg_f)으로 하며 통상 0.5~2.0 L/kg_f의 범위내에서 관리하고 있다. 비수량은 스프레이 노즐을 적당히 조합하여 균일한 냉각 조건을 확보할 수 있도록 결정한다.

한편 스프레이 노즐의 분사각 제한이라는 단점을 보완하고 보다 균일한 냉각을 유도하기 위해 최근에는 분극 스프레이 노즐(Mist Spray Nozzle)을 채택하여 사용하기도 한다.

7) 주편 수입(Scarfing)

2차 냉각대를 거쳐 핀치롤을 빠져나온 주편은 토치 카터(Torch Cutting Machine)에 의해 소정의 길이로 절단된 다음 수냉 또는 공냉을 거친 다음 수입을 받게된다. 주편 표면 수입은 기계 수입(Machine Scarfing), 손 수입(Hand Scarfing), 그라인더 수입(Grinder Scarfing) 등이 있으며, 최근에는 연속 주조법의 발달로 주편 표면 품질이 매우 향상되어 표면 수입을 생략하고 가열로로 열간 장입(HCR)도 실시하고 있으며, 이에 따라 열간에서의 표면 탐상 장치도 개발 활용되고 있다.

제6절 | 연속주조법의 생산성 향상

대형 전로의 출현으로 이에 결합되는 연주기의 생산성 향상은 필수 요건이 되었다. 이에 대한 대책으로써 다중 스트랜드, 주조 단면의 대형화, 고속 주조, 연연주비의 증가, 배폭 주조 등 여러 가지 개선책들이 사용되고 있다.

1 연연주 조업

연연주 조업이란 주조 중 레이들의 용강이 주입 완료될 시점에서 새로운 레이들을 주입 위치로 바꾸어 계속적으로 주조를 행하는 방식이다. 연연주 조업의의 기대 효과는 다음과 같다.

① 가동률의 향상
② 주편 실수율의 향상
③ 준비 시간 단축
④ 작업용 재료의 저감

따라서 연연주비를 향상시키기 위해 턴디시 교환 연연주, 이강종 연연주, 주조 중 폭가변 연연주 등 많은 조업 방식이 있다.

1) 턴디시 교환 연연주

턴디시 교환은 주편이 설비내에서 응고를 진행하고 있으므로 신속히 교환해야 하는 시간적 제약을 받게된다. 따라서 통상 2대의 턴디시 카를 사용하고 있으며, 대부부은 3분 이내에 완료하게 된다. 또한 턴디시 교환을 실시하기 전에 턴디시의 수명에 맞추어 최대한 사용할 목적으로 침지 노늘 만을 교환하여 주조하는 퀵 체인지 타입(Quick Change Type) 침지 노즐을 사용하기도 한다.

2) 이강종 연연주

이강종 연연주는 공정상의 제약에 의해 동일 강종으로 주조가 불가능할 경우 강종이 다른 것끼리 주조를 계속하는 것을 말하며 턴디시를 교환하는 방법과 동일 턴디시로 계속 주조하는 방법이 있다. 턴디시를 교환하지 않는 경우 혼합 부위가 생기게 되므로 두가지 성분의 규격 범위가 좁은 경우, 동일한 탈산 방식을 행한 경우에 주로 사용하고 있다. <그림 5-6>은 턴시 교환에 의한 이강종 연연주 작업을 나타낸 것이다.

한편 턴디시를 교환하는 경우에는 이전 조업에서 레이들에서 주조한 최종 주편의 마지막 부분을 더미바 대용으로 사용하여 주조를 계속하는 방법으로서 성분의 혼합을 막기 위해 익스팬디드 메탈(Expanded Metal) 등을 삽입하기도 한다.

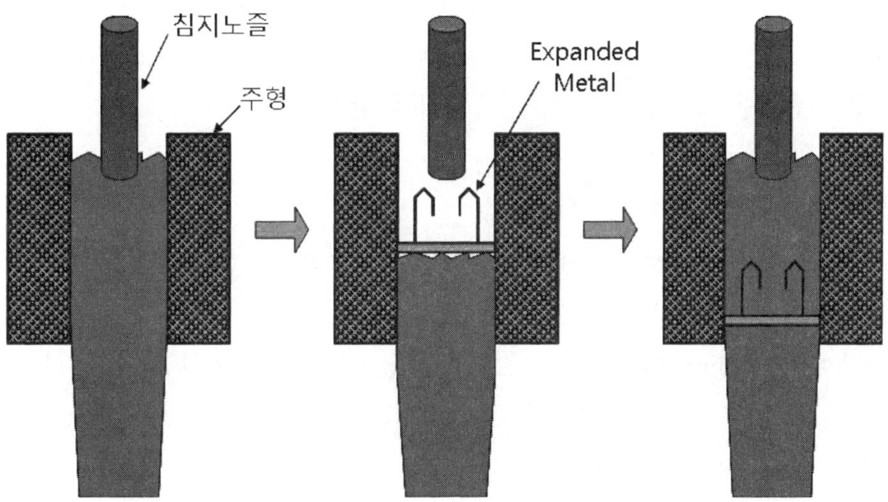

그림 5-6 ▌ 턴디시 교환 이강종 연연주 작업의 예

3) 주조 중 폭가변 연연주

조립식 플레이트 주형(Plate Mold)은 주로 대단면의 슬래브 주조시 사용되며, 장편(Wide Side)은 개개 고정되어 있고, 단면 담을 이동시키도록 되어 있다. 주조 중 폭가변 기술은 이 단면을 수동식 또는 자동식으로 주조 중에 이동시켜 연연주를 계속하는 방식으로 그 이동 방법에 따라 다음과 같은 방법이 있다.

① 2단 주형법
② "L" 가변법
③ "Y" 가변법
④ 모의 단변법

폭가변 기술은 이강종 연연주 방식과 결합시키면 주형 수명 기간을 최대한 이용할 수 있는 시점까지 주조를 계속할 수 있다.

2 고속 주조법

생산성 향상을 위한 유효한 수단의 하나가 이 고속 주조법이다. 현재 슬래브 주조기에서는 종래의 0.5～0.7m/min에 비해 약 3배 가량되는 1.6m/min의 주속을 유지하도록 되어 있다. 다만 고속화를 위해서는 브레이크 아웃 등의 조업상의 문제, 주편의 표면 및 내부 품질을 고려한 대책이 선행되어야 한다.

1) 브레이크 아웃 발생 및 대책

브레이크 아웃은 고속화에 수반하여 주형 하단을 빠져나온 주편의 응고 셀 두께가 감소하는 것과 응고 셀의 불균일에 기인하고 있다. 대책으로는 장주형(Long Mold), 냉각 플레이트(Cooling Plate), 냉각 그리드(Cooling Grid) 사용 등이 있다.

2) 최종 응고 위치가 길어짐

주형 내 미응고 용강이 완전히 응고되는 시점을 구하는 식은 다음과 같다.

$$L = VX\left(\frac{D}{2K}\right)^2$$

여기서 L : 최종 응고 위치(m)　　V : 주조 속도(m/min)
D : 주편의 두께(mm)　　K : 응고 속도 계수(26～29mm · min −½)

즉 고속 주조에 수반하여 미응고 길이가 길어지므로 필연적으로 설비 길이를 길게 할 필요가 있다.

단지 기존의 설비로 고속 주조를 행하려고 할 경우 미응고 부분의 길이가 길어져 설비 내에서 응고가 완료되지 못할 경우 벌징 등에 의한 내부 품질의 열화를 초래하게 된다.

3 주조 단면의 대형화

주조 단면이 대단면이 될 수록 용강의 1차 및 2차 냉각에서의 응고 과정 중 균일 냉각에 의한 응고 셀 생성 및 지지, 인발이 곤란하게 된다. 이는 주조 두께와 폭이 크게 될 수록 주형의 열변형도 커지게 되고 롤간의 벌징도 크게 되기 때문이다. 이들에 대해서는 각종의 대책이 수립되어 현재는 두께 250~300mm, 폭 2,000mm 이상의 주조 공정이 실행되고 있으며, 선박의 대형화에 따라 두께 350mm, 폭 2,500~3,000mm 가지도 가능하게 되어 있다.

4 배폭 주조

시판하고 있는 열연 및 냉연재의 폭은 3~4피트로써 이에 대한 슬래브 폭은 900~1,200mm이다. 한편 후판으로 공급되고 있는 슬래브의 폭은 1,400~2,100mm로써 이에 대한 설비적인 폭의 상한은 1,600~2,200mm이다.

따라서 열연재 중 소폭재는 2배수 폭으로 하여 후판용 주형에서 주조가 가능하다. 다만 주조후 오프라인에서 길이 방향으로 절단만 하면 되는 것으로써 같은 시간에 2배의 생산을 기할 수 있는 것이다. 여기서 주의할 점은 중심부 크랙 및 벌징이 없도록 주조하는 것이다. 만일 중심 크랙이 발생하면 절단시 동단면 크랙이 나타나며 가열로에서 산화되어 제품에 결함이 나타나게 된다. 또한 벌징이 발생할 경우 절단 후 크라운이 발생하여 압연시 휘어져 압연이 불가능하게 된다.

제7절 | 주편의 결함과 대책

1 주편 결함의 개요

연속주조 주편의 결함은 표면 결함과 내부 결함으로 구분된다. 표면 결함에는 표층하 개재물, 면세로 크랙(종크랙), 면가로 크랙(횡크랙), 스타 크랙, 핀홀 등이 있다. 내부 결함으로는 내부 크랙, 개재물, 중심 편석 및 기포 등으로 구분된다. <그림 5-7>은 일반적으로 연속주조 주편에서 발생하는 결함의 종류별 형상을 나타낸 것이다.

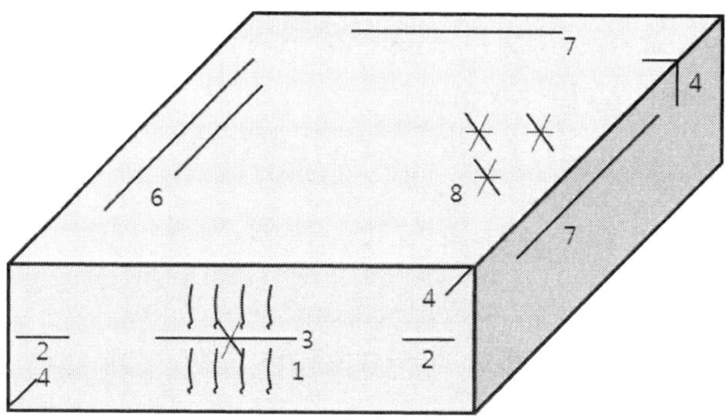

내부 크랙(internal Crack)
1. Midway
2. Triple-point
3. Centerline
4. Diagonal

표면 크랙(Surface Crack)
5. 면세로 터짐(중심부)
6. 면세로 터짐(코너부)
7. 면가로 터짐(중심부)
8. 면가로 터짐(코너부))
9. 스타 크랙

그림 5-7 | 연속주조 주편에서 발생하는 결함의 종류

연속주조 주편에서 여러 가지 결함의 원인을 이해하고 저감 대책을 마련하기 위해서는 설비를 포함한 여러 가지 주조 상황에 따라 주편에 발생하는 응력을 이해하여야 한다. 우선 온도 변화에 따라 주편의 연성이 저하하는 취화 현상의 측정 예를 <그림 5-8>에 나타내었다.

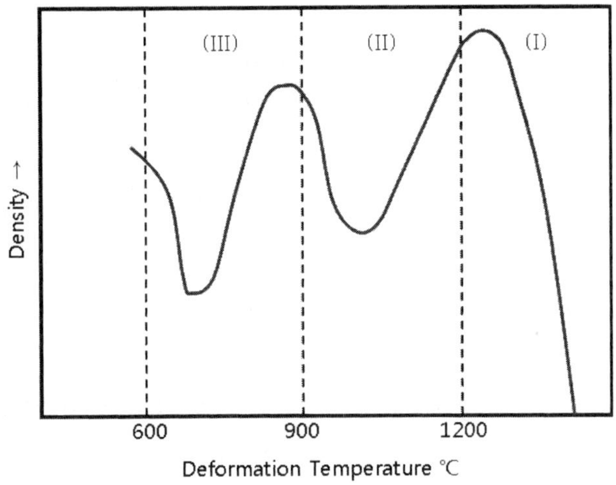

그림 5-8 ▎고온에서의 강의 취화 거동

그림에서 알 수 있는 바와 같이, 강은 온도 변화에 따라 (Ⅰ), (Ⅱ), (Ⅲ)의 3가지 취화 영역을 나타낸다. 즉, 취화 영역 (Ⅰ)은 고상선 온도 근방에서 액상이 관여하는 취화 현상으로 응고 온도 이하로 온도가 강하함에 따라 연성이 발생하는 과정이며, 이러한 취화 현상은 변형률 속도와 무관하다. 영역 (Ⅱ)는 연속주조와 같이 변형률 속도가 늦은 공정보다 변형률 속도가 빠른 압연 과정에서 연성이 저하하는 영역이다. 영역 (Ⅲ)은 700~900℃에서 미세한 질화물 및 탄화물 등이 석출하거나, 오스테나이트 입계에 석출하는 페라이트 및 입계 슬립 등에 의하여 발생한다. 연속주조시 주형에서 발생하는 표면 크랙 및 내부 크랙은 취화 영역 (Ⅰ)과 관련되어 있으며, 2차 냉각대에서 발생하는 표면 크랙은 취화 영역 (Ⅲ)과 관련되어 있다.

2 표면 결함

1) 응고 셀 터짐(Break out)

브레이크 아웃은 연속주조 과정에서 응고 셀이 터지는 현상으로 브레이크 아웃이 발생하면 주조 조업이 중단될 뿐 아니라, 주편 밖으로 유출된 용강이 고착되어 설비를 복구하는데 많은 시간과 비용이 소모된다. 브레이크 아웃은 크게 구속성 브레이크 아웃과 결합성 브레이크 아웃으로 구분된다.

구속성 브레이크 아웃은 주형과 주편 사이에 윤활 작용이 부족하여 응고 셀이 주형에 구속되어 있는 상태에서 주편이 인발되면, 응고 셀이 인발력을 견디지 못하고 파단되고, 파단부가 주형을 빠져나올 때 주편 내부의 용강이 밖으로 유출되면서 발생한다. 결함성 브레이크 아웃은 주형 내에서 주편의 불균일 응고 부위를 기점으로 응고 셀에 크랙이 발생하고, 주편이 인발되면서 크랙 발생 주위가 주형 직하에 도달하였을 때 주편 냉각을 위해 분사하는 냉각수에 의해 크랙이 성장하면서 응고 셀이 터져서 주편 내부의 용강이 밖으로 유출되는 현상이다.

결함성 브레이크 아웃의 원인은 주로 주편의 코너부의 응고 지연, 압축에 의한 불균일 응고, 코너 면 세로 터짐 등을 들 수 있다. 브레이크 아웃의 발생을 예방하기 위한 방법으로 주형에 열전대를 삽입하여 동판의 온도를 측정하는 방법이 가장 일반적으로 사용되고 있다.

2) 면 세로 크랙(면 세로 터짐)

연속주조 주편에서 발생하는 면 세로 크랙은 주편의 표면에 주조 방향과 수직 방향으로 인장력이 작용하여 주편의 수지상정을 따라 크랙이 발생하는 현상으로, 대부분의 경우 주형에서 발생하여 2차 냉각대에서 성장하게 된다. 슬래브의 경우 면 세로 크랙은 주로 주편의 중앙부에서 발생되고, 블룸 및 빌렛의 경우는 주편의 코너부에서 발생되는 경우가 많다. 심한 경우 길이가 수 m 정도의 크기까지 성장하는 것도 있다.

면 세로 크랙은 주로 강종의 조성과 밀접한 관계가 있다. 즉, 응고 시 포정 반응을 수반하는 강종은 상변태에 따른 체적 변화로 인하여 주형 내에서 불균일 응고 현상이 조장되어 결함이 유발된다. 강 중 [S] 및 [P]는 응고 시 평형 분배 계수가 작기 때문에 수지상정 사이에 농축되어 액상 필름을 형성하거나, 응고되더라도 고온 인장 강도를 저하시켜 결함 발생을 조장한다. 강 중 [Mn]은 MnS를 형성하여 면 세로 크랙 현상에 미치는 S의 악영향을 완화하는 원소이며, Mn/S 비가 증가함에 따라 면 세로 크랙 발생률이 저하한다.

면 세로 크랙의 현상에 미치는 조업 요인으로는 부적절한 주형의 냉각 조건, 주형에서 몰드 파우더의 불균일한 유입, 그리고 탕면 불안정에 의한 불균일 응고 등을 생각할 수 있다. 특히 코너부에서 발생하는 면 세로 크랙의 경우는 코너부의 과냉각에 따른 응고 수축으로 주형과 응고 셀 사이에 공기 틈이 형성되고, 그로 인하여 응고가

지연됨에 따라 응고 셸의 온도가 증가하여 결함이 발생되거나 브레이크 아웃으로 발전하는 경우가 많다. 한편, 설비 측면에서는 주조 폭이 넓을수록 주형의 장변과 단변의 비율 및 주형 테이퍼가 부적절하면 면 세로 크랙 발생 가능성이 높다.

면 세로 크랙의 저감 방안으로써는 주형의 완냉각, 주편의 장변과 단변의 균일냉각, 몰드 파우더의 용융 특성과 점도 및 결정화 온도의 개량, 정밀한 탕면 제어, 에어 미스트 노즐 사용에 의한 균일하고 완만한 2차 냉각, 그리고 특히 고속주조 시는 탕면 안정화를 위해 전자기력을 활용하거나 침지노즐의 토출 각도를 적정화하는 방법 등이 있다.

3) 면 가로 크랙(면 가로 터짐)

연속주조 주편에서 발생하는 면 가로 크랙은 주편의 폭 또는 두께 방향으로 오실레이션 마크를 따라서 선상 또는 잔금 형태로 찢어지는 결함을 의미하며, 일반적으로 주편의 상면 중심부에서 발생하지만 코너부에서도 종종 발생한다.

아포정반응 영역, 즉 탄소 함유량이 0.10~0.14% 범위인 용강이 응고할 때는 오스테나이트 단상으로 되는 온도가 높아서 오스테나이트 결정립이 조대화 되어 입계 파괴가 쉽게 조장되기 때문에 면 가로 크랙이 발생하기 쉽다. 그리고 용강 중에 알루미늄의 농도가 높을수록 AlN이 석출되기 쉽고, 특히 주편이 복열하는 과정에서는 700~1,000℃ 범위에서 결정립계에 광범위하게 석출된다.

따라서 취약한 결정립계를 가진 주편이 교정 영역을 통과할 때 응력을 받으면 면 가로 크랙이 발생하게 된다.

면 가로 크랙의 저감 대책으로는 진동 주름의 깊이가 깊지 않도록 몰드 파우더의 조성을 설계하거나 주형 진동 시 (−) 스트립 시간의 비를 작게 하는 방법이 있다.

<그림 5-9>는 주편의 면 가로 코너 크랙에 대한 진동 주름 깊이의 영향을 나타낸 것이다.

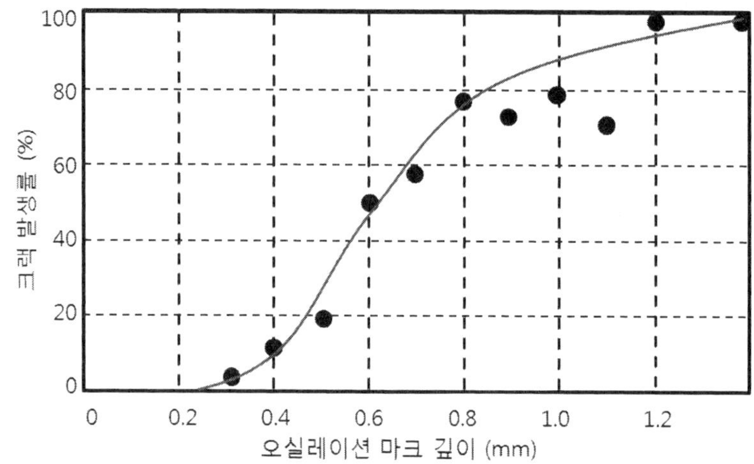

그림 5-9 | 면 가로 코너 터짐과 오실레이션 마크 깊이의 영향

2차 냉각 측면에서의 면 가로 터짐 저감 방안으로는 에어 미스트 스프레이(Air Mist Spray) 방법을 적용함으로써 주편의 표면 온도를 균일하게 유지하여 주편 표면의 열응력과 복열을 최소화하고, 주편의 교정 영역 통과 온도를 900℃ 이상으로 관리하는 것이 유효하다. 그리고 코너 면 가로 터짐은 결정립계에 FeS가 석출됨에 따른 결정립 취화가 원인이 되므로 Mn/S 비를 높이고 알루미늄 첨가량을 최소화하는 것이 바람직하다.

4) 스타 크랙

스타 크랙은 주편의 표면에 크랙이 여러 방향으로 생성되는 결함으로, 마치 쥐가 지나간 발자국 같은 형태를 보인다고 하여 일명 쥐발 크랙이라고도 한다.

<그림 5-10>은 연속주조 표면에 발생한 전형적인 스타 크랙의 예를 나타낸 것이다. 스타 크랙은 일반적 주편 표면이 산화되어 있는 흑피 상태에서는 육안으로는 관찰하기 힘들고 주편을 스카핑 또는 산세한 후에 관찰할 수 있다.

스타 크랙의 발생 원인으로는 주형의 재료로 사용되는 Cu와 응고 셀이 접촉하여 Cu가 주편의 결정립에 침투하면 결정립계의 고온 강도를 열화시켜 발생한다. 스타 크랙의 저감 대책으로는 주형을 Cr, Ni 또는 Ni-Cr 등으로 코팅하여 주편과 주형의 직접적인 접촉을 방지하는 것이 효과적이다.

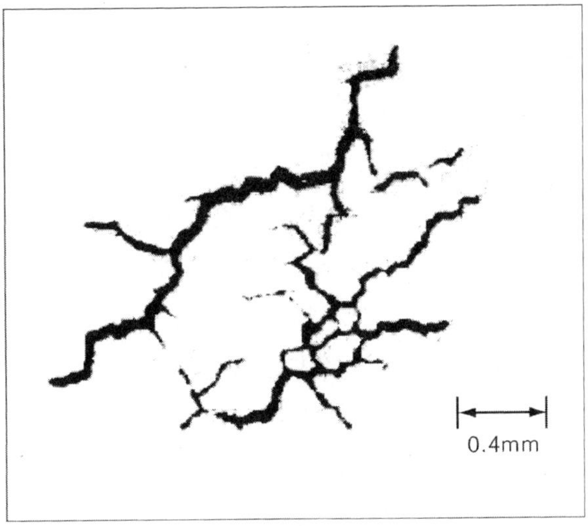

그림 5-10 ‖ 스타 크랙의 사진

5) 핀홀(Pin Hole)

핀홀은 연속주조 주편의 표층하 1~5mm 사이에서 발생하는 기공을 의미한다. 핀홀은 용강에 용해되어 있던 [O], [H], [N] 등이 응고 과정에서 용해도 차에 따라 배출되거나, 용강 중의 [C]와 반응하여 생성되는 {CO}, 용강의 재산화 억제 또는 침지 노즐의 폐쇄 방지를 위해 턴디시와 침지 노즐에 취입하는 알곤 가스가 표층하에 포집되어 발생한다. 주편에 발생된 핀홀은 압연 과정에서 소재 표면에 길이 50~100mm의 선상 흠으로 발전한다. 핀홀의 저감 대책으로는 제강 공정에서 용강의 탈가스 처리로 용강 중에 함유되는 가스 성분의 농도를 낮게 유지하거나, 턴디시 또는 침지 노즐에 취입하는 알곤 가스의 양을 최소화하고, 주형에 전자 교반 장치(EMS)를 설치하여 응고 과정에서 가스 성분들의 용해도 차에 의해 발생하는 기포를 주형 상부로 배출시키는 것이 효과적이다.

3 내부 결함

1) 내부 크랙(Internal Crack)

연속주조 주편의 내부 크랙은 고/액 계면 근방에서 응고 진행 방향과 수직한 방향으로 인장력이 가해질 경우에 응고 셀이 찢어지면서 공극이 생성되거나, 그 공극 내부로 응고 계면 전방의 용질 원소가 농축된 용강이 흡입된 상태로 응고한 것을 의미한다. 따라서 주편에서의 내부 크랙 발생 여부는 설퍼 프린트(Sulphur Print)를 이용하여 판별할 수 있다. 내부 크랙은 압연 후 소재의 결함 요인이 되고, 대형의 내부 크랙은 압연 과정에서 소재에 구멍이 생기는 경우도 있다.

내부 크랙 발생에 미치는 주조 조건의 영향으로는 주조 속도의 증가에 따른 변형률 속도의 증가, 부적절한 2차 냉각에 의한 주편의 벌징 또는 열응력 발생, C량 및 S량이 증가함에 따른 변형 저항률 저하 등이 있다.

설비 측면에서는 고/액 계면에 인장 응력을 발생시키는 부적절한 롤 간격, 롤의 변형, 부정합(Misalignment) 등에 의하여 유발된 주편의 벌징이 내부 크랙의 발생 가능성을 증가시킨다. 그리고 주편에 가해지는 변형률 속도가 증가함에 따라 내부 크랙이 발생되는 한계 변형률 기준이 낮아져 내부 크랙 발생 가능성이 높아진다.

내부 크랙의 저감 대책으로는 연주기 설계 시 내부 크랙 발생을 최소화 하도록 설계하는 것이 중요하며, 먼저 주편 교정 시 다점 및 연속 교정법을 채택하여 교정력을 분산시키는 것이 중요하고, 사용하는 롤의 종류에 따라 롤 간격을 조절하여 주편의 벌징 발생을 최소화 하는 것이 효과적이다. 그리고 연주기 정렬에 대한 일상 정비의 강화, 2차 냉각의 강냉화, 소구경 분할 롤의 채택, 롤 간격의 축소 및 핀치롤의 압하력 적정화 등이 내부 크랙 발생 저감에 효과적이다.

2) 비금속 개재물(Non-Metallic Inclusion)

정련 및 연속주조 기술의 발달로 대형의 비금속 개재물은 충분히 제거할 수 있으나, 타이어 코드 재료, 자동차 외판재와 같이 수요자의 품질 요구 수준이 고급화됨에 따라 미세한 비금속 개재물도 엄격히 관리할 필요가 있다. 비금속 개재물의 평가 기준은 여러 가지가 있으나 일반적으로 조성 및 형태에 따라 분류하는 방법이 이용되고 있다. <표 5-2>는 비금속 개재물을 분류하는 방법을 정리한 것으로 비금속 개재물의 형태 특징에 따라서 A형, B형, C형의 3종류로 분류된다.

그리고 비금속 개재물의 발생원에 따른 분류 방법으로는 레이들, 턴디시, 침지 노즐,

주형 윤활유 등 용강의 외부로부터 혼입된 외래성 비금속 개재물로 구분할 수 있다. 일반적으로 외래성 비금속 개재물은 대형이고 특유의 조직을 가지고 있으나, 내부 생성 비금속 개재물은 크기가 미세하다. 연속주조 제품의 품질 고급화에 따라 내부에서 생성되는 미세한 비금속 개재물이 문제로 대두되고 있다.

외래성 비금속 개재물을 부상 제거하는 방법으로 가장 널리 사용되는 방법은 턴디시 댐을 설치하여 턴디시 내부에서의 용강 체류 시간을 연장하여 부상을 촉진하는 것으로, 최근에는 대용량의 턴디시를 채택하는 제강 공장이 증가하고 있다. 주형에서의 비금속 개재물 제거 방법으로는 침지노즐 및 스토퍼에 알곤 가스를 취입하는 방법이 있다. 주형에서 용탕면의 제어가 원활하지 않는 경우가 용강 주입류의 유동이 심한 경우는 주형 윤활제가 용강에 혼입되어 청정성을 악화시키는 요인이 된다. 3－플레이트 방식의 슬라이딩 게이트 노즐과 와류식 탕면 센서가 개발되어 주형에서의 용탕면 제어 기술이 크게 개선되었다.

표 5－2 | 조성 및 형태에 의한 비금속 개재물의 분류 방법

종류	A형	B형	C형
모형	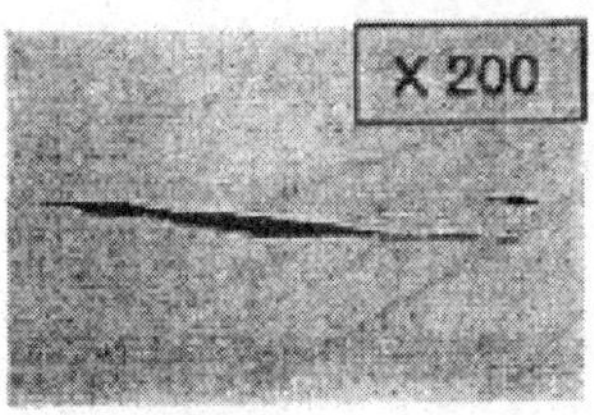	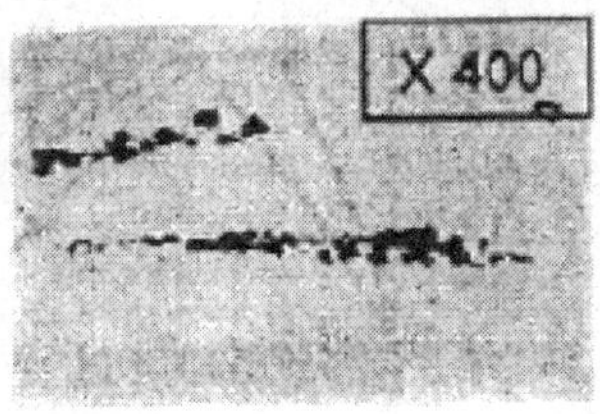	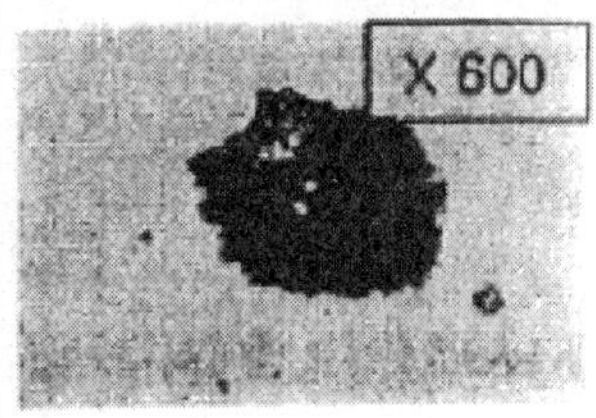
성분	황화물, 규산염	알루미나계	칼슘·알루미나
특징	압연에 의해 길게 변형	압연 후 미세한 개재물이 띠 또는 군집 형태로 존재	입상 산화물 단독으로 존재

3) 중심 편석 및 기공

주편의 중심 편석은 벌징에 의한 편석, 응고 수축에 따른 용강 유동에 의한 세미－마크로 편석, 주로 블룸 및 빌렛 연속주조에서 발생하기 쉬운 브리징(Bridging)에 의한 편석, 고탄소강에서 발생하기 쉬운 V편석 등이 있다. <표 5－3>에 네가지의 전형적인 중심 편석의 형태를 나타내었다. 기공의 분포 및 크기는 주편의 응고 조직에 따라 변화한다. 즉 주편 상부에서 주상정이 발달하면 주편 중앙부에서 브리징이 발생하기 쉬우며, 그 결과 기공 발생량이 증가한다.

주편에서 발생하는 중심 편석의 정도를 평가하기 위해서는 설퍼 프린트, 염산 마크로 에칭법, 마크로 분석기를 이용한 C, S, P 성분 등의 편석 지수를 비교·분석하는 방법 등이 이용되고 있다.

연속주조 공정에서 중심 편석과 기공이 저감 대책으로서 등축정의 생성 촉진, 주상정 간의 용질 성분 농축 방지, 특히 압하에 의한 미응고 용강의 유동 억제, 균일 확산 처리 등 여러 가지 기술이 개발되어 활용되고 있다. 주편의 등축정을 발달시키기 위해서는 턴디시에서 용강의 과열도를 조절하는 저온 주조와 저속 주조가 효과적이다. 온도가 너무 낮으면 침지 노즐이 막힐 수 있고, 주조 속도가 낮으면 생산성이 저하되는 문제점이 있다. 근래에는 유도 가열, 플라즈마 가열 등 턴디시 가열 장치를 설치하여 용강의 과열도를 일정하게 유지함으로써 등축정의 생성을 촉진하는 기술이 활용되고 있다.

표 5-3 | 연속주조 주편에서 발생되는 중심 편석의 종류

Bulging 편석	Semi-Macro 편석	Bridging 편석	V 편석
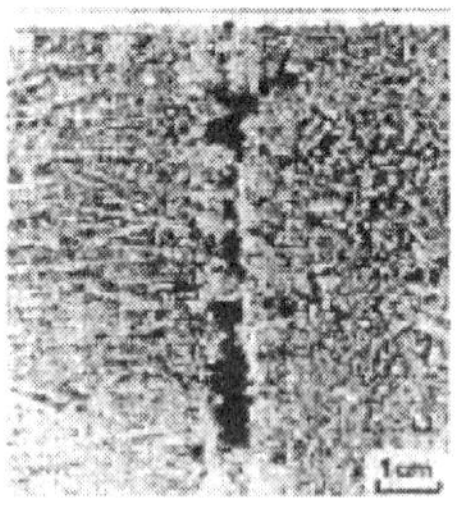	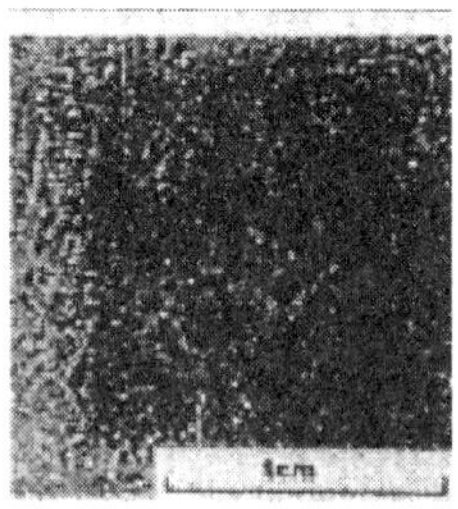	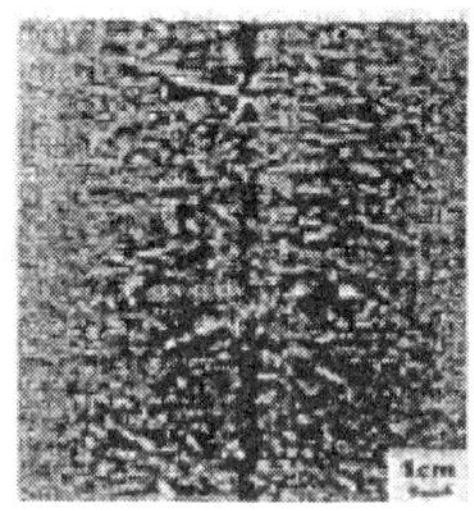	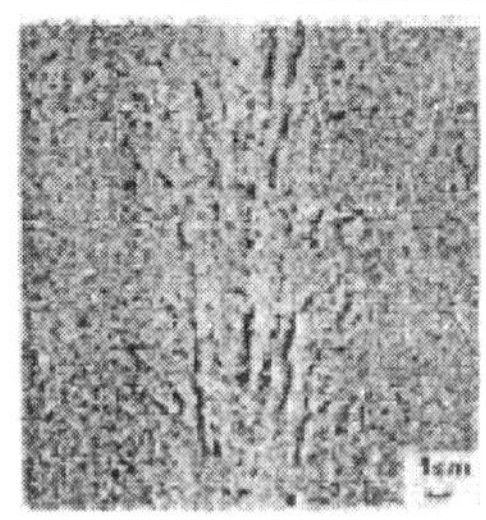

그리고 연주 주편의 중심 편석을 방지하기 위하여 주편의 2차 냉각대에 전자기 교반 장치(EMS, Electro Magnetic Stirring)를 설치하여 미응고 용강을 강제로 유동시키는 방법이 적용되고 있다. 즉 용강의 교반력을 이용하여 성장하는 주상정의 선단을 절단하고, 절단된 결정이 등축정의 모핵 역할을 하도록 하는 것이다. 미응고 용강을 교반하면 부분적으로 과열되어 있는 용강 온도를 균일화함으로써 등축정의 생성을 촉진하고, 주상정의 브리징에 의하여 발생하는 편석을 감소시키는 효과가 있다.

조괴법

제1절 | 조괴 설비

1 조괴의 개요

조괴는 전로 또는 전기로 등의 제강로에서 정련한 용강을 레이들에 받아 이것을 일정한 형상의 주형(ingot case, ingot mold)에 주입 응고시켜서 강괴(ingot)를 만드는 작업이다.

강괴의 종류는 용강의 탈산도에 따라 거의 완전히 탈산된 킬드 강괴(killed steel ingot), 부분적으로 탈산된 세미킬드 강괴(semikilled steel ingot), 거의 탈산되지 않은 림드 강괴(rimmed steel ingot) 및 캡트 강괴(capped steel ingot) 등으로 나눈다.

강괴는 다음 공정에서 분괴(bloom), 압연(rolling)되거나 단조(forging)되어 여러 가지 제품으로 성형, 가공된다.

용강이 응고되는 과정은 화학적 반응이 수반되므로 조괴 작업은 강괴 및 제품의 품질에 크게 영향을 끼치게 된다. 따라서, 제품의 용도, 강종에 따라 알맞은 강괴를 만들어야 한다.

2 레이들

1) 구조

제강로에서 출강된 용강을 받는 레이들(ladle)은 <그림 6－1>과 같이 레이들의 밑부분에 있는 구멍을 통해 주입하는 하주식과 레이들을 기울여 용강을 주입하는 경사식이 있다.

레이들의 외부는 철판으로 되어 있고, 안쪽에는 내화재로 내장이 되어 있다.

레이들의 내화재는 일반적으로 샤모트질 벽돌을 많이 사용하지만, 요즘에는 샌드 슬링거(sand slinger)법으로 벽돌 대신에 적당한 크기의 알맹이로 된 내화재를 투사하거나, 스탬프(stamp)법으로 축조하여 인건비를 절약하고 있다.

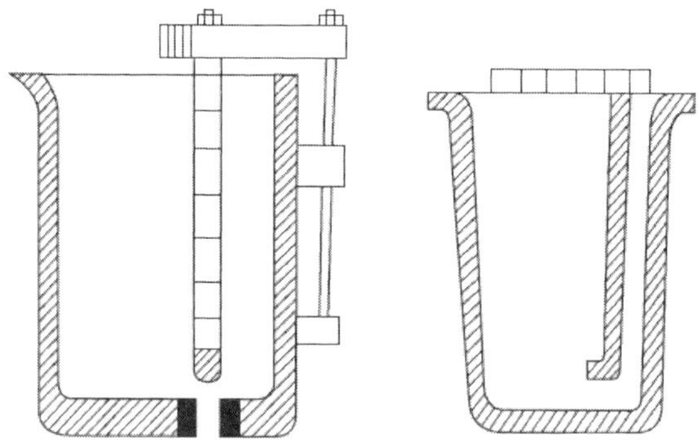

(a) 하주식 (b) 경사식

그림 6-1 ▌레이들의 형태

2) 노즐과 스토퍼

용강을 주형에 주입하기 위하여 레이들의 밑바닥에는 적당한 안지름을 가지는 노즐이 있고, 노즐 위에는 <그림 6-2>와 같이 노즐 상부의 스토퍼의 조작으로 노즐을 개폐하여 주입 작업을 한다. 스토퍼의 조작은 그동안 손으로 하였으나 요즈음은 유압 또는 수압으로 원격 조작하여 안전을 꾀하고 있다.

스토퍼가 노즐에 닿는 끝 부분은 스토퍼 헤드(stopper head)라고 하며, 일반적으로 연한 흑연질 내화제를 사용하고 노즐에는 샤모트질의 내화재를 사용한다. 흑연질의 헤드는 용강의 침식에 견디고, 내스폴링성이 좋으며 열간 강도가 크다. 또 사용 중에 노즐에 점착하지 않는다.

강종에 따라서는 탄화규소질의 노즐을 쓰는 것도 있고, 스토퍼 헤드에는 샤모트-고알루미나질을 사용하는 경우도 있다.

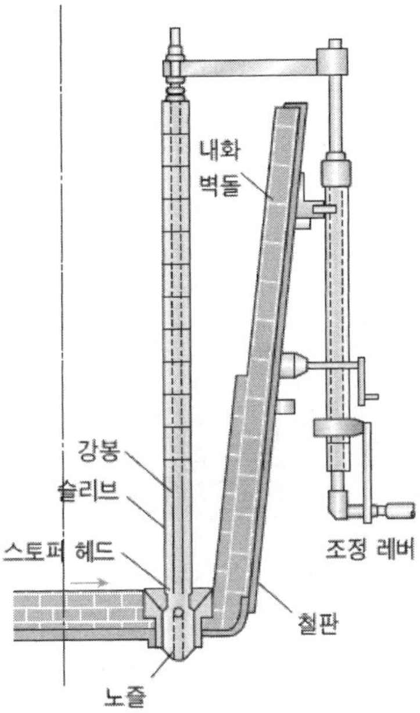

그림 6-2 ▌스토퍼 노즐의 구조

3) 슬라이딩 노즐

노즐-스토퍼 방식 대신 최근에는 레이들 바닥에 <그림 6-3>과 같이 슬라이딩 노즐(sliding nozzle)이 개발되어 실용화되고 있다.

슬라이딩 노즐 방식은 상하 2매의 판상 내화물에 뚫린 노즐 구멍을 개폐함으로써 주입을 조작하는 것이며, 하판의 구동 장치로는 유압 또는 전동 방식을 쓴다.

노즐의 작동 방식은 <그림 6-4>와 같이 세 가지 방법이 있으며, 슬라이딩 노즐은 다음과 같은 장점이 있다.

① 노즐-스토퍼 방식에는 1회 밖에 못 쓰나, 슬라이딩 노즐 작동 방식은 5~10회 계속해서 사용할 수 있어 인건비가 절약된다.
② 주입 사고가 적고, 원격 제어를 할 수 있다.
③ 주입 속도를 조절할 수 있다.

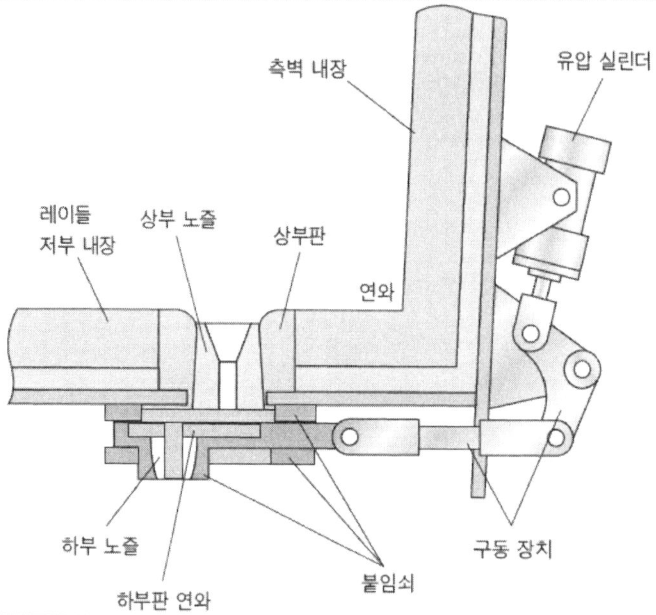

그림 6-3 ▎슬라이딩 노즐의 구조

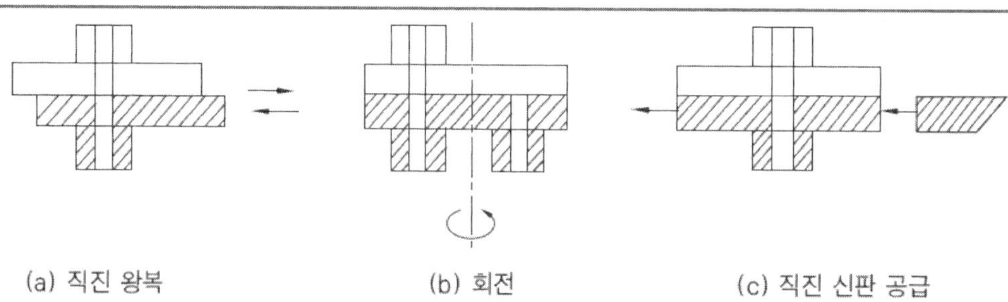

그림 6-4 ▎슬라이딩 노즐의 작동 방식

3 주형

주형은 용강을 부어 강괴를 만들 수 있는 형틀을 말하며, 강괴를 쉽게 빼낼 수 있도록 약간 기울어져 있다. <그림 6-5>와 같이 밑부분이 넓은 주형을 하광형이라고 하고, 윗부분이 넓은 주형을 상광형이라고 한다.

하광형은 림드 강괴와 세미킬드 강괴를 만들 때에 사용하는데, 용강이 응고한 뒤에 주형을 뽑아내기가 쉽다. 그리고 상광형은 특수한 용도의 킬드 강괴를 만들때 쓰인다.

주형의 모양과 크기는 최종 제품의 크기, 균열로의 크기, 압연기의 크기, 기중기의 능력, 주입 설비, 강괴 품질 등을 고려하여 결정한다.

주형은 강괴의 조직을 좋게 하기 위해서 단면적을 가급적 크게 하고, 높이는 낮게 하는 것이 좋으며, 보통 분괴 압연용 대강괴에서는 강괴의 높이를 두께의 2.5~3.5배로 하고 있다.

주형의 재질은 주조할 때에 열 적응력에 잘 견딜 수 있는 것이 필요하며, 보통 탄소, 규소를 많이 함유하는 회주철을 사용한다. 또한, 건전한 강괴를 얻기 위해서는 주형을 깨끗하게 손질하고, 특히 하주법에서는 주입관 탕도를 깨끗하게 하여야 한다. 주형 내면을 도장하는 경우도 있으며, 도료로는 타르계, 석유계, 흑연계 등이 사용되고 있다.

킬드강과 같이 응고 후에 강괴가 수축하여 수축관을 형성하는 것은 주형 상부에 압탕틀을 설치하여 응고 시간을 늦춰 수축관을 작게 한다.

정반은 주형을 얹어 놓은 깔판을 말하는 것으로 보통 주철로 되어 있다. 상주법일 때에는 주형 하나에 정반 한 개씩을 쓰고 있고, 하주법에서는 하나의 정반에 여러 개의 주형을 나란히 세운다.

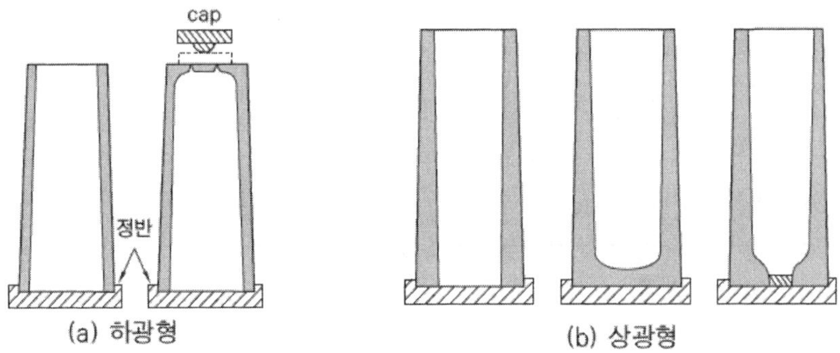

그림 6-5 | 여러 가지 주형의 모양

4 압탕틀

킬드강과 같이 응고 후 강괴 윗부분이 수축하여 수축관을 형성하는 것은 주형 상부에 압탕틀을 설치하여 응고 시간을 늦춰 수축관을 작게 한다.

압탕틀에는 <그림 6-6>과 같이 여러 가지가 있는데, 연와 압탕틀은 과거에 많이 이용되었으나 현재는 발열성 슬리브가 일반적으로 사용된다. 이것은 테르밋(thermit) 반응을 일으키는 두께 20~30mm의 발열층을 내면에 가지는 주물사의 압탕틀이며, 주물사는 이산화탄소(CO_2) 주조법으로 성형하고 1회 사용 후에 버린다. 발열층에 의해서 압탕의 응고가 늦어져 압탕비를 감소할 수 있으나 작업성은 좋지 않다.

단열성 압탕틀은 내화재와 섬유질 원료를 점결제와 혼합하여 성형 탈수한 후 건조한 것이며, 압탕틀을 쓰지 않으므로 가볍고 단연성도 좋으므로 가장 많이 쓰인다.

아크 압탕은 설비비는 비싸나 작업비가 싸다. 그러나 전압 조정, 전극 설치 등 작업성이 나쁘므로 별로 이용되지 않는다.

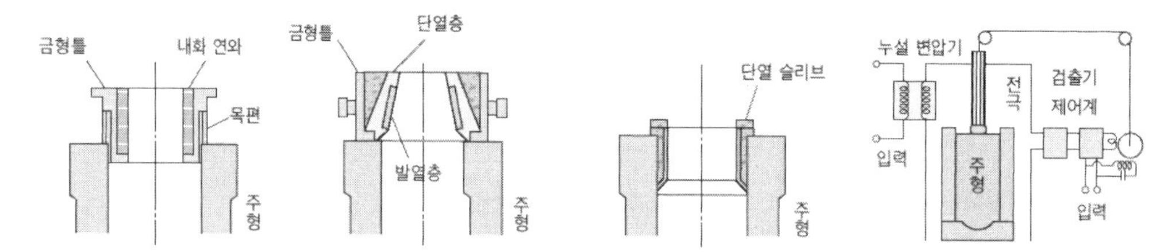

(a) 연와압탕틀 (b) 발열성 압탕 슬리브 (c) 단열성 압탕 슬리브 (d) 아크 압탕 가열

그림 6-6 | 압탕틀의 종류

제2절 | 조괴 방법

1 주입 방법

용강을 주형에 주입하는 방법은 <그림 6-7>과 같이 상주법과 하주법이 있다.

상주법은 용강을 주형 위에서 부어 주형 안을 채우는 방법으로 용강이 내화물과 접촉하지 않기 때문에 강괴 안에 개재물이 적고, 정반이나 주형의 정비 작업이 간단하여 자재와 인건비를 절약할 수 있다. 또한, 큰 무게의 강괴를 만들 때에 적합하지만, 강괴 표면이 깨끗하지 못한 단점이 있다. 주로 세미킬드강에 적합하며, 주입 속도가 빠르다.

하주법은 세워 놓은 주형 밑으로 용강이 들어가게 하여 주형 안에 용강이 차도록 하는 방법으로, 용강이 잔잔하게 상승하므로 강괴 표면이 깨끗하고, 작은 강괴를 한꺼번에 많이 얻을 수 있다. 또한, 주형 내의 용강면을 관찰할 수 있어 주입 속도, 탈산 조정이 쉽다.

그러나 조괴 작업에 자재와 인건비가 많이 들고, 조괴장이 넓어야 하며, 강괴 실수율이 상주법에 비하여 0.5~1.0% 낮아진다. 또한, 용강 온도가 낮으면 주입이 불가능한 상태가 되거나 2단 주입이 된다.

하주법은 림드강, 킬드강의 제조에 적합하다.

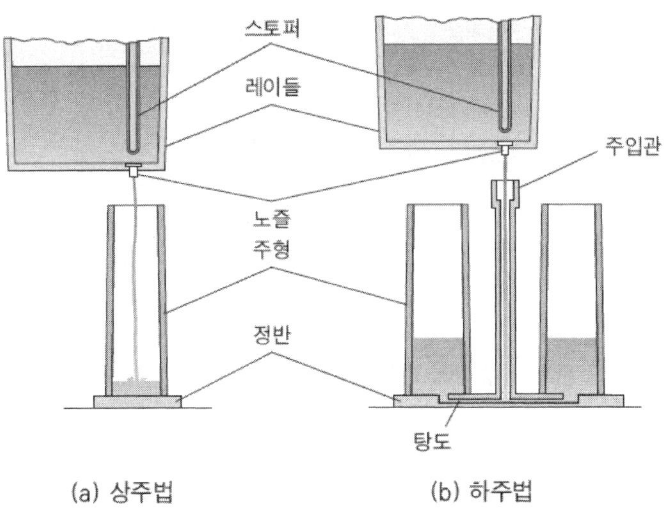

그림 6-7 | 주입 방법

2 주입 온도와 주입 속도

주입 온도는 주입법, 강종과 강괴의 크기, 탈산 정도에 따라 다르나 기본적으로는 용해는 높은 온도에서 하고, 주입은 낮은 온도로 한다.

온도가 너무 높으면 강괴에 균열이 생기고 정반에 용착하기 쉬우며, 너무 낮으면 강괴 표면에 주름살이 생기기 쉽다.

<그림 6-8>은 용강의 탄소(C) 함유량에 따른 출강 온도와 주입 온도의 관계를 나타낸 것으로, 탄소 함유량이 많으면 많을수록 주입 온도나 응고 온도가 낮아진다. 보통 주입 온도는 응고 온도보다 30~50℃ 높게 하며, 하주법에는 주입관 및 탕도 벽돌을 통과할 때의 온도 강하를 고려하여 상주법에서보다 조금 높은 온도로 주입한다. 주입 속도가 빠르면 주입 온도가 높은 것과 같은 영향을 주며, 강괴의 균열을 일으킨다. 반대로, 주입 속도가 너무 느리면 주입류가 공기에 노출되는 시간이 길어져 산화에 의한 결함이 생기기 쉽다. 따라서, 주입 온도가 높으면 주입 속도를 느리게 하고, 주입 온도가 낮으면 빨리 주입하도록 한다.

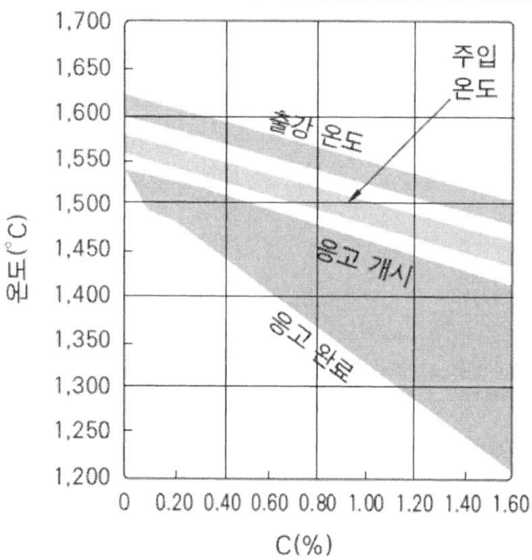

그림 6-8 ▌용강의 탄소 함유량에 따른 출강 온도 및 주입 온도의 관계

3 용강의 응고

용강이 주형에 주입되면 용강의 현열과 숨은열이 주형과 정반에 전달되어 시간이 지남에 따라 온도가 떨어진다. 용강의 온도가 떨어져 응고점에 이르면 결정의 핵이 생기고, 이 핵을 중심으로 같은 방향의 결정이 생기기 시작하는데, 이 결정들은 나뭇가지 모양으로 발달한다.

처음의 결정은 순수한 성분으로 응고점이 높고, 불순물이 있는 금속은 순수한 금속보다 낮다. 따라서, 늦게 굳어지는 강괴의 중심 부분이나 윗부분은 먼저 응고한 바깥 부분보다 일반적으로 불순물이 많아지게 된다. 이러한 국부적 성분 농도의 차이에 의한 경향을 편석이라고 한다. 편석은 응고 속도에 따라 영향을 받으며, 응고 속도가 늦을수록 편석 현상이 더욱 뚜렷하게 된다.

제3절 | 강괴의 품질과 결함

1 강괴의 품질

제강로에서 산화 정련된 용강은 많은 산소를 함유하고 있으므로 출강할 때에 Fe-Mn, Fe-Si, Al 등으로 탈산하여 산소량을 조정하거나 제거한다. 이때의 탈산 정도에 따라서 <그림 6-9>과 같이 림드강, 캡트강, 세미킬드강, 킬드강으로 품질을 구분한다.

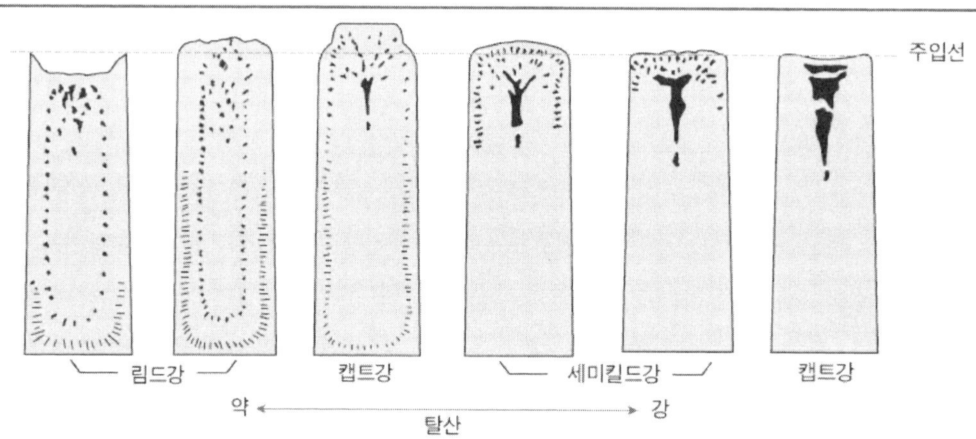

그림 6-9 | 탈산도에 따른 강괴의 종류

1) 림드강

용강에 탈산제를 전혀 첨가하지 않거나 소량 첨가해서 주입하므로 용강이 완전히 탈산되지 않고 산소가 남아 있으면 주형 안에서 응고할 때 주형 안의 탄소와 반응하여 일산화탄소를 생성하게 되어 강괴 내에 많은 기포가 발생한다. 이것을 리밍 액션(rimmed oction)이라고 하는데, 이러한 작용으로 인해 하광형 주형에 주입하여도 수축관이 생기지 않고 표면이 좋은 강괴가 된다. 그러므로 림드강은 제품의 표면이 중요한 박판, 선재 및 일반 구조용에 많이 사용된다.

2) 캡트강

좋은 표면과 편석이 적은 강괴를 얻기 위해서 림드강을 개선한 것으로 화학적 캡트강과 기계적 캡트강이 있다.

화학적 캡트강은 용강을 주입한 뒤에 탈산제를 첨가하여 교반 작용을 억제하고 머리 부분을 급속히 응고시킨 것이고, 기계적 캡트강은 용강을 주입한 후 바로 뚜껑을 덮어 교반 작용을 강제로 억제시켜 림층을 얇게 하여 중심부의 편석을 작게한 것이다.

화학적 캡트강은 주형 내에서 탈산하여 개재물의 문제가 있으므로 기계적 캡트강이 많이 사용되며, 표면부는 림드강보다도 얇아지므로 내부 편석은 적어 균질이 요구되는 박판용에 많이 쓰인다.

3) 세미킬드강

세미킬드강은 킬드강과 림드강의 중간 정도의 탈산을 한 용강을 주형에 주입하여 약간의 기포를 생성시켜 응고 수축을 보충하면서 응고시킨 것이다.

주로 저탄소강이나 중탄소강에 규소, 알루미늄으로 가볍게 탈산을 한 용강을 하광형 주형에 상주법으로 주입한다. 탈산은 주로 레이들에서 완료시키는 것이 보통이며, 주형에 첨가해야 할 때에는 될 수 있는 대로 적은 양을 사용한다.

4) 킬드강

킬드강은 용강에 강력한 탈산제인 규소, 알루미늄을 사용하여 용해된 산소를 거의 제거한 것으로 응고 중에 기체의 발생이 없어 기포가 생기지 않는다. 킬드 강괴는 보통 균일한 조직을 요구하는 합금강, 단조용 강 및 침탄강 등 고급 강재에 적용되며, 일반적으로 탄소(C) 함유량이 0.3% 이상의 것은 모두 킬드강이다.

킬드강의 대부분은 용강을 압탕틀을 놓은 상광형 주형에 상주법으로 주입하여 윗부분의 압탕틀에 수축관이 집중하도록 하기 때문에 내부는 건전하여 기포나 편석이 거의 없다.

2 강괴의 결함

1) 편석

강괴 내에 있는 용질 성분이 불균일하게 존재하는 현상을 편석이라고 한다. 즉, 용강을 주형에 주입하면 주형에 가까운 부분에서부터 응고하기 시작하는데, 순수한 용융철과 탄소 등이 혼합된 용융철의 응고 온도가 다르기 때문에 응고 과정에서 탄소 등의 이동, 즉 확산 현상을 동반한다. 따라서 처음에 응고한 부분과 나중에 응고한 부분의 성분이 균일하지 않고, 편석 현상이 나타나게 된다.

먼저 응고한 강에는 용질 농도가 적은 부편석을 일으키고, 나중에 응고한 부분에는 용질 원소가 농축되어 정편석이 나타난다. 편석은 용강의 교반 작용에 의해 더욱 촉진되며, 킬드강은 일반적으로 편석이 작다. 주형 중의 용강에서 가스가 발생하거나 동요되면 용강이 교반되어 편석이 촉진된다.

주형 중의 용강에서 가스가 발생하거나 동요하면 용강이 교반되어 편석이 조장된다. 림드강에서는 교반 작용 때문에 조용히 응고하는 킬드강에서 보다 편석이 심하게 일어난다. <그림 6-10>은 탈산도에 따른 황(S) 편석도를 나타낸 것으로 탈산도가 적은 림드강에서는 편석이 심하게 나타난다.

림드강에서는 교반 작용 때문에 조용히 응고하는 킬드강에서 보다 편석이 심하게 일어난다. 따라서, 편석을 제거하기 위해 유해 성분의 함량을 적게 하고, 강괴 중량을 작게 하며, 연속 주조법을 사용하여 빌릿이나 슬래브를 얻는다.

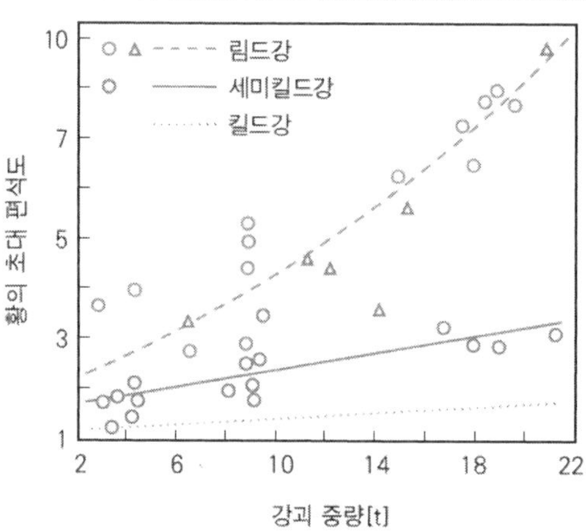

그림 6-10 ❙ 탈산도에 따른 황의 편석도

2) 비금속 개재물

강괴는 모두 비금속 물질을 함유하고 있으며, 그 대부분은 산화물이나 그 밖에 황화물, 질화물, 탄화물 등도 있다. 비금속 개재물이 강괴 중에 들어 있으면 재료의 강도나 내충격성을 저하시켜 단조 및 압연 등의 가공 과정에서 균열을 일으킨다. 비금속 개재물은 용강의 공기 산화, 내화물의 용융 등으로 생기는데, 이것들은 용강보다 비중이 작으므로 충분히 떠오르도록 하여 제거할 수 있다.

3) 수축관

용강이 응고할 때 수축에 의하여 강괴 상반부 및 중심축에 따라서 생기는 수축공을 말한다. 킬드강에 주로 나타나지만, 세미킬드강, 림드강에도 생기는 경우가 있다.

이러한 수축관의 표면은 산화되어 있어서 용접 온도에서 압연하여도 압착되지 않는다. 따라서, 수축관이 생긴 것은 잘라 내야 한다. 킬드강에서는 압탕틀을 써서 이곳에 수축관을 형성시켜 분괴 압연 후 잘라 낸다.

4) 기공

킬드강을 제외한 다른 강괴에는 가스 방출에 의하여 표피부에 관상 기포가 생기고 내부에는 입상 기포가 생긴다. 이러한 기포는 강괴 표면이나 균열로 내에서 산화할 만큼 표면에 접근하여 있지 않는 한 압연 중에 압착되므로 해가 되지 않으나, 만일 산화되어 있으면 압착되지 않고 압연 제품에 많은 균열이 생긴다. 따라서, 응고 중 가스 방출을 조절하여 기포가 없는 두꺼운 표피부를 얻어야 한다.

5) 백점

백점은 단조나 열간 가공한 재료의 파단면에 은회색의 반점이 원형으로 집중되어 나타나며, 이 부분은 파단되는 결함을 나타낸다.

백점 현상은 고용 수소가 응고할 때 방출된 열간 가공 중에 잔류 응력, 응고 중일 때에 온도 강하에 의해 생기는 응력, 변태 응력, 특히 과포화수소의 발생압에 의해 생기는 응력이 있는 부분에 집중되어 일어나게 된다. 백점 현상을 방지하기 위해서는 용강 중에 수소 활용을 가능하면 억제하고, 단조 또는 압연 온도에서의 냉각 속도를 줄이며, 이때에 외부로부터 수소 침입을 억제해야 한다.

Chapter 07

최신제강공학

스테인리스강 제강

제1절 | 스테인리스강의 특성

1 스테인리스강의 분류

1) 페라이트계 스테인리스강

페라이트계 스테인리스강은 Cr 함유량이 12% 이상이며, 결정 구조는 일반강과 같은 체심입방격자(BCC)를 가지고 있으며, 기본 조직은 안정한 페라이트 상을 가지고 있다. 페라이트 상은 탄소의 고용도가 오스테나이트보다 낮으므로 탄소 함유량이 0.12%를 초과하지 않도록 규정하고 있으며 실용을 위해서는 0.06%이하로 관리하고 있으며, 저탄소계의 경우는 0.01% 수준까지 낮게 관리하고 있다.

페라이트계 스테인리스강은 자성을 띠고 있으며 냉간 가공에 의한 가공 경화로 강도를 증가시킬 수 있지만 열처리에 의한 강도 증가는 불가능하다. 또한 냉간 성형성이 양호하고 응력 부식 균열이 발생하지 않아 가전제품, 자동차 부품에 사용하고 있다.

2) 오스테나이트계 스테인리스강

오스테나이트계 스테인리스강은 Fe-Cr(페라이트계)에 니켈 또는 오스테나이트 형성원소(Mn, Cu) 등을 8% 이상 첨가하며, 상온에서 안정한 면심입방격자(FCC)의 오스테나이트 조직을 가지는 강이다. 결정구조가 면심입방격자이므로 용이한 가공성과 비자성의 특성 등 다른 스테인리스강과 물리적 성질이 다르므로 가장 널리 사용하고 있는 강이다. 또한 열처리에 의해 경화하지 않고 냉간 가공 경화에 의해서 스프링의 특성으로 활용하기도 한다.

오스테나이트계는 안정, 준안정 등으로 구분하는데 이는 상온에서의 오스테나이트계 상의 안정성을 나타내는 것으로 가공경화량, 자성 등으로 인지하게 된다. 대표적인 STS304는 18%Cr - 8%Ni - Fe 스테인리스강으로 고온에서 저온까지 오스테나이트 상이 안정화되어 있으며 자성을 띠지 않는다. 그러나 냉간가공에 의하여 변형되면 일부 준안정 오스테나이트 상(Meta-stable Austenite)과 가공유기 마르텐사이트(Strain induced Martensite)로 변태하여 오스테나이트 보다 강도가 높고 자성을 띠는 마르텐사이트의 생성에 의해 약한 자성과 높은 가공경화 특성을 나타낸다.

3) 마르텐사이트계 스테인리스강

마르텐사이트계 스테인리스강은 페라이트계와 마찬가지로 Fe-Cr 합금이며 Cr 함유량이 11.5~18%이며, 탄소 함유량은 0.15, 0.25, 0.40, 0.75% 등 상당히 높게 함유하고 있다. 탄소는 오스테나이트 확장에 기여하는 원소로 탄소로 인하여 고온에서는 오스테나이트 상을 가지지만 냉각 후 상온에서는 마르텐사이트로 변태하여 높은 강도를 가질 수 있다. 그러나 크롬 함유량이 낮고 탄소 함유량이 높은 경우 내식성이 떨어지므로 상대적으로 부식성이 낮은 분위기에서 사용하며 고강도, 고경화능, 내마모성, 내피로성이 요구되는 부품에 한해 사용한다.

마르텐사이트계는 다른 계열이 스테인리스강과는 달리 열처리에 의해 경화가 되며 저합금강이나 탄소강과 같은 열처리 방법을 사용한다. 열처리 할 때에는 고온에서 탈탄이나 결정립 조대화가 발생할 수 있으므로 고온 유지 시간 조절에 유의해야 하며, 템퍼링을 하여 취성을 방지해야 한다.

마르텐사이트계는 강도와 내마모성이 우수하므로 면도날, 칼, 가위, 스프링, 기계 부품 등에 사용한다.

4) 석출경화계 스테인리스강

석출경화계 스테인리스강은 고강도, 고인성, 고내식성 등이 요구되는 곳에 사용할 수 있도록 개발된 것으로 내식성을 유지하면서 석출강화에 의해 강도를 증가시킨 것이다. 석출경화계는 일반적인 용도가 아닌 우주항공, 무기산업 등에서 요구되는 고내식성과 고비강도를 만족하는 방향으로 개발되었으며 종류로는 오스테나이트계, 준오스테나이트계, 마르텐사이트계로 구분할 수 있다.

준오스테나이트계는 풀림 상태의 오스테나이트 조직을 간단한 열처리를 통하여 마르텐사이트 조직을 얻은 후 석출경화 열처리를 하며, 마르텐사이트계는 간단한 시효처리를 통하여 석출경화를 한다.

5) 듀플렉스계 스테인리스강

듀플렉스(2상)계 스테인리스강은 오스테나이트와 페라이트가 공존하는 형태로 가장 최근에 개발된 스테인리스강이다. 우수한 내식성과 저비용 고내식 특성이 요구되는 곳에 사용한다. 기존 오스테나이트계 스테인리스강에 크롬 함유량을 증가시키고 소량의 몰리브덴(Mo)을 첨가한 것으로 Cr 25%, Mo 2~3% 정도 함유하고 있다.

듀플렉스계는 오스테나이트계의 가장 문제점인 입계부식과 응력부식 균열을 보완하기 위해 페라이트 기지에 오스테나이트 상이 약 50% 정도 공존하는 2상 조직을 형성하는 것이다. 오스테나이트 상으로 인해 기존 페라이트계 보다 양호한 인성과 내식성을 유지하고, 2상으로 인한 높은 강도로 가공 및 성형이 어렵지만, 오스테나이트계 보다 낮은 열팽창계수 및 높은 열전도도를 가지는 등 페라이트계와 오스테나이트계의 특성을 동시에 가지고 있다. 특히 낮은 니켈 함유량에도 불구하고 내식성이 우수하므로 염소에 대한 높은 저항성으로 해수 분위기에 사용하는 부품이나 식품 저장 플랜트 등에 사용한다.

하지만 오스테나이트와 페라이트 상이 공존하므로 두 상의 분율이 매우 중요하므로 상분율이 깨지면 취성 발생 및 요구 특성 저하로 인하여 사용이 불가능하게 된다.

2 스테인리스강의 특성

1) 물리적 특성

스테인리스강의 물리적 특성은 오스테나이트계, 페라이트계, 마르텐사이트계, 석출경화계 등 각 계별로 유사한 특성을 나타낸다. 일부 성분계에 따라 동일계에서도 용융점, 탄성계수의 차이가 있으나 열전도도, 비열 전기전도도 등은 같거나 근소한 차를 나타낸다.

2) 내식성

일반강을 질산 속에 넣어두고 질산의 농도를 증가시키면 부식이 진행되게 되는데 약 65%의 질산 농도에서는 갑자기 부식 속도가 떨어지고 녹지 않는 현상이 발생한다. 이 현상은 질산이 철의 표면에 불활성 피막을 형성하므로써 일어나는 현상으로 이 불활성 피막을 부동태 피막(Passive film)이라고 한다.

일반 철에 크롬을 조금씩 첨가하면서 같은 현상을 관찰한 결과 크롬 함유량이 약 12% 이상이 되면 현저하게 부식 속도가 떨어져서 내식성이 우수해지는 현상이 나타나는데 이것이 바로 크롬에 의해 형성된 부동태 피막의 효과에 의한 것으로서 이 현상을 이용한 강이 스테인리스강이다.

부동태 피막은 금속이 강한 산성 환경에 노출되면 금속 표면에 산에 용해되지 않는 산화 피막이 형성되어 부식을 방지하고 기지 금속을 보호하는 것을 말하며 스테인리스강은 크롬 산화물이 50%이상인 1~3mm의 얇은 부동태 피막을 형성하고 있다.

스테인리스강의 부동태 피막은 치밀하고 밀착성이 좋은 유연한 구조를 가지서 기지 금속에 잘 부착되어 안정한 피막을 유지하고 있다. 또한 이 피막은 금속 모재와 산소와의 전기화학적 반응 생성물이기 때문에 긁히거나 찍히는 등 물리적인 손상을 입어 일부 파괴가 되더라도 바로 재생되는 성질을 가지고 있으므로 내식성에 영향을 주지 않는다.

하지만 특정 환경에 노출되면 기대했던 내식성을 나타내지 못하고 부식이 진행되는 현상이 발생하기도 한다. 특히 스테인리스강은 일반적인 물에서는 거의 부식이 되지 않지만 해수처럼 전해질 용액 속에 염소 이온(Cl^-)이 존재하면 부동태 피막이 국부적으로 파괴되어 이 부분에 구멍이 뚫리는 피팅(Pitting), 인장 응력이 가해지는 환경 하에서는 균열 손상(Stress corrosion crack)이 발생되는 원인이 되기도 한다.

3) 스테인리스강의 첨가원소

스테인리스강은 철을 베이스로 크롬(Cr)을 기본으로 니켈(Ni), 망간(Mn), 몰리브덴(Mo), 티탄(Ti), 구리(Cu), 네오븀(Nb) 등의 합금원소가 첨가된다. 이 밖에 첨가보다는 강종내 함유량을 제어하는 원소가 있는데 그 원소로는 탄소(C), 질소(N), 산소(O), 알루미늄(Al), 칼슘(Ca) 등이 있다. 첨가 원소는 미세조직, 상, 물리적 특성을 조정하기 위해서라면, 제어 원소는 강의 청정도, 용접부 내식성, 취성/인성 등의 2차 가공 및 해당 용도에서의 맞춤형 사용에 초점을 맞춘 것이라 보면 된다. 따라서 스테인리스강의 합금 원소의 종류와 양을 보면 스테인리스강의 종류와 용도, 특성 등이 확인되므로 일반 내식성이 중요할 경우는 크롬, 해수 내식성은 몰리브덴, 용접부 내식성은 탄소 등의 함유량이 소재 선정 기준이 될 수 있다.

가) 탄소(C)

오스테나이트 안정화 원소로 스테인리스강 강종에 따라 0.03%, 0.08%, 0.12% 등으로 상한을 규제하는 첨가 원소이다. 탄소는 철 및 크롬 원소와 반응하여 탄화물을 형성하고, 강도를 향상시키는 효과가 있으며 탄소량이 증가할수록 가공경화량이 많아져 고경도화가 가능하다. 그러나 탄소는 크롬과 쉽게 반응하여 Cr_23C_6과 같은 크롬 탄화물 형태로 입계에 석출하여 기지 조직의 크롬을 고갈시켜 내식성을 떨어뜨리므로 내식성이 요구되는 제품은 탄소의 함유량을 0.03% 이하로 제한하고 있다.

나) 크롬(Cr)

스테인리스강의 내식 특성을 부여하는 기본 원소로서 철계에 12% 이상 첨가하면 결정구조가 페라이트화 되고 기본적인 내식 특성을 나타낸다. 크롬 함유량과 내식성 및 고온 내산화성과는 비례 관계이나 용접과 성형 가공은 반비례하는 특성이 있다. 특히 크롬 함유량이 20% 이상 첨가되는 경우 탄소와 질소를 엄격히 규제하여 용접부 물성과 성형성 저하를 최소화해야 한다.

다) 니켈(Ni)

크롬과 같이 오스테나이트계 스테인리스강을 구성하는 기본 원소로 8% 이상 첨가되면 Fe-Cr-Ni 합금의 결정구조가 오스테나이트로 변화한다. 니켈을 포함하는 오스테나이트계는 인성과 연성이 풍부하여 페라이트계와 달리 가공성, 충격인성 및 용접성이 우수하다.

라) 몰리브덴(Mo)

몰리브덴은 316, 436, 444계 등 제한된 스테인리스강에만 1~3% 정도 첨가되는 고가의 합금 원소이다. 몰리브덴이 첨가되면 크롬 산화물계 부동태에 몰리브덴 산화물(MoO_2)이 형성, 고용되어 부동태 피막층을 치밀하게 하고 기지 금속과의 밀착성을 증대하게 된다. 이로 인해 공식이나 틈 부식과 같이 국부적인 부동태 피막층의 손상에 따른 부식 저항성이 우수하고 실제에서는 해수와 같이 염분이 함유된 분위기에서 크롬 염화물($CrCl_3$)의 고용도를 떨어뜨려 공식 저항성을 증대하는 역할을 한다. 몰리브덴은 고온 특성에도 기여하여 몰리브덴이 포함되지 않은 경우보다 사용 온도와 고온 강도가 증대되어 자동차 배기 부품 등의 고온부에는 몰리브덴 함유 스테인리스강이 사용된다.

마) 질소(N)

니켈과 마찬가지로 오스테나이트 안정화 원소로 크롬 함유량이 23% 이상이 되는 강에서는 질소 함유량이 증가하면서 공식 및 입계 부식 저항성이 증가하는 경향이 있으며 강도 향상 효과도 기대할 수 있는 원소이다. 예를 들면 301L의 경우 탄소 감소로 인한 강도 감소분을 질소 첨가로 보전하는 역할을 하게 되며 301L에 N을 추가하여 강종을 301LN으로 구분하기도 한다. 그렇지만 페라이트계는 질소의 고용도가 거의 없으므로 질소의 함유량을 규제하고 있고 질소의 함유량이 증가하면 인성과 성형성이 저하되는 단점이 있어 심가공하는 페라이트계는 질소를 엄격히 규제하고 있다.

바) 티탄(Ti)

티탄은 스테인리스강 내에서 탄소와의 친화력이 크롬보다 높아 티탄 화합물(TiC)을 형성하여 탄소 안정화 원소의 역할을 한다. 0.5% 전후의 티탄이 포함된 경우 스테인리스강이 용접에 의해 고온에 노출되면 티탄이 열영향부 주변의 탄소와 우선 결합하여 탄소를 소모하므로 크롬 탄화물(Cr_23C_6)보다 우선 생성되기 때문에 금속 크롬의 소진에 의한 내식성 저하를 방지하게 된다. 따라서 용접 열영향부에서 크롬 탄화물 생성에 의한 입계부식 및 예민화 현상은 거의 나타나지 않는다. 티탄이 많이 포함된 STS321 강종의 경우는 열처리 직후 표면의 띠 무늬가 나타나기도 한다.

사) 니오븀(Nb)

스테인리스강에서는 티탄과 거의 유사한 역할을 하며 화학성분도 티탄과 같은 범주에서 규제되고 있다. 니오븀도 크롬에 우선하여 탄화물을 형성하여 입계부식 및 예민화를 방지하는 역할을 한다. 그렇지만 티탄과 달리 니오븀은 브레이징(Brazing) 공정을 거치더라도 스테인리스강 표면의 변색을 야기하지 않지만 티탄이 포함된 스테인리스강의 경우 브레이징 직후 표면이 검푸르게 변색되는 현상이 나타나므로 브레이징 공정을 거치는 제품의 경우는 유의해야 한다. 그리고 용접부의 미세조직도 티탄과 니오븀 첨가량과 차이가 있고 니오븀 참가강이 티탄계보다 고온 강도가 높아 고온 내열재료로는 니오븀 첨가강이 선호되기도 한다.

제2절 | 전기로에 의한 스테인리스강의 제강

1 전기로 설비

스테인리스강을 생산하기 위한 전기로 설비로는 전기 교반 장치, 집진 장치, 산소 취입 장치 등이 있어야 한다. 전기 교반 장치는 강욕 성분을 균일화하고, 슬래그 정련의 효율 향상에 필요하다. 집진 장치는 산소 취련시 화염이 보통강보다 고온이며, 폐가스량도 많으므로 집진 설비가 필수적이다. 산소 취입 장치는 소모형 랜스 파이프를 직접 강욕에 취입하는 형태이며, 원격 조작으로 랜스를 이동하는 조절 동작이 가능해야 하도록 되어 있으며 때로는 고정식 수냉형 비소모 랜스를 사용하기도 한다. 기타 설비로는 신속 분석 시스템 및 부원료 자동 장입 장치 등이 필요하다.

2 원료

전기로에 장입하는 장입용 Cr원은 고탄소, 중탄소 Fe-Cr을 사용하며, 첨가용 Cr원은 저탄소 Fe-Cr을 사용한다. Ni원은 Fe-Ni, 금속 Ni, 산화 Ni 등을 사용한다. 주원료인 고철은 스테인리스 스크랩 및 보통 고철을 사용한다.

모든 원료에서 불순물 및 탄소는 규제 대상에 해당하는데, 특히 P은 정련 과정에서 거의 제거되지 않으므로 철저히 규제해야 하며, Pb, Sn, Zn, As 등의 원소도 품질에 나쁜 영향을 주므로 정련 기능을 고려하여 규제해야 한다. 또한 배합 탄소는 정련 부담을 증가시키므로 조업에 불리하지만 AOD법에서는 별문제가 없으며 2.5%C 정도는 처리 가능하고 전로 합병법에서는 중요한 열원으로 작용하기도 한다.

3 장입작업

1) 개요

강종 생산 목표에 따라 계산된 스크랩 및 합금철을 전기로에 장입하기 위해서는 스크랩 바스켓에 품명별로 장입 기준에 의거 장입해야 한다.

바스켓은 보통 내용적이 $73m^3$인 경우 3개의 바스켓 중 1, 2차(비상작업 및 특별한 경우에는 3차)에 걸쳐 60 : 40으로 원료를 장입하여 장입하도록 해야 한다. 장입 작업은 바스켓을 올려놓은 이송대차(Transfer car) 자체에 설치되어 있는 평량기에 의해 장입되는 원료 각각의 무게와 전체 장입량을 알 수 있도록 조정실과 현장에서 볼 수 있도록 해야 한다.

2) 장입시 유의사항

① 장입중 바스켓 Volume 상승을 방지하기 위해 각종 원료의 재고량 및 상태를 파악한 뒤 장입해야 한다.

② 부도체의 요인이 되는 원료(Fe-Ni, 나무, Plate, 포장, 지금류, Mo-산화물)는 최대한 바스켓 하부에 장입해야 한다.

③ 중량 원료(분괴 Crop, 열연 코일 사이드 트리밍)는 전극 절손 방지를 위해 바스켓 하부에 장입한다.

④ Charge Cr은 노내에서 잘 녹지 않으며 장입 중 슬래그 도어 출탕구측으로 유출되는 사례가 발생되므로 적정 위치에 장입해야 한다.

⑤ 장입시 늘어지는 벌크(Bulk) 원료(STS 국내, 수입, 회수)에 의해 스크랩 이송대차의 케이블이 단선될 수 있으므로 장입자는 작업 중 유의해야 한다.

⑥ 규제성분(P, S, Mo, Cu)이 목표 이상으로 장입되어 격외가 발생하지 않도록 출탕 성분 추이도를 관찰하며 장입을 한다.

4 조업

스테인리스강의 전기로 조업 과정은 용해기 → 산화기 → 환원기 → 완성기의 순서로 진행되다.

1) 용해기

용해기는 주원료를 용해하는 시기로 주원료와 함께 석회 등의 용제를 초장입하고 통전 용해하며, Cr일부가 산화하나 그 양은 원료의 조성, 용해 시간, 집진기에 의한 노내 공기 유통량 등의 영향을 받는다. Si가 높은 배합은 용해기의 Cr 산화 방지와 산화기의 급속 온도 상승에 효과적이다.

2) 산화기

산화기는 탈탄 반응이다. 고철이 용락 후 또는 미용해물이 남아 있는 시점에서 강욕 내에 산소를 취입하면 산소와 C, Si, Cr, Mn, Fe 등의 산화열로 욕온이 급속히 상승하는데, 강욕 온도는 산화말기에 1900℃까지 상승한다. 용강의 C가 낮아질수록 Cr의 산화 속도가 증가하고, Ni 함량이 많아지면 저탄소역에서의 탈탄이 활발히 일어난다.

3) 환원기

환원기는 산화기에서 산화된 Cr을 회수하는 시기이다. 산소 취련 후 냉각제로 스테인리스 스크랩, 추가 합금 원료를 넣고 환원제로서 Fe－Si 등을 첨가하여 Cr을 환원하는데, CaO, 형석 등의 염기성 조재재를 첨가하면 산화 Cr이 많은 슬래그는 급속히 유동 상태가 되어 Cr의 환원이 진행된다. Cr의 환원 효율은 강욕의 반작용이 클수록 높아지므로 기계 교반, 중성 가스 취입, Reladling 등 교반을 촉진하는 것이 효율적이라 할 수 있다. Fe－Si, Si－Cr 등의 환원제는 입도가 작은 것이 유리하다.

환원기의 조업 방법으로는 Reladling법, Double Slag법, Single Slag법이 있다. Reladling법은 용강을 레이들에 일단 출강하여 다시 노내에 넣는 방법으로 교반과 과열된 노체의 냉각이 동시에 이루어지며, 환원 시간의 단축, 전력과 노체 원단위의 저감에 효과적이다.

Double Slag법은 Cr 환원 후 제재하여 새로운 환원 슬래그를 만들어 완성 정련하는 방법이다. Single Slag 법은 제재하지 않고 완성 정련하는 방법이다.

4) 완성기

완성기는 탈산과 성분 및 온도 조정을 하는 시기이다. 탈산은 Si, Mn으로 탈산을 하며, 필요에 따라 Al, Ti, Ca, REM 등의 강제 탈산제를 사용하기도 한다. Si 탈산에서는 염기도가 높은 편이 탈산력이 강하다.

탈황은 주로 완성기 및 출강기에 강욕의 교반, 레이들내에서의 Ar 취입에 의하여 탈황이 이루어지는데, 슬래그가 고염기성이고 유동성이 좋은 환원 슬래그가 탈황율을 높일 수 있다.

수소의 제거는 탈탄기에 CO 보일링(Boiling)에 의하여 수소 일부가 제거되는데 환원기에는 첨가제, 석회, 슬래그, 대기 등에서 강욕 중으로 들어가는 문제가 발생한다. 이에 대한 대책으로는 석회의 건조, 석회 첨가 후의 산소의 재취련, 출강통 내화물 건조, 레이들 내화물 건조, 조괴용 내화물 등의 건조, 환원기를 단시간에 종료해야 한다.

성분 조정시에 Reladling, 전자 교반 등을 하지 않은 상태에서는 Cr 성분 분석에 오차 발생하므로 Al, Ti 등 활성 성분의 첨가는 충분한 사전 탈산이 필요하다. 합금철의 실수율은 슬래그 조성, 공기 산화의 영향을 많이 받으므로 노중 첨가보다는 레이들 첨가법이 실수율을 향상시킬 수 있는 효과적인 방법이다. 이때 슬래그는 $CaO-Al_2O_3$제가 효과적이며, 질소와 결합하기 쉬운 Ti, Nb, Zr 등을 첨가할 때는 공기에 의한 오염에 주의해야 한다.

5) 출강

환원기 조업이 종료되면 출강을 해야하는데 출강 온도는 출강시 레이들 중의 온도 저하, 조괴 온도, 용해 강종의 융점, 노외 정련의 경우 적절한 정련 개시 온도를 고려하여 작업 기준을 설정해야 한다. 레이들 출강시 온도 저하는 출강을 요하는 시간, 용강량, 레이들 예열 온도 등에 따라 달라지는데, 온도 저하의 80%이상이 레이들 내화물에 의한 열흡수가 차지한다.

용탕의 주입 온도는 STS300계는 1,465~1,515℃, STS400계는 1,520~1,540℃, 보통 강괴는 1,530~1,570℃로 맞추어 조업을 실시한다.

연속주조 조업을 위해서는 주입 온도의 균일화를 위해 레이들 중의 Ar 교반을 실시하는데 레이들 중에서 Porous plug로부터 Ar을 취입하여 한다. Ar 취입 효과로는 온도 및 성분의 균일화, 개재물의 부상 분리, 탈황 촉진 등이 있다.

5 성분 관리

1) 탄소(C) 성분

C 성분은 전기로의 출탕 요구 성분을 계산하여 실수율을 적용, 장입 탄소량을 산출하게 된다. 즉, 후공정(전기로, 정련로) 노의 상태와 용탕량의 추이에 따라 장입 탄소를 조정하여 트랙타임(T-T) 시간 단축과 작업을 용이하게 할 수 있다. 탄소 장입 성분은 300계의 경우 일반적으로 2.3～2.7%의 범위로 관리하고 있다.

2) 규소(Si) 성분

Si 성분은 원료에 따라 장입을 하지 않을 수도 있다. Si는 산화기에서 산소와 반응하여 SiO_2 성분의 슬래그를 형성하게 된다. 산화기 조업시 탈인을 위해서 염기도를 고염기성으로 조절해야 하기 때문에 Si량이 많으면 슬래그의 염기도가 저하하므로 염기도 상승을 위한 석회석 투입이 필요하게 된다. 적정 장입 성분의 범위는 0.90～1.30%를 유지하는 것이 전기로 슬래그 조성 및 용해 작업에 유리하다.

3) 크롬(Cr) 성분

Cr은 스테인리스강의 주요 성분으로서 원료 공정에서 최대한 맞추는 것이 작업상 유리하다. 장입 성분 기준으로 약 1% 정도 상향해서 장입을 한다. 왜냐하면 AOD 조업에서 용강내 합금철 및 일반 냉각재 투입으로 Cr 성분이 자연 희석되기 때문에 이를 감안하여 장입성분을 상향시켜 장입한다. 또한 Cr은 미용해 요소가 많기 때문에 장입 바스켓의 적절한 장입 위치를 선정하여 전기로 조업시 미용해 발생이 없도록 해야 한다. 미용해 발생은 곧 성분 편차가 연속적으로 발생되기 때문에 장입 성분과 출탕 성분 추이도를 비교 분석하여 원료의 상태를 파악해야만 요구 성분을 기대할 수 있다.

4) 니켈(Ni) 성분

Ni의 장입 성분은 목표 성분보다 약 3～4% 하향시켜 장입한다. 이는 Ni 원료의 정련을 전기로보다는 AOD에서 실행함으로써 Ni 실수율 향상, 냉각재 기능 부여, Ni 원료 수급 조절을 위함이다. 즉, 목표 성분 8%중 원료 공정에서 5%를 맞추고 3%는 AOD 공정에서 Ni을 투입하여 성분을 조정하게 된다.

5) 인(P) 성분

P 성분은 원료 공정에서 많은 관찰을 해야 할 규제 성분이다. P 성분은 후공정에서 탈인 조업이 불가능하고 합탕 작업이 불가피하기 때문에 P 성분이 거의 없는 용탕이 공급되어야 한다. 일반적으로 P 성분의 관리 범위는 0.025~0.035%로 제한하고 있다.

6) 몰리브덴(Mo) 성분

Mo 성분은 특수 합금 성분으로서 강중 함유 성분이 통상 2.0~2.5%로서 많지 않기 때문에 정확한 장입 계산식에 의해 투입해야만 AOD, VOD 공정에서 필요 이상의 작업을 줄 일 수 있다. Mo 출탕 성분이 높을 경우 AOD에서 과대한 희석작업이 필요하게 되고, 반대로 낮을 경우 VOD에서 과다한 추가 투입으로 온도 강하가 발생하기 때문에 적정 출탕성분이 될 수 있도록 해야 한다.

6 슬래그 조성

1) 슬래그 생성

슬래그에는 SiO_2, Cr_2O_3, MnO, Al_2O_3, FeO, MgO, P_2O_5 등의 산화물로 되어 있다. 탈인 및 탈황을 위해서는 반응성이 좋은 염기성 슬래그를 형성해야 하므로 소석회를 투입해야 한다. 목표 염기도는 1.3~1.5이다. 용락 중 생성된 슬래그는 야금학적 반응을 하기에 충분한 유동성을 갖고 있으며 용제의 투입은 필요하지 않다. 용락 단계 말기나 승열기로 갈수록 노벽은 전기 아크로부터 복사에 노출하게 된다. 석회석의 장입은 CO_2의 분해반응으로 인해 슬래그 층의 교반원이 된다.

2) 소석회 투입량 계산

※ 일반작업시(염기도 1.4) : $\text{CaO량} = \dfrac{\text{Si량} \times 2.14 \times 1.4}{\text{품위율} \times \text{실수율}}$

※ 탈황작업시(염기도 2.0) : $\text{CaO량} = \dfrac{\text{Si량} \times 2.14 \times 2.0}{\text{품위율} \times \text{실수율}}$

※ 형석 투입량 : $\text{CaF}_2\text{량} = \text{CaO투입량} \times 0.12\%$

3) 슬래그 조정에 미치는 요인

① 생석회의 CaO 함유량

② 금속분 장입물의 품질

③ 노체 라이닝에 사용된 내화물의 품질

④ 생석회 투입량

4) 슬래그의 유동성

슬래그의 유동성은 온도가 상승하면 점성의 저하로 유동성이 증가하게 된다.

규산도 1이상에서도 SiO_2의 증가와 더불어 유동성이 감소되며 같은 온도에서 산성 슬래그는 염기성 슬래그보다 유동성이 작다.

슬래그 중의 FeO, MnO, PbO 등이 있으면 슬래그의 유동성을 증가시킨다.

5) 슬래그 제거

더블 슬래그(Double slag)법은 주원료의 P 성분이 높은 경우 유리하므로 1차에 우선 P_2O_5를 많이 함유하고 있는 슬래그를 제거하고 2차에 CaO를 투입하여 2차 슬래그를 제조하는 방법이다.

싱글 슬래그(Single slag)법은 밀 스케일, 형석 등을 다량 사용하여 슬래그를 조기에 형성하여 슬래그량 확보와 염기도 조정으로 행하여지는 방법이다.

제3절 | AOD 정련

1 AOD 조업 개요

AOD법은 1954년 유니언 카바이드사에서 개발한 후 독일의 Krupp사에서 기존의 LD전로를 개조하여 Top Lance를 갖춘 상취 횡취 병행로(AOD-L)를 개발하였다.

AOD법은 용강중 산소와 아르곤을 강중의 C 농도에 따라 적정 비율로 취입하여 Cr보다 C를 우선 산화시키는 방법으로써 스테인리스강 제강 기술이 획기적인 발전을 하는 계기가 되었다.

취련 단계는 크게 탈탄 단계와 환원탈황 단계로 나누어진다.

탈탄 단계에서는 용강 중 C의 농도에 따라 산소/불활성가스 비를 변화시켜 산소 효율을 증대시킨다. 즉, 초기 고탄소 영역에서는 산소비를 높이고 저탄소 영역으로 갈수록 불활성가스 비를 증대시켜 산소 효율을 높인다. 탈탄 단계 완료 후에는 탈탄 단계 중 발생되나 다량의 금속 산화물을 환원시키고 또한 용강중 S를 제거하기 위해 환원탈황 단계를 실시한다.

환원탈황 단계에서는 환원과 탈황 효과를 높이기 위해서는 다음과 같은 것들이 행해져야 한다.

① Si 또는 Al에 의한 충분한 탈산
② 슬래그의 고염기도화
③ 슬래그 재화율 향상
④ 충분한 교반

환원탈황 단계에서는 또한 후공정에서 요구하는 온도로 조정한다. 환원탈황 단계 후에는 출강 작업을 실시하는데 이때 대기 중의 질소가 흡입되는 것을 방지하기 위해 슬래그와 용강을 동시에 수강 레이들로 출강하는 방법이 행하여진다.

2 AOD 조업 방법

1) 성분 조정

가) 탄소

AOD에서 초기 탄소 성분은 1.8% 정도 또는 그 이하가 되어야 하며 하한은 1.4%이다. 만약 같은 성분 조성의 스크랩이 충분하지 않다면 전기로에서 값싼 고탄소 Charge Cr 또는 Fe-Cr을 첨가하여 탄소 성분을 증가시킨다.

나) 규소

Si 성분은 0.3%를 넘지 않아야 하며 적정치는 0.05~0.1% 이다. Si 성분이 너무 높으면 정련 중 형성되는 SiO_2량에 따라 첨가되는 생석회량이 증가하여 불리하게 된다. AOD에서는 고염기성 조업을 하므로 Si 성분이 높으면 요구 CaO량이 증대되어 슬래그량이 증가하게 되고, 이것은 탈탄을 방해하고 내화물 용손을 촉진시키게 된다.

다) 망간

AOD 장입시 적정 Mn의 성분은 0.4~0.6%이다. 만약 Mn 성분이 너무 높게 되면 정련속도를 감소시킨다. 또한 슬래그 중 Mn 성분이 증가하면 환원기에 투입되는 Si량이 많아지게 되어 실제로 Mn 성분은 전기로 사용 원료에 따라 좌우된다.

라) 크롬

Cr 성분은 요구 성분 범위보다 0.2~0.4% 높아야 한다. 만약 이 범위보다 높을 때는 용강의 Cr 성분을 맞추기 위해 종점에서 일반 스크랩을 첨가하고, 너무 낮다면 Charge Cr을 적당량 첨가한다.

2) 취련 단계

취련 단계는 Stage Ⅰ에서 Stage Ⅴ까지 행하여진다. 취련 중 C%를 낮추기 위해 불활성가스 양을 증가시키는데 불활성가스로는 Ar을 쓰기도 하지만 품질 결함이 없는 한 저가의 질소를 사용하기도 하며, 특히 오스테나이트계 스테인리스 강에서는 질소가 조직 안정화에 기여하기도 한다.

취련 단계별 산소 및 취입 가스량과 탈탄속도는 <표 7-1>과 같다.

표 7-1 ▎취련단계별 산소 및 Inert gas 공급량과 탈탄속도

단계	용강중 C%	탈탄량(C%)	O_2 : Inert Gas비	탈탄속도(C%/min)
Stage Ⅰ	1.8 → 0.5	1.3	130 : 10	0.0094∼0.114
Stage Ⅱ	0.5 → 0.3	0.2	60 : 20	0.035∼0.045
Stage Ⅲ	0.3 → 0.18	0.12	45 : 45	0.025∼0.035
Stage Ⅳ	0.18 → 0.08	0.10	20 : 60	0.008∼0.012
Stage Ⅴ	0.08 → 0.04	0.04	12 : 48	0.0048∼0.006

취련시간은 다음과 같은 것들을 고려하여 계산한다.

① Base Metal 성분(특히 C%, Si%)
② 냉각량
③ 목표 출강량(특히 목표 C%, N%)

취련시간을 간단히 탈탄량과 탈탄속도로서 다음과 같은 식으로 계산할 수 있다.

$$\text{취련시간}(t) = \frac{\text{탈탄량}(\Delta C\%)}{\text{탈탄속도}(C\%/\min)}$$

3) 필요 산소량

탈탄 및 탈규에 필요한 산소는 화학당량적으로 다음과 같이 계산할 수 있다.

$$2C + O_2 \Rightarrow 2CO\uparrow \qquad O_2(m^2/kg_f C) = \frac{22.4}{2\times 12.01} = 0.932(m^2/kg_f C)$$

$$Si + O_2 \Rightarrow (SiO_2) \qquad O_2(m^2/kg_f C) = \frac{22.4}{28.09} = 0.797(m^2/kg_f C)$$

Cr, Mn, Fe 산화에 소요되는 산소량은 이론 계산량과 실제 사용량을 비교하여 산소 사용 정도를 계산한다.

표 7-2 ▌내화물 특성

반응	반응열(Kcal)	온도 증가(℃)	소요 산소량(m^2/kg C)
$C+\frac{1}{2}O_2 \rightarrow CO$	106.96	10.64	0.932
$Si+O_2 \rightarrow SiO_2$	761.56	32.39	0.797
$2Al+\frac{3}{2}O_2 \rightarrow Al_2O_3$	1510.14	32.39	0.623
$Mn+\frac{1}{2}O_2 \rightarrow MnO$	333.58	7.25	0.203
$3Cr+2O_2 \rightarrow Cr_2O_3$	1381.19	10.57	0.323
$Fe+\frac{1}{2}O_2 \rightarrow FeO$	210.06	4.49	0.201

4) 온도 제어

용강의 온도 곡선은 Base Metal의 현열에 Si, C, Fe, Cr, Mn의 산화 발열 반응에 의해 온도가 증가하고, Cr, Mn의 환원, 냉각재의 역할을 하는 스크랩, 생석회, 형석, 합금철의 투입 및 방산에 의해 온도가 감소한다.

초기 조건 및 냉각 방법의 차이 때문에 오스테나이트계는 페라이트계보다 같은 산소 취입에서 온도가 높다. 온도 증가는 취련 단계가 진행됨에 따라 유효 산소량의 감소에 의해 점점 낮아진다. 합금철의 냉각계수를 이용하여 냉각재 투입량을 계산할 수 있다. 예를 들어 냉각용 스크랩을 1% 투입시 20℃ 냉각 효과를 가진다. 또한 환원 및 탈황기에 Ar 취입시에도 온도가 2℃/min 하강한다.

표 7-3 ▌강종별 온도 상승율

단계	용강중 C%	온도 상승률(℃/min)	
		오스테나이트계	페라이트계
Stage Ⅰ	1.8 → 0.5	23~27	21~25
Stage Ⅱ	0.5 → 0.3	11~14	10~12
Stage Ⅲ	0.3 → 0.18	7~9	5~7
Stage Ⅳ	0.18 → 0.08	3~5	2~4
Stage Ⅴ	0.08 → 0.04	2~3	1~2

5) 슬래그 제어

초기 조업에는 Double slag법으로 취련 작업을 하였는데 원단위가 상승하고 취련 시간이 증가하여 작업성 및 생산성이 떨어지는 단점이 있어 최근에는 환원탈황을 병행하는 Single slag법으로 작업이 이루어져 Double slag법의 문제를 해결할 수 있다.

Single slag법에서는 취련초기 용탕 중 Si성분 및 용탕 슬래그를 고려하여 CaO와 경소 돌로마이트를 투입한다. 경소 돌로마이트를 투입하는 목적은 슬래그 중 MgO 향상으로 취련중 내화물의 MgO 용출 저감 및 CaO 분에 의한 염기도 조정을 하는 것이다. 환원탈황 Single slag 조성을 위한 염기도 조정용 CaO는 탈탄기에 투입 완료된다. 형석 투입은 CaO 투입량의 12~15% 투입을 기준으로 하고 있으나 CaO 소성도 및 슬래그 유동성 등을 고려하여 증감하여 투입한다. 환원기 및 탈황기의 슬래그 염기도는 1.8로 한다.

6) 목표 성분 조정

환원기 후 샘플을 채취하여 성분 분석 후 성분 조정이 필요할 시 노내 투입, 출강 중 투입 또는 버블링 스탠드(B/B Stand)에서 필요 합금철을 투입한다. 그러나 호퍼를 통해 노내 또는 출강시 필요 합금철을 투입하는 것이 B/B Stand에서 투입하는 것보다 좋다. Si 성분 조정시에는 Ar 교반에 의해 잔존 O에 의한 Si 산화가 일어나 실수율이 저하된다. 산소 친화력이 큰 Fe-Ti 등을 출강 또는 B/B Stand에서 투입할 때는 과다 산화에 의한 실수율 저하를 막아야 한다.

제4절 | VOD 정련

1 VOD 조업 개요

AOD에서 예비 탈탄 후 출강시 대기중 흡질 방지를 위해 슬래그와 용탕을 동시에 출강하는 작업을 채택한다. 수강된 레이들의 상부에 있는 슬래그는 일반적으로 배재장에 최대한 배재되어 VOD 설비로 이송된다. 이때 미탈산 상태로 출강된 경우는 슬래그 중의 유가 금속을 회수할 목적으로 VOD 조업이 어렵지 않은 일반 스테인리스강은 배재없이 VOD 설비로 이송시키는 공정도 사용하고 있다.

VOD 설비에 도착한 용강은 사전 처리 단계를 거치게 되며 이때 주요 작업 사항으로는 다음과 같은 것들이 있다.

첫째, 강종에 따른 용강 온도와 C 농도의 조정 작업이다. 즉 VOD 취련 중에는 온도 조정을 실시하지 않는 것이 유리하기 때문에 사전에 온도 상승을 감안한 조정이 필요하다. 일반적으로 전공정에 걸쳐 종점에서 적정 온도와 C 농도를 조정해야 하지만 적정 수준에 도달하지 않은 경우 VOD의 사전 처리 단계에서 조정한다.

두 번째는 미탈산 상태로 출강된 극저질소 스테인리스강의 경우에 실시되는 VCD(Vacuum Carbon Degressing) 작업이다. 이 작업은 O_2 Blowing없이 고진공하에서 저부에서 취입되는 Ar 가스의 교반에 의해 미탈산 상태의 용강 중 C와 O의 반응을 유도하고 이때 발생된 CO 가스가 용강 중 N를 포집하도록 해서 탈질을 유도하는 단계이다.

셋째는 성분 조정으로써 Cr과 Mn 성분의 경우 목표 대비 지나치게 낮거나 높을 경우 VOD의 환원탈황 단계에서 온도 부하가 발생되므로 처리 전에 사전 조정이 필요하다.

사전 조정 작업 완료 후 O_2 Blowing 단계를 실시하며 O_2 Blowing 단계 내에서는 산소 효율을 높임과 동시에 Over Flow 방지를 위해 몇 단계로 산소 유량을 변화시키기도 한다. O_2 Blowing 단계에서 산소 효율에 관련 있는 인자는 다음과 같다.

① **진공도** : 일반적으로 주탈탄기 100~200Torr, 탈탄말기 10~40Torr로 하며 고진공도일수록 야금학적으로 유리하나 Over Flow의 위험이 있으므로 적정 진공도를 유지해야 한다.

② **산소 유량** : 용강 중 C에 따라 차이가 있지만 최적 산소 유량은 Free Board 및 Plant 구조에 의해 결정되고 또한 최대 산소 유량은 진공펌프의 용량에 의해 제한된다.

③ **Top-Lance 거리** : 거리가 짧으면 랜스에 지금 부착이 일어나고, 거리가 멀면 산소 휴율이 저하된다.

④ **Ar 교반** : Ar 교반은 VOD 조업 전반에 걸쳐 큰 영향을 미친다. 즉, 교반력이 적으면 산소 효율이 떨어지고 극저 C, N, S의 정련 한계도달에 어려움이 있다. 또한 정련 시간이 연장될 뿐만 아니라 각종 합금철 및 원단위도 상승하게 된다. 따라서 Ar 교반 유량을 할 수 있는 한 최대로 하는 것이 야금학적으로 유리하다. 그러나 Ar 교반을 증대시 Over Flow의 위험과 Cover 및 랜스에 지금 부착이 일어나고, 저부 플러그의 과다 용손 등의 문제가 대두되므로 설비 및 조업 여건을 고려하여 적정화해야 한다.

O_2 Blowing 종점 판정은 진공도 및 배가스 정보를 이용하는 것이 일반적이다. O_2 Blowing 완료 후에는 VCD 단계를 실시한다. 이 VCD 단계의 목적은 탈질과 미세 탈탄의 두가지가 있다. 탈질을 목적으로 하는 경우는 탈질 효과의 증대를 위해 O_2 Blowing 완료 시점의 용강 C가 높아야 하며 이 VCD 단계 중 탈질을 실시한 후 최종 O_2 Blowing을 실시한다. 최종 O_2 Blowing 완료 후에는 미세 탈탄을 위한 VCD를 실시한다. VCD 단계에서는 어떤 목적으로 하든지 고진공도 및 최대의 Ar 유량이 필요하다.

미세 탈탄을 위한 VCD 단계가 끝나면 환원탈황 단계인 VD(Vaccum Degressing)를 실시한다. VD 단계에서는 고진공도와 최대 Ar 유량에 의해 교반력을 증대시키고 필요한 환원제 및 부원료를 투입하여 슬래그와 용강과의 격렬한 반응에 의한 환원과 탈황을 실시한다. 특히 탈황을 목적으로 할 경우는 고염기도 조업이 유리하다. VD 단계에서는 또한 최종성분 및 온도 조정을 실시한다.

2 VOD 조업 방법

1) 초기 성분 제한

가) 탄소

초기 C 농도는 초기온도와 밀접한 관계가 있다. 즉, 초기 C 농도와 초기 온도는 반비례 관계가 있으며 초기 C 농도가 높을수록 VOD 처리 중 C 산화열에 의한 승온량이 많아짐을 고려하여 초기 온도를 낮게하여 VOD 처리를 실시한다.

초기 C 농도가 높을수록 VOD의 탈탄 시간이 길어져 생산성 저하 및 내화물 용손 등에 의한 원단위 상승의 원인이 되므로 일반적으로 낮게 하는 경향이 있으나 다른 한편으로는 초기 C 농도를 낮게 하면 VOD 처리중의 탈질 효과가 미흡하므로 극저질소강의 경우는 처리 시간 증가에도 불구하고 초기 C 농도를 높게할 필요가 있다. 특히 고 Cr 함유 극조질소강 제조시에는 탈질이 어렵기 때문에 VOD 초기 C 농도를 높게하는 것이 유리하다.

실조업에서는 이러한 사항을 고려하여 강종에 따라 처리시간의 적정성, 탈질의 난이도를 판단하여 초기 C를 최적으로 설정하고 그에 따른 초기 온도를 열정산을 의거한 경험치를 적용하여 산출해야 한다. 일반 스테인리스강의 경우 초기 C 농도는 0.1~0.3% 정도이고, 극저질소 스테인리스강의 경우는 Cr 성분 규격에 따라 0.4~1.2% 정도로 적용하고 있다.

나) 규소

VOD에 도착한 용강중의 Si 농도가 높으면 다음과 같은 문제점이 발생한다.

① 정련 중 형성된 SiO_2가 레이들 내화물의 슬래그 라인 용손을 증대시킨다.

② 슬래그 라인 용손방지 목적으로 SiO_2 발생량에 따라 투입되는 생석회와 함께 슬래그 량이 증대되어 레이들 상부의 진공 분위기가 용강에 직접 접촉하는 것을 차단하므로 탈탄, 탈질 효율을 저해한다.

③ 슬래그량이 증대되면 상취 산소가 용강과 직접 반응하는 것 역시 어렵기 때문에 산소효율을 저하시키게 된다. 따라서 전공정에서 특별한 목적이 없는 한 초기 Si 농도를 최대한 낮게 해야 VOD 처리가 용이하게 된다.

일반적으로 일반 스테인리스강의 경우는 원단위를 줄이기 위해 VOD 전공정에서 조탈탄 후 환원단계를 실시하는 경향이 있으며, 이때 환원제로써의 Si 투입량을 조절하여 용강중 Si농도를 최대한 줄일 필요가 있다. 그러나 극저질소강의 경우는 VOD 전공정에서 조탈탄 후 미탈산을 실시하여 Tapping시 흡질을 방지하는 한편, 위의 불리한 사항을 방지하는 것이 일반적인 조업 방법이다.

다) Mn, Cr 성분

VOD에서는 초기 Mn, Cr 농도에 제한이 없는 것이 일반적이다. 그러나 Mn, Cr 농도가 너무 낮은 경우는 탈탄 후 환원탈황 단계에서 다량 투입이 필요하게 되고, 이때 C Pick-Up 및 열원 부족이 우려되기 때문에 그런 경우는 초기에 Mn, Cr 합금철을 투입하여 적정한 범위로 조정할 필요가 있다.

Cr이 필요범위 이상 높은 경우는 냉각제를 사용하여 초기에 조정하거나 환원탈황 단계에서 조정할 수도 있다.

2) 장입 용강량 및 합금철량 계산

가) 전장입량

조업 중 정확한 중량 산정의 한계가 있기 때문에, 계산에는 취련작업 기술 기준에 의한 계산식이 사용되고, 이 단계에서 간단하게 계산하기 위한 소량의 첨가는 무시한다.

VOD 취련시의 전장입량 계산시 용강 실수율은 97.5%로 하며, VOD 취련전의 과다한 목표 용강량의 산정은 VD 처리 후의 온도 및 용강 성분 제어에 이상이 발생할 경우가 많으므로, 취련 전의 목표 용강량 결정은 도착 온도 및 성분에 따라 결정하도록 한다.

나) 합금철 투입량

VOD 취련 전 합금철 투입량 계산은 선행 처리시 투입하는 고탄 합금철을 먼저 계산한 후 투입하고, U-Ni은 소량 투입시에는 VD 단계에서 온도조정 및 성분미세 조정용으로 투입하며, 1.0Ton 이상 다량 투입이 요구될 때에는 VOD 처리 중에 투입되는 합금철의 종류 및 투입 단계는 강종에 따라 결정되며, Fe-Alloy 선택은 가격에 영향을 받는다. 그리고 Si 함유량이 높은 합금철(Si-Cr, Si-Mn, Fe-Si 등)은 환원기에 투입한다. 만약 저탄강 생산시에는 저탄 합금철 측 Mn-Metal 등을 VCD 후에 투입한다.

다) 합금철 투입에 의한 C, Si Pick-up 계산

VOD 처리전 선행 처리시 고탄 합금철을 투입함으로써 용강 중 C, Si이 상승하게 된다. 따라서 VOD 처리 개시 시점의 성분은 도착 성분과 상이하며, 개시 시점의 성분을 계산후 탈탄 이론 산소량과 탈Si 산소량을 산출하고, 탈탄 효율에 의한 실 취입 산소량을 계산한다.

3) 취련 작업

진공 탈탄에서의 취련 패턴은 각 강종별 소강 목표 성분에 따라 구분하며, 특히 소강 %C, %N 농도에 의해 탈탄기 취련 단계를 세분화한다. 초기 VCD 단계를 실행하는 것은 정련로에서 미탈산 상태로 출강한 용강을 진공 상태에서 감압 탈탄을 실행함으로써 고탄소 영역에서 용강중의 C와 O가 반응에 의한 CO 가스 발생으로 용강 중의 N을 포집, 탈질 효과를 극대화하기 위함이다.

또한 산소 취입에 의한 탈탄(VOD)을 완료하고 진공 탈탄(VCD)을 실행하는 것은 저탄소 영역에서의 산소 취입에 따른 유가 금속인 Cr의 산화를 방지하기 위해 산소 취입없이 고진공도에서 용강을 환류하여 용강 중 C와 O의 반응을 활발하게 함으로써 극저탄소 및 극저질소강을 효과적으로 제조할 수 있다.

4) 취입 산소량 계산

VOD 취련 중 탈탄기에서 Top-Lance로 취입되는 산소량을 계산하기 위해 먼저 탈탄에 소요되는 산소량과 탈Si에 소요되는 산소량을 계산한다. 이때 VOD 후의 목표 %C는 각 강종별로 상이하며 대부분 <표 7-4>, <표7-5> 및 <표 7-6>과 같다.

표 7-4 ‖ 산소 취입 정지 후 목표 %C 기준

패턴 코드	산소 취입 정지 후 목표 %C
Ⅰ	소강목표 %C + 0.04%
Ⅱ, Ⅲ, Ⅳ, Ⅴ	0.03%

표 7-5 ❙ 취입 산소량 계산

구분	계산량
① C 산화 산소량	$\frac{([C]i-[C]f)}{100}$ × 용강량 × 0.93 × 산소효율 • [C]i : 처리전 [%C] (개시시점의 [%C]) • [C]f : 산소 취입 정지 후 목표 [%C] • 0.93 : C $1kg_f$을 태우는데 소요되는 산소량 = $0.932Nm^3$
② Si 산화 산소량	$\frac{[Si]i}{100}$ × 용강량 × 0.8 × 산소효율 • [Si]i : 처리전 [%Si] • 산소효율 : 100% • 0.8 : Si $1kg_f$을 태우는데 소요되는 산소량 = $0.8Nm^3$
요구 산소량	① + ②

표 7-6 ❙ 산소효율 적용 조견표

패턴 용강량 [C] 농도	Ⅰ, Ⅱ		Ⅲ, Ⅳ		Ⅴ, Ⅵ		산소효율 (%)
	70T	90T	70T	90T	70T	90T	
0.3	1602	1593	1672	1633	1706	1679	45
0.4	1585	1576	1655	1646	1689	1680	45
0.5	1568	1559	1638	1629	1672	1663	50
0.6	1551	1542	1621	1612	1655	1646	55
1.2	1470	1470	1527	1518	1553	1544	65

5) 금속산화 산소량 계산

VOD 처리 강종에 따라 금속산화 산소량 계산식이 변화하며, 이는 VOD 단계의 실행에 의한 감압탈탄에 기여한 산소량 및 2차 연소량과 미탈산강에서의 초기 용강 및 슬래그 중의 산소를 감안하여 계산하여야 한다.

6) 환원용 및 용강 성분 조정 취입 산소량 계산

탈탄기에 발생한 유가 금속의 환원(슬래그 중 Fe, Cr 산화물, Mn 산화물 등) 및 탈황을 실행하고, 용강 성분을 조정하기 위한 Si 및 Al 투입량을 계산하면 다음과 같다.

환원제량

- Si 탈산강 : 환원 Si량= $\dfrac{\text{MV } O_2\text{량} \times 1}{0.8}$
- Al 탈산강 : 환원 Al량= $\dfrac{\text{MV } O_2\text{량} \times 1}{0.62}$

성분조정량

- Si 탈산강 : $\dfrac{\text{용강량} \times \text{목표 Si\%}}{100}$
- Al 탈산강 : $\dfrac{\text{용강량} \times \text{목표 Al\%}}{100}$

총 Fe-Si 및 Al 투입량

- Fe－Si량

$$= \frac{\text{환원시 요구되는 Si량} + \text{성분조정 Si량} - \text{환원시 투입된 [Si-Mn, Si-Cr]량} \times \text{Si품위}}{\text{[Fe-Si]품위}}$$

- Al 량 = 환원시 요구되는 Al량 + 성분조정량

6) 냉각제량 계산

VOD 처리시 전 장입량에서 각종 합금철량을 제외한 나머지 용강에 대해서는 냉각제로 전 장입량을 조정하여야 한다.

냉각제량=도착용강량 + 합금철([Fe - Mn] + [Fe - Cr] + [U - Ni]) - 전장입량

7) 슬래그 조정

가) 생석회 투입량

환원탈황을 위한 염기도를 조정하기 위해 취련 개시 시점의 SiO_2 발생량과 환원기에 환원용으로 투입되는 Si의 SiO_2 발생량을 계산하여 염기도 조정용 CaO를 산출한다.

강종별 생석회 투입량

• Si 탈산강= $\dfrac{(\text{환원시 요구되는 Si량}+\text{초취기용강중Si량})\times 2.14\times \text{목표염기도}}{\text{생석회 품위}}$

• Al 탈산강= $\dfrac{\text{환원시 요구되는 Al량}\times 1.9}{\text{생석회품위}}$ ⇒ 슬래그 중 CaO : $Al_2O_3=1:1$

나) 염기도 관리

탈황을 위한 염기도 관리는 <표7－7>과 같이 한다.

표 3-9 ❙ 내화물 특성

Si 탈산강		Al 탈산강
VOD 도착 [S]	목표 염기도	
≥ 0.01	≥ 2.2	별도 염기도 관리하지 않음
0.09～0.005	≥ 2.0	
≤ 0.005	≥ 1.8	

다) 형석 투입

형석은 슬래그 유동성 향상을 목적으로 투입한다.

• Si 탈산강은 생석회 투입량의 15～20%로 한다.
• Al 탈산강은 패턴 “Ⅱ, Ⅲ, Ⅳ, Ⅴ”에 한해 생석회 투입량의 30%로 한다.
• CaO 957kg_f ×0.30(형석비)= 287kg_f CaF_2

제5절 | 기타 스테인리스강 제조법

1 전로를 이용한 제조

전로를 사용한 스테인리스 강을 생산하는 이유는 고로 용선의 사용에 따른 공정의 일관화, 에너지 절감, 저렴한 Fe−Cr 사용, 고탈탄 속도에 따른 높은 생산성이 있기 때문이다. 전로를 사용한 제조법으로는 주로 LAM법을 사용하는데 이 방법은 고로에서 제조한 고Cr 용선을 사용하여 고Cr강 제조하는 것으로, 때로는 큐롤라에서 용선을 받아 전로에서 페라이트계 스테인리스강을 제조하는 방법도 있다. 하지만 LD 전로 단독 공정에 의한 스테인리스 강 제조하면 Cr의 대량 산화로 실수율이 떨어지며, 점성이 높은 슬래그 생성량이 많아지는 단점이 있다. 따라서 Cr 산화가 적은 고탄소역에서 전로 공정을 적용하고, 탈탄과 완성 정련은 진공법 등의 노외정련법 등을 사용하면 효과적이다.

2 Elo−Vac법(전기로조업+VOD법)

이 방법은 전기로에서 C 0.30~0.50%까지 예비 탈탄하고 탈탄 중에 산화한 Cr을 환원한 후 VOD 공정으로 이동하는 방법이다. 배합 Cr량은 규격값까지 배합(추가 Fe−Cr 장입이 없도록 유의)하는데, 전기로 조업에서의 과도한 탈탄은 Cr 실수율을 저하시키는 원인이 된다. 탈황은 VOD 공정에서 내화물 보호 관계로 어려우므로 전기로에서 탈황을 실시한다.

3 전기로조업+AOD법

이 방법은 전기로에서 예비탈탄을 하지 않고, Si 함유량은 AOD로 내화물 보호를 위해 0.2~0.4%로 제한해야 한다. 따라서 탈규는 산소 예비 취련으로 탈규 실시하는데 이것은 온도 상승 효과도 있다.

Cr 실수율 향상을 위해서는 출강 전 소량의 Fe−Si을 첨가하여 산화된 Cr을 환원해야 한다. AOD에서는 탈황능이 크므로 전기로에서는 탈황을 하지 않으므로 S가 높은 원료(0.4%S 정도)도 사용이 가능하다.

4 각 제조법에 따른 품질 비교

1) 탈탄

탈탄의 경우 진공법에서는 탈탄 말기의 교반 강화, 고진공으로 초저탄소 강을 얻을 수 있으며, AOD법에서는 탈탄 말기의 Ar/산소 비를 높게 함여 초저탄소 강을 얻을 수 있으나, 환원기의 복탄에 유의해야 한다. 탈탄 한계는 AOD법이 진공법보다 높다.

2) 탈질 한계

탈질의 경우 VOD법에서는 초저질소강의 제조 가능하지만 AOD법에서는 출강시 질소 흡수하므로 한계값이 VOD법보다 높아진다. 따라서 초저탄소-질소 스테인리스강 제조에는 VOD법 이 유리하다.

3) 수소

수소의 경우 진공 탈탄법, AOD법 모두 감압 효과, 희석 가스 기포 효과에 의해 극저수소강을 얻을 수 있다.

4) 산소

산소의 경우 진공법은 진공 중의 C 탈탄에 의하여 청정성이 좋은 제품을 얻을 수 있으며, AOD법은 슬래그의 교반 작용으로 산화물의 부상 분리를 촉진시킬 수 있다.

5) 황

황의 경우 AOD법은 최종 공정에서 탈황 정련이 매우 우수하여 극저황강 제조에 유리한데, 슬래그 제어 가능, 교반 능력이 우수, 정련 온도가 높은 것 등의 황의 성분을 좌우하는 요인이 된다. 진공법은 초기 S강을 규제하지 않으면 극저황강 제조가 곤란한 단점이 있다.

6) 미량 불순물

기타 불순물은 보통법의 경우 원료에서 미량 불순물 등에 의한 품질 저해가 없고, 레이들 정련법에서는 증발 효과에 의해 Pb이 10ppm 이하 값이 얻어지며, AOD법에서는 전기로 출강시 Pb이 0.1% 정도 함유되어 있어도 품질에 영향이 없다.

MEMO

노력하는 당신은 언제나 아름답습니다.
구민사는 노력하는 당신의 성공을 위해 더욱 노력하겠습니다.

찾아보기

MEMO

노력하는 당신은 언제나 아름답습니다.

최신 제강공학

초판 인쇄 | 2014년 9월 5일
초판 발행 | 2014년 9월 10일
초판 3쇄 발행 | 2021년 3월 15일
개정 1판 발행 | 2023년 7월 20일

저 자 | 조수연·문희권·이동철·전우안·김공영

발행인 | 조규백
발행처 | **도서출판 구민사**
(07293) 서울특별시 영등포구 문래북로 116, 604호(문래동3가 46, 트리플렉스)
전화 (02) 701-7421(~2)
팩스 (02) 3273-9642
홈페이지 www.kuhminsa.co.kr

신고번호 | 제2012-000055호 (1980년 2월 4일)
I S B N | 979-11-6875-248-1 93550

값 20,000원